*i***blu** pagine di scienza

S. Sandrelli, D. Gouthier, R.Ghattas
(a cura di)

Tutti i numeri sono uguali a cinque

 Springer

ISBN 978-88-470-0711-6

Springer-Verlag fa parte di Springer Science+Business Media
springer.com
© Springer-Verlag Italia, Milano 2007

Quest'opera è protetta dalla legge sul diritto d'autore. Tutti i diritti, in particolare quelli relativi alla traduzione, alla ristampa, all'uso di figure e tabelle, alla citazione orale, alla trasmissione radiofonica o televisiva, alla riproduzione su microfilm o in database, alla diversa riproduzione in qualsiasi altra forma (stampa o elettronica) rimangono riservati anche nel caso di utilizzo parziale. Una riproduzione di quest'opera, oppure di parte di questa, è anche nel caso specifico solo ammessa nei limiti stabiliti dalla legge sul diritto d'autore, ed è soggetta all'autorizzazione dell'Editore. La violazione delle norme comporta le sanzioni previste dalla legge.

L'utilizzo in questa pubblicazione di denominazioni generiche, nomi commerciali, marchi registrati, ecc. anche se non specificatamente identificati, non implica che tali denominazioni o marchi non siano protetti dalle relative leggi e regolamenti.

Collana ideata e curata da: Marina Forlizzi

Redazione: Barbara Amorese
Progetto grafico e impaginazione: Valentina Greco, Milano
Progetto grafico della copertina: Simona Colombo, Milano
Immagine di copertina: © Saed Hindash/Star ledger/corbis
Stampa: Signum srl, Bollate, Milano

Springer-Verlag Italia S.r.l., via Decembrio 28, I-20137 Milano

Prefazione

Verso una letteratura dell'immaginario scientifico

1. In occasione di una conferenza tenuta all'Accademia Nazionale delle Scienze degli Stati Uniti, Richard Feynman, uno dei personaggi più estrosi e geniali della fisica del Novecento, ebbe un'improvvisa pausa di riflessione. Dopo una disordinata ricerca, cacciò fuori dalla tasca un foglietto spiegazzato e lo contemplò a lungo. Poi sorrise e si mise a declamare una lunga brutta poesia sulla moderna teoria della struttura della materia. Una poesia che terminava così:

> "(…) In piedi davanti al mare
> Meravigliato della propria meraviglia: io
> Un universo di atomi
> Un atomo nell'universo".

"È vero che pochi non scienziati fanno questa particolare esperienza religiosa", commentò Feynman. "I nostri poeti non ne scrivono; i nostri artisti non tentano di raffigurare questo notevole avvenimento. Non so perché. Nessuno si sente ispirato dalla nostra immagine attuale dell'universo? Questo valore della scienza non viene cantato dai cantanti, siete ridotti ad ascoltarlo non in musica o in versi, ma in una conferenza serale. Non siamo ancora in un'era scientifica".

Era il 1955.

2. Sotto i ponti è passato oltre mezzo secolo di acqua: sono nati gli *exhibit* scientifici interattivi, le mostre *hands-on*, i festival della scienza, i caffè scientifici, i siti web, le mailing list, i forum on line, i blog. Informatica e telecomunicazioni hanno dato una spinta enorme alla circolazione delle informazioni sulla scienza. Gli scaffali che le librerie dedicano alla divulgazione sono sempre più lunghi e siamo in pieno boom dell'editoria scientifica per bambini e ragazzi. Dopo centinaia di pellicole con effetti speciali, da diversi anni è il teatro ad aver accolto la scienza fra i suoi autori. E nel passaggio da cinema a teatro, è evidente lo slittamento di interesse dalla forma (della tecnologia) ai contenuti (della scienza). L'arte contemporanea e la musica si sono impadronite di tecniche, temi immagini, concetti, suggestioni e nomi legati alla scienza. A tutti i livelli. Da Laurie Anderson, artista residente alla NASA, alle accademie d'arte, nelle quali si sperimentano corsi di scienza per artisti e i giovani si esprimono attraverso installazioni contaminate dalla tecnologia, interpretando e descrivendo un mondo sempre più complicato, intricato, reticolare, globalizzato e disomogeneo. Le parole della scienza sono state cantate e musicate da interpreti del tutto diversi fra loro, dai Pink Floyd a Paola Turci, da David Bowie a Franco Battiato, da Moby a Jovanotti. Oggi i Muse cantano *Shrinking Universe* o *Supermassive black hole*. E sul mercato, infine, esistono vere e proprie riviste di successo, come *Seed*, che attingono all'anima pop della scienza e aprono passaggi scorrevoli e fluidi tra la società e quella particolare attività sociale che si chiama scienza e che a volte appare come una costola rinnegata.

In questo panorama, però, se escludiamo la fantascienza più o meno colta, che ha sempre costituito un ricco filone narrativo e cinematografico, la letteratura è rimasta un po' indietro. È vero, molti narratori e poeti hanno scritto di scienza. Per non andare troppo indietro, partendo invece dai contemporanei di Feynman che Feynman non cita, basterà ricordare i classici Gadda, Queneau, Borges, Cortázar. Calvino muoveva già i suoi primi passi, Primo Levi si sarebbe cimentato presto in un mestiere altrui che sarebbe rapidamente divenuto anche il suo. E poi Perec, Enzensberger, Pynchon, DeLillo, Palol, Del Giudice fino ai nomi di successo di questi giorni, come Mc Ewan, Lethem, Foster Wallace, Houllebecq. Solo esempi, non una bibliografia.

3. È quasi sempre solo osmosi, non lasciamoci ingannare. Intrusioni. Ammicchi, strizzate d'occhio. I riferimenti scientifici che sono penetrati nel linguaggio e nell'immaginario comune non sono conosciuti nel profondo, non sono condivisi tra autori e pubblico. Sono solo incursioni in campo straniero, in un territorio che viene considerato esotico – e quindi affascinante quanto inospitale – da chi non ne fa il proprio mestiere. È solo un indizio che suggerisce quanto poco diffusa sia la *cultura* scientifica. E allora non possiamo certo sperare che sia diffusa la condivisione di un immaginario scientifico e che qualcuno abbia la consapevolezza della scienza che genera quelle immagini. Siamo lontani da un *immaginario scientifico consapevole*.

Prendiamo l'espressione "clone": viene usata con una sfumatura ironica per indicare una somiglianza pronunciata fra due persone, reale o metaforica. È vero, è sufficiente avere una vaga idea di che cosa sia un clone perché l'espressione faccia il suo effetto. Però perdiamo una carica poetica immensa. Immensa.

Stat scientia pristina nomine, nomina nuda tenemus. Nella nostra era, drammaticamente tecnologica e pochissimo scientifica, sono diffusi solo i *nomi* della scienza. La letteratura non è solo *uso di nomi*.

4. Il risultato di una osmosi di soli nomi è che la scienza di per sé, anche quella divulgata, con le sue catene deduttive e la sua spigolosa matematica, appare sempre vista dall'esterno. Appare dura, attingibile solo con la violenza della ragione, con le spine della razionalità, tanto che il pubblico ne trae spesso una sensazione di fastidiosa ma necessaria meticolosità, quando non addirittura di gratuita pignoleria. Non c'è dolcezza, non c'è familiarità. Manca ogni equilibrio tra rigore e poesia. Ed è impossibile e paradossale interiorizzare l'estraneo.

Nel migliore dei casi si continua a confondere la scienza con il metodo scientifico o, ancora più semplicemente, con gli strumenti che utilizza. Senza peraltro sapere *come* opera la scienza. Senza sapere che la scienza non è puro metodo, ma sono uomini che utilizzano un linguaggio. Che il linguaggio è arbitrario, che le parole si inventano. Che la *callida iunctura* della scienza esiste, che esistono la divergenza, la rottura dei binari, il punto d'incontro delle rette parallele. Che c'è il divertimento. A creare la scienza, ma anche a sentirla.

5. Eppure chiunque abbia studiato e capito un argomento scientifico, sa bene che la comprensione di un fenomeno o di una formula passa attraverso un addolcimento che utilizza immagini e sensazioni. Che procede per conto proprio, lateralmente. Capire una formula, leggere una tabella, completare una lacuna, comprendere il meccanismo fisico alla base di un fenomeno, comporta – nello sforzo di visualizzazione del significato – la creazione, l'evocazione di stati d'animo dai contorni poco chiari, niente affatto netti, persi nella nebbia dell'intuizione. A volte sono solo istantanee che non fanno parte di un processo dinamico di comprensione. A volte si tratta di un leggerissimo vento che spira in un campo vettoriale, che solletica e rallegra i vettori che lo popolano. La formula si ammolla, diventa morbida, materiale da plasmare, dolce, familiare.

La volta successiva si riparte da lì, da quel senso di familiarità raggiunta: la formula è divenuta ambivalente e ambigua. Da una parte, in quanto espressa in termini matematici, è segno scientifico rigoroso, comunicabile e condivisibile. Ora, però, è divenuta consueta, evocativa *di per se stessa* del mondo scientifico che descrive: non c'è più bisogno di capirla razionalmente, non c'è più bisogno di usare la ragione: ha acquistato significato di per sé. È una formula magica che, a prima vista, conduce in quel mondo altrettanto splendidamente, scientificamente magico che descrive. E infine è una formula immersa nel fango di tutte le sensazioni evocate e che non servono, che sono state utili solo per un istante, nella costruzione del meccanismo della comprensione. Niente più. Fango incrostato, rifiuti, letame. Scorie personalissime, perché ciascuno scienziato ha i suoi propri modi di familiarizzare con una formula, che hanno a che fare con il suo specifico modo di essere uomo o donna nel mondo, con il suo vissuto, con la sua arte poetica, con il suo modo di toccare, di assaporare, di odorare, di amare.

6. Ma che ne facciamo della scienza in sé? Dei fenomeni, delle formule, delle tabelle, delle ipotesi, delle osservazioni, delle congetture, delle catene logiche. Se l'uomo è ciò che mangia, allora quando certe categorie scientifiche sono capite, digerite, metabolizzate, diventano categorie naturali con le quali interpretare e leggere il mondo. Con le quali *raccontare* il mondo.

E che ne facciamo del bagaglio di immagini usate per ammorbidire la scienza, che non sono scienza di per sé, ma strumenti di adeguamento a un linguaggio, a concetti, a comportamenti altrimenti estranei? Che ne facciamo del fango della scienza, del letame? Non è possibile utilizzare anche questi elementi? Non risiede anche in loro la carica poetica della scienza?

7. È lo stesso fango che avvolge tutto in *Ottima è l'acqua*, una delle pagine più fantasiose e più scientifiche di Primo Levi. Nelle sue opere, tra scienza e letteratura si instaura un dialogo intimo e originalissimo, del tutto naturale, mai forzato. Un dialogo che a volte diventa racconto fantascientifico, storia di mondi e situazioni possibili del futuro attraverso i quali leggere il nostro presente; più spesso diviene racconto di vita, di persone che la scienza l'hanno dentro, di eventi, idee, pensieri, comportamenti, atteggiamenti, nei quali la scienza è parte del tutto, vera cultura a cui attingere con soddisfazione e piacere. Racconti che in entrambi i casi sono oggi modello per una narrativa che abbia la scienza di fianco, che elabori sentimenti, sensazioni e nuove visioni del mondo. Che ricordi Primo Levi, vent'anni dopo.

8. Se attraverso la scienza si elaborano stimoli emotivi, sensoriali, razionali (perché l'uomo è uno), allora è possibile provare a utilizzare nuove categorie che danno chiavi di lettura diverse di situazioni comuni. È possibile provare a inaugurare un rapporto nuovo con il mondo, basato su una esperienza poetica arricchita: la scienza diventa sorgente di *materiale fluido*, da costruzione, plasmabile, e acquisisce un ruolo oltre i suoi stessi confini.

Oltre i suoi stessi confini? No, sono gli stessi confini che si spostano, si perdono, sfumano grazie alla rielaborazione poetica di cui è capace l'artista di Feynman. Si tratta, insomma, di uscire dallo spazio letterario classico attraverso nuove categorie di pensiero, per costituirne uno più ampio, aggiungendo dimensioni complementari alle prime.

Non una operazione "a ridurre", insomma. Non vogliamo degradare la scienza ai suoi nomi, a pura metafora o a espediente retorico; non vogliamo assimilare e assorbire il nuovo riconducendolo alle categorie del noto. Tentiamo piuttosto un'operazione nella quale il mondo si vede *anche* attraverso gli occhi della scienza, che non sono lenti deformanti ma che aggiungono dimensioni ignote, dimensioni di poesia, di cambiamento, di speranza. Di rivoluzione: solo comprendendo le regole, sarà possibile spezzarle. Solo comprendendo il mondo, sarà possibile costruirne uno migliore.

9. Senza dimeticare che la ragione per cui gli angeli sanno volare è che si prendono con tanta leggerezza. Di Chesterton, questa.

Milano, 25 marzo 2007
Stefano Sandrelli, Daniele Gouthier, Robert Ghattas

La citazione di Richard Feynman è tratta da "Il valore della scienza", in "Che t'importa di ciò che dice la gente", Zanichelli Editore, 1989 (trad. dall'inglese di Silvie Coyaud).

Indice

Prefazione   V

Verso una letteratura dell'immaginario scientifico   VII
di Stefano Sandrelli, Daniele Gouthier, Robert Ghattas

L'altro ieri e alcuni domani   1

La seconda vita di Polimorfus   3
di Luca Sciortino

Il fornaio e l'inventore   19
di Paolo Magionami

Lo specchio di Minkowski   27
di Angelo Adamo

Nel guscio di una noce   39
di Jennifer Palumbo

Top model   53
di Piero Bianucci

Perpetuum Mobile: un rapporto scientifico   61
di Vittorio Marchis

È filo teso per siti strani *di Francesca E. Magni*		71
L'altro Mozart *di Tullio Regge*		79
Gene Lac va al giornale *di Giovanni Sabato*		95
L'invenzione del dottor Pierce *di Francesco Maria Scarpa*		105
Giobbe Dramma per otto voci recitanti e basso continuo *di Giuseppe O. Longo*		121

Sguardi di ciascun giorno 135

La grande tela *di Renzo Tomatis*		137
Il flusso di Ricci *di Marco Abate*		157
Una piccola differenza *di Elena Ioli*		167
Voi non ci riuscirete mai! *di Guido Pegna*		171
Costellazioni perdute *di Giangiacomo Gandolfi*		185
Sezione numero 8 *di Robert Ghattas*		197
Talenti *di Andrea Sgarro*		201

Log book 215
di Luciano Celi

Désormais
ovvero
La ragazza dagli occhi neri 227
di Daniele Gouthier

L'erba cedrina 241
di Stefano Sandrelli

In fine 263

L'arte di tacere in Primo Levi 265
di Piero Bianucci

Chi siamo 273

Chi ha avuto cura dei curatori 279

L'altro ieri
e alcuni domani

La seconda vita di Polimorfus

di **Luca Sciortino**

...La descrizione di ciascun fatto singolo dipende da qualche teoria...
Paul Feyerabend

Per quanti modi possano darsi di essere in vita, è certo che ci sono molti più modi di essere morti.
Richard Dawkins

[La filosofia]... gli ricordava la storia di Didone, dove una pelle di bue viene tagliata in striscioline, quantunque sia molto dubbio se si potrà davvero cingerne un regno.
Robert Musil

Le nuvole basse riflettevano l'aurora quando Polimorfus ricominciò a vivere. Il frastuono delle onde era già cessato e a centinaia le oche selvatiche si erano radunate su un'altura. Più giù, il mare sfiorava l'erba e rauchi gabbiani zigzagavano fra i cespugli d'erica. Anche il vento si era ormai placato e tutto sembrava meravigliosamente calmo. Solo a tratti un refolo piegava le cime dei rododendri e spingeva le nubi lì, a oriente, dove quella enorme distesa verde si confondeva con il cielo immenso.

Della prima vita di Polimorfus nulla è dato sapere. Si perde nella notte dei tempi, quando le cose non avevano ancora un nome. Ma nella luce tenue di quel mattino del 7 Aprile 1601, la sua seconda vita gli veniva incontro.

4

Duncan MacLean, sacco in spalla e stivali sporchi di fango, avanzava a passi pesanti sul sentiero che lui stesso aveva tracciato, percorrendolo ogni giorno, per anni e anni. Non aveva più la freschezza fisica di un tempo. Si fermò, respirò profondamente e poi si voltò indietro. L'aria era tersa. A meno di una lega, la fattoria dei MacGill sembrava fiera di aver affrontato vittoriosa la tempesta. Più lontano, il castello di Stromeferry dominava l'intero villaggio. Ecco l'angolo del globo dove aveva trascorso la sua vita. Ormai non era più tempo di pensare di poter sfuggire a quella prigione. Per la prima volta, in quelle case lontane, avvolte da un serto di nebbia sottile, Duncan vide scritta la parola fine. La malinconia lo assalì ed egli lasciò che gli stringesse il cuore. Con lo sguardo cercò un punto dove sedersi; a un passo da lui l'erba bassa aveva colonizzato un po' di terreno, conquistandolo ai cespugli di erica. Si avvicinò e posò il sacco per terra. Poi, lentamente, si adagiò al suolo, poggiando il palmo della mano per reggere il peso del corpo.

Fu in quel preciso momento che Polimorfus riprese a vivere. Il vecchio Duncan sentì al tatto qualcosa che non poteva essere una pietra: era liscia e senza spigoli. Ritrasse la mano per la sorpresa e notò, confuso nel verde, uno strano colore giallo pallido. Spostò i fili d'erba che lo coprivano e vide, in parte coperto dal fango, un pezzo di ambra dalla forma quasi sferica. Immergendo le dita nel terreno, lo estrasse e prese a osservarlo tenendolo con tre dita: qualcosa era racchiusa dentro, ma le macchie di terra impedivano di vedere bene. Allora con un fazzoletto ne pulì la superficie fino a cancellare ogni traccia; poi, tornò a osservare meglio l'interno, tenendo l'insolito oggetto in controluce.

A suscitare la sua meraviglia non era l'arco cinereo quasi perfetto che l'attraversava lontano dal centro; né le tre bollicine di aria sul bordo opposto, che sembravano sistemate perfettamente in linea e in ordine di grandezza: al centro di quella palla d'ambra era imprigionato il fossile della creatura più strana che Duncan avesse mai visto. Aveva la forma di una stella a cinque punte, ma ognuno di quei bracci pareva un animale capace di vita autonoma, con otto zampe lungo tutta la lunghezza e alle estremità una specie di testa. Gli sembrava infatti di distinguere in ognuna delle cinque parti terminali due cavità, forse una bocca e un occhio. Le stranezze non finivano qui: al centro della stella, questa volta ne era certo, leggermente sollevata dal piano corporeo, c'era una testa più grande delle altre, con quattro occhi disposti tutt'intorno. Il vecchio Duncan ruotò la sfera in mille modi e contò: 1-2...6 teste, 1-2...9 occhi, 2-4...40 zampe. Restò sbalordito, cercò una spiegazione... doveva trattarsi di un animale vissuto chissà quando.

Il verso di un falco lo richiamò alla realtà. Intanto, l'ora del cielo rosa era passata: decise di riprendere il cammino; infilò la sua scoperta in una tasca; si alzò a fatica e si rimise il sacco in spalla. Quei movimenti improvvisi fecero fuggire da dietro un cespuglio un'anatra selvatica, che prese goffamente il volo.

Ci volle un'ora per passare dall'altra parte del fiordo e salire sulla collina. Giunto quasi sulla sommità, udì i campanacci dalla valle e poco dopo apparve la cascina. Contava novantacinque vacche da latte e tre addetti. Duncan controllò il lavoro dei suoi dipendenti, la quantità di latte, il cibo nelle mangiatoie e lo stato di salute della mucca più anziana, che non si alzava da tre giorni. La giornata trascorse tra le mungiture e i numerosi tentativi di farla stare in piedi. Fu tutto inutile, persino issarla con una corda che girava intorno alla trave portante della stalla. Quella mucca, che aveva condiviso con lui ventitrè anni, era giunta alla fine: occorreva abbatterla. Lo lesse in quei grandi occhi che ogni sera, all'ora della mungitura, gli sembravano esprimere tutta la tristezza di una vita sempre uguale.

Quando il buio calò, si ritirò nella sua casetta di pietra. Accese due torce e restò chinato sul camino sino a quando la fiamma, avvolgendo un paio di pezzi di torba e di quercia, residuo di qualche giorno prima, illuminò il suo viso e fece sembrare belli, come erano una volta, i suoi occhi grigi e incavati. Poi, nel gelo e nella luce fioca, gli toccò il supplizio di lavarsi, cucinare e pulire. Davanti alla minestra d'orzo, ancora fumante, per la prima volta percepì il suo corpo come un involucro ingombrante, che divorava le sue poche energie. Venne l'ora di riscaldarlo: si lasciò andare sulla poltrona di fronte al camino e lasciò che i ricordi lo assalissero. Le domeniche, le messe, la cameretta ricoperta di pannelli di quercia lustra, i capelli color biondo cenere di Catherine... tutto vorticava nella sua mente. La sua giovinezza gli parve una grande piazza illuminata dal sole. Ma dalla piazza si andava in un vicolo... all'inizio c'erano anche altre strade... come quell'invito a pubblicare il manoscritto e provare a essere... un poeta... ma il vicolo diveniva sempre più stretto e buio e conduceva proprio lì, in quella stanza. Il crepitio del fuoco lo fece tornare in sé e in quell'attimo si ricordò di quello strano pezzo d'ambra trovato la mattina. Si alzò a fatica, raggiunse l'angusto vestibolo in cui erano appesi i suoi abiti smessi, prelevò da una tasca il fossile e tornò a sedersi. Al chiarore del fuoco, retto da tre dita, Polimorfus si trovò per la seconda volta di fronte a quell'uomo recluso e isolato in fondo al suo vicolo.

A Duncan sembrò di scorgere se stesso dentro l'ambra. Immaginò la resina viscosa e giallastra colare dall'albero sul corpo di quell'animale e ricordò quella sera a Stromeferry, quando seppe di non poter partire per Edimburgo. Pensò all'attimo in cui la consapevolezza del pericolo s'impadronì di quelle teste... e a quella sensazione inaspettata e improvvisa di non poter più cambiare la propria vita che provò ad Ayr. Vide quelle quaranta zampe che iniziavano a frullare nel vano tentativo di districarsi, mentre la resina continuava a colare; seguivano pause, sempre più lunghe, e tentativi disperati, fino allo sfinimento. Gli sembrò di sentire la fatica di quando, finito di mungere, doveva correre alla fattoria dei MacGill per guadagnare qualche sterlina in più; ma anche quando sedeva con Catherine sulla collina a guardare i laghi confondersi con il mare e le nubi con le montagne. Ora la grande testa al centro di quel corpo proteso in cinque direzioni veniva sommersa dalla resina, le altre teste si sollevavano e abbassavano, i bracci si contorcevano avanti, indietro, su e giù, le zampe s'irrigidivano e puntavano il terreno con uno sforzo mai profuso, finché veniva meno ogni forza. Altra resina era colata, pareva che fosse la fine. E invece no, arrivava l'ultimo disperato tentativo di riprendersi la vita. Movimenti rapidi e vigorosi. Seguiva immobilità. Qualcosa batteva ancora... poi la fine. Duncan, lasciò cadere la testa sullo schienale, guardò la trave nel soffitto, chiuse gli occhi e si addormentò.

Nei giorni che seguirono non pensò più a quella strana pallina di ambra. Ma un giorno, la signora MacPhee e il piccolo Angus arrivarono alla fattoria per comprare il latte. I cani, riconosciuto l'odore, smisero subito di abbaiare e cominciarono a muovere la coda. Quando la robusta giumenta che trainava il bel calesse nuovo non si era ancora fermata, il piccolo Angus saltò giù.

– La mamma non mi vuol dare dieci sterline... – disse a Duncan con un viso vistosamente imbronciato.
– A cosa ti servono? – chiese Duncan.
– Oh! signor MacLean, a nulla! Gli è venuto in mente ieri, perché ha visto due uomini litigare per una carta da dieci sterline! – disse la signora MacPhee.
– Aspetta Angus... forse ho qualcosa di meglio... vieni con me... – e lo invitò a seguirlo nella sua casupola.
– Aspetta qui... – disse sull'uscio.

Dopo poco tornò, si piazzò davanti ad Angus, stese entrambe le braccia e presentò al piccolo una carta da dieci sterline sul palmo di una mano e la sfera d'ambra sull'altra.
– Scegli! – disse.

Gli occhi del bimbo parvero accendersi di entusiasmo e il broncio sparì come per magia. Il sole basso illuminava interamente il suo viso. Doveva decidere. Intanto una folata arruffò i suoi capelli biondo oro, lasciandogli una ciocca sospesa a mezz'aria. Dieci sterline non erano un repertorio di possibilità future, ma solo carta grigia e spiegazzata su un palmo della mano. L'ambra invece rosseggiò sotto i raggi del sole e in trasparenza lasciò ammirare le venature, l'arco cinereo, le bolle d'aria e quello strano animale multiforme.
Angus scelse il mistero. Quando ebbe il dono sulla mano pensò che era bello anche da toccare e non smise più di guardarlo in controluce da ogni parte. Anche a casa continuò a scrutarlo vicino alla lampada. Di domande ne aveva già fatte moltissime a Duncan MacLean, ma non era abbastanza soddisfatto: appena si sedette a tavola tradusse in parole tutte le curiosità che gli erano balenate per la mente fino a quel momento.
– Il signor MacLean dice che questo animaletto aveva sei teste e nove occhi...
– Non esistono animali con sei teste... – disse la signora McPhee
– Perché? Ma qui si vedono...
– Oh Tom... sembrano teste ma chissà cosa sono...
– E allora dimmi perché tutti gli animali hanno due occhi al massimo? E una sola spina dorsale? E quattro zampe? E una coda? E...
– E perché tu fai sempre così tante domande?

– Io domani vado alla fattoria e li vado a cercare…
– Tu invece… domani vai a scuola… – disse la signora McPhee carezzandogli la testa.
– No, non voglio andare a scuola, voglio trovare anch'io tanti animali strani.
– Ma questo è un animale morto chissà quando!
– Ecco, allora prima prima c'erano animali con nove occhi, tante teste e…
– E ora dove sono?
– Magari sono tutti morti… Chi ha deciso quanti occhi deve avere un animale?
– Dio li ha creati così… e tu devi dire le preghierine ogni sera…
– E perché li ha creati proprio così se poteva creare infiniti altri tipi differenti? Se io ero Dio facevo un animale tutto strano con due spine dorsali e…
– Angus! Non parlare così!

Con questa strana identità Polimorfus visse ancora qualche tempo nella mente di Angus McPhee. Poi quel bambino divenne un adulto e le meraviglie fluide dell'immaginazione si condensarono in idee quotidiane e opache. Così, a poco a poco, Polimorfus divenne una serie di domande dimenticate e assurde, chiuse in un cassetto.

Quasi novantuno anni dopo, il terreno e la casa della famiglia Mcphee furono donati alla diocesi di Edimburgo. E Polimorfus, da un cassetto tornò tra le dita di un uomo: il vescovo Donald Rose, avvolto da una palandrana rosso porpora, se ne stava pesantemente seduto su una poltrona a esaminare quell'oggetto insolito. Il suo viso sprofondava nel suo doppio mento e gli occhiali, posti su un naso troppo piccolo, sembravano sul punto di cascare.

– *Unus ego sed multiplex* – mormorò tra sé e sé con aria pensosa, mentre girava e rigirava la sferetta.

Poi sorrise: avrebbe risolto anche questo problema. Aggrottò la fronte e s'immerse nei pensieri… ma fu interrotto.

– Optime pater, ecco il vostro braciere…

Per guardare il domestico sollevò il capo e il viso riemerse come la testa di una tartaruga dal guscio.

– Sistematelo laggiù – ordinò.

– Ecco… se Sua Reverenza ha bisogno di altro…

– Potete andare.

Il domestico si esibì in una genuflessione servile e il vescovo rispose con un cenno annoiato. Poi, quando la porta si chiuse, si alzò per guardare dalla finestra. La neve, caduta a raffiche dalla mattina, era cessata. Ripensò alla giornata trascorsa. Durante la messa, alla consueta preghiera per Sua Maestà aveva aggiunto un ricordo del defunto Lord Bankton, un gesto che gli sarebbe stato utile a breve. La predica era stata efficace: aveva tuonato contro la rilassatezza e il disordine e sul volto di molti fedeli era apparso il pentimento. La faccenda dell'organista era sistemata e per quel poveruomo erano finite le sofferenze. Poteva ritenersi soddisfatto.

Ma il meglio di sé l'aveva dato nel pomeriggio, quando aveva esaminato il manoscritto che Reinier Leer, editore di Bruges, lo pregava da tempo di leggere. Le sue note non potevano che rivelare, anche nelle Fiandre, una profonda conoscenza teologica: non gli erano sfuggite quelle proposizioni eretiche ed empie. D'altronde non era lui il vescovo di Edimburgo? Sì certo, il Signore si era servito di molte persone e circostanze per aiutarlo a raggiungere quella posizione, ma i suoi meriti erano indiscutibili. Quanti sarebbero stati capaci di scovare nel manoscritto, dietro quella sottile distinzione apparentemente conforme a quanto ci dicono la Bibbia e il divino Aristotele, il tentativo di togliere ai devoti l'idea di un Dio misericordioso? Donald Rose ebbe un moto di allegria a questo pensiero, mentre con gli occhi seguiva un cane che gironzolava nel cortile. In preda all'autocompiacimento, concluse che non si può permettere a filosofi senza scrupoli di ingannare le menti dei fedeli. Perciò suo compito era vigilare. Occorreva rimettersi al lavoro: dunque, la questione dello strano animale intrappolato nell'ambra... Tornò a sedersi sulla poltrona e sospirò:

– *Conoscendi studium homini dedit Deus eius torquendi gratia.*

Poi inforcò gli occhiali che aveva tolto e si rimise a osservare. Girò e rigirò la sfera osservando attentamente. No, ci voleva un esame più accurato. Prese una lente d'ingrandimento, l'accostò all'ambra e tolse gli occhiali. Riapparvero enormi le teste, le zampe, le cavità ... quell'essere non era... no, lungi da lui l'idea seducente di coloro i quali si vantano di osservare, dedurre e... pensare domani diversamente da quanto le Sacre Scritture affermano. Noi non possiamo distinguere l'essenza sottile e ambigua di un essere che non vive nel presente e... No! Santo Cielo! Questa è una bestemmia... affermare che Dio ha creato esseri che non esistono più... che si sono estinti come aveva una volta letto in quel manoscritto pervenutogli da Parigi... no. Semmai... sì... forse una qualche virtù plastica latente nella Terra aveva prodotto naturalmente questa... questa lapis sui generis. E di questa virtù latente Dio aveva stabilito l'azione e... No, nemmeno questa spiegazione lo convinceva. Cercò mentalmente nelle Sacre Scritture e nell'Organon di Aristotele, ma richiamava solo ricordi che mal si applicavano al problema.

Dannazione, occorreva spiegare, capire... altrimenti quell'oggetto avrebbe prima o poi impresso nel volgo l'immagine di Dio come di...di... un Essere... imperfetto. Perché i filosofi sono lì in agguato, pronti ad approfittare di queste occasioni per perturbare gli animi...

– Dio guidi la mia mente – cominciò a ripetere tra sé e sé andando verso la libreria. Poi prese dal tavolo la Bibbia, l'aprì a caso, sfogliò qua e là, richiuse, riaprì e richiuse ancora. Inclinò la testa a sinistra e scorse i titoli sui dorsi dei libri, nulla. Finché gli occhi caddero su un'opera che gli era stata inviata dal mercante Murdo Hay. L'aprì a caso e lesse "Alcune riflessioni per sapere se una cosa sia un segno mandatoci da Dio". Era scosso. Quello che teneva tra le mani non era un essere vissuto sulla Terra, ma uno dei segni che Dio stava mandando nel colmo della sua collera per quell'epoca di dissoluzione, idolatria e disordine della carne. Dio voleva che lui, il suo servo, combattesse più risolutamente il male... Forse aveva risolto il problema... ma se fossero i resti di un animale sconosciuto e tuttora esistente? Come escluderlo? Forse... Charles Holms... sì, Il famoso medico, alchimista e astrologo di Leeds, suo conoscente... Nel suo prossimo viaggio per Londra sarebbe passato da lui per chiedergli un parere...

I mesi passarono e le perplessità si ridussero a questo dilemma cruciale: se si trattasse di un segno divino o di un animale tuttora vivente. Ripugna allo spirito umano essere soli in balìa delle circostanze: il vescovo voleva possedere la prova che Dio interviene con dei segni nelle cose degli uomini.

Giunse il giorno della partenza. E Polimorfus si trovò in una carrozza trainata da quattro cavalli a ballonzolare in un taschino.

Insieme al vescovo viaggiavano Lord Kenneth Sinclair, uomo politico, e Howard MacDuff, un pittore di Glasgow. I tre si erano salutati cordialmente e avevano scambiato qualche convenevole alla luce fioca della lanterna, mentre il cocchiere, un giovane dalla carnagione molto chiara e il naso appuntito, sistemava i bagagli. Ma ancora dopo il primo giorno di viaggio la conversazione languiva. La mattina del secondo giorno, appena ripartiti, l'alba disegnò il profilo delle montagne dello Yorkshire all'orizzonte e fece intravedere un lungo nastro bianco di ghiaia che si perdeva tra i prati. Nella leggera nebbia del mattino la natura parve svegliarsi intorpidita: un coniglio fece timidamente capolino vicino a un boschetto e una rondine volò bassa vicino alla carrozza. Poi, il sole si impadronì del cielo. MacDuff, una folta chioma di capelli rossicci, viso ben rasato e belle mani dalle dita affusolate, si chinò piegando la testa per riuscire a vedere in alto: uno stormo di cigni selvatici formava nell'azzurro intenso un maestoso triangolo candido. Si rialzò e sorrise, provando una sensazione di tenerezza. Sinclair, incuriosito, si tolse gli occhiali, chiuse il libro che aveva appena aperto e lo imitò nel gesto. Rose per un attimo ebbe sotto il suo naso la chioma crespa e grigia di quell'uomo un po' acciaccato dall'età.

– Tornano verso nord… – disse Sinclair rialzandosi.

Toccava al vescovo. Chinò il busto in avanti per vedere, la Bibbia scivolò per terra, si chinò per raccoglierla, ma sentì qualcosa muoversi nel taschino… si risollevò di scatto. Troppo tardi. Il mistero di Polimorfus fu prima sull'orlo della sua prigione, esitò, infine irruppe nella carrozza: la pallina d'ambra rotolò giù dal taschino, rimbalzò sul sedile, sbatté molte volte e fermò la sua corsa in un angolo.

E così il vescovo dovette fornire spiegazioni ai compagni incuriositi. Quell'enigma squarciò improvvisamente la noia del viaggio e accese la conversazione:

– Vostra Reverenza afferma che potrebbe trattarsi di un animale tuttora vivente. Come mai allora nessuno l'ha mai visto? – disse Sinclair, detergendosi la fronte con un fazzoletto.

– Non occorre che dica a Vostra Eccellenza che noi poveri uomini non possiamo conoscere tutte le infinite meraviglie del creato! – esclamò il vescovo.

– Lungi da me mettere in dubbio i santi prodigi del Signore, ma non vedo una ragione plausibile per escludere che questi animali siano vissuti in un tempo lontano e con il tempo si siano estinti... oppure... abbiano subito una trasformazione.

– L'immaginazione di Vostra Eccellenza è tale da far tremare i polsi... – ribatté il vescovo con una punta di ironia.

– "La natura ama modificare le forme esistenti e crearne nuove simili a esse" diceva ben prima di me il saggio Marco Aurelio... – ribatté con un sorriso.

– Vostra Eccellenza, come ministro del Signore devo avvertirvi del pericolo: l'idea che il mondo si sia trasformato in quattromila anni, o che le creature di Dio possano corrompersi senza che Dio intervenga, fa sprofondare il cristiano pio in una palude di incertezze.

– Ah! non mi è mai capitato di assistere a un intervento diretto di Dio in questa terra gravida di mali... – ironizzò Sinclair, aggiungendo – Saprete sicuramente che io mi sto sforzando di capire come sono state stabilite le leggi che governano la nostra società a partire da uno stato di natura in cui non vi era organizzazione sociale. La società è andata incontro a una serie di mutamenti dei quali l'uomo è stato l'artefice. Nel mio trattato mi sono spinto a ipotizzare una data per la creazione molto più lontana nel tempo di quella calcolata dagli studiosi, visto che linguaggio e conoscenza hanno richiesto molto tempo per svilupparsi. Allora non mi sorprenderei di apprendere che anche la natura è mutata nel corso del tempo. Nelle stranezze racchiuse nella vostra sfera di ambra leggo il segno di questi mutamenti.

– Un segno del divino piuttosto! – esclamò il vescovo irritandosi.

A questo punto, il desiderio di smorzare i toni spinse Mcduff a dire la sua:

– Forse è soltanto un simbolo.

– Che intendete? – chiese Sinclair.

– La natura è un vasto e confuso repertorio di simboli. L'artista deve decifrarli... e lo fa sempre a modo suo...

– Dunque provate a decifrare questo strano animale! – disse Sinclair.

– Non fraintendetemi, Vostra Eccellenza, io non voglio capire. Per me la natura rappresenta una fonte inesauribile di metafore, nulla di più.

– Dunque questo animale non vi incuriosisce?

– Mi fa pensare. Durante la vostra lunga conversazione ho osservato a lungo la sua architettura assurda, le cinque teste protese ognuna in una direzione differente, le zampe che si oppongono le une alle altre... ho visto l'oceano delle alternative incompatibili che compongono la nostra cultura, ho visto miti, idee, racconti, teorie, favole, religioni competere costringendosi a una maggiore articolazione, ho visto politici e artisti, teologi e poeti, astrologi e mendicanti, medici e ciarlatani, filosofi e mentitori battersi e compenetrarsi fino a essere uno solo, che è tutti quanti...
– Ohhhhhhhhhò.

L'ordine di fermarsi impartito dal cocchiere fermò i cavalli. Erano giunti alla locanda del Cervo Rosso, dove avrebbero trascorso la notte.

Nei giorni di viaggio che seguirono, di quello strano oggetto non si fece più parola. Finché non furono a Leeds, dove il vescovo, congedatosi dai due compagni di viaggio e dato loro appuntamento per l'ora della ripartenza, si recò a trovare il medico Charles Holmes, che aveva avvertito con una lettera. Si erano conosciuti in gioventù, ma a parte qualche scambio epistolare per discutere delle terre di Wassex, che la diocesi aveva affittato al fratello defunto di Holmes, non c'erano mai stati altri rapporti. Quando la domestica lo condusse nelle sue stanze, lo trovò seduto al tavolo, intento a spulciare il trattato di anatomia di Andrea Vesalio. Teneva il capo chino sul libro e un raggio di sole gli illuminava i capelli grigi. Quando si accorse dell'ospite, accompagnato dalla domestica, alzò il capo e gli andò incontro accogliendolo con rispetto. Al vescovo apparvero grandi occhi neri incavati, lo sforzo del pensiero incarnato da una profonda ruga sul viso e un naso prominente. Accanto al calamaio una raffigurazione del sistema circolatorio brillava alla luce del sole primaverile. Holmes ascoltò il vescovo, poi osservò frettolosamente lo strano animale. A quanto pare doveva trattarsi di una specie rara, il cui nome latino non volle fissarsi nella memoria del vescovo, che per tutto il giorno successivo cercò di ricordarlo invano. Comunque, andò via tranquillo, dato che il filosofo della natura non aveva mostrato meraviglia.

Per il momento Holmes non si curò del suo strano nuovo ospite. Lo posò sul suo tavolo di dissezione e tornò al lavoro. La sua preoccupazione maggiore era terminare l'ultimo volume del suo *Sistema della natura*, un'opera monumentale con cui voleva classificare il mondo vivente.

Credeva fermamente che il compito che Dio gli aveva assegnato era la costruzione di un sistema omnicomprensivo e ben ordinato, capace di descrivere la natura nei suoi aspetti più minuti. Niente doveva sfuggire. Ogni creatura doveva avere un posto in quel solido edificio; le relazioni fra i viventi, le somiglianze morfologiche, le leggi dello sviluppo, tutto doveva leggersi nella sua opera.

Esaminò le fibre tendinee dell'animale che aveva sezionato, si soffermò sull'attaccatura al muscolo, tornò al tavolo, si sedette, prese il calamaio e completò su un quaderno il disegno dell'ultimo tratto del sistema nervoso. Era ormai alla fine. Si alzò per sgranchirsi le gambe e guardò fuori dalla finestra. Una brezza leggera giocherellava con i suoi panni stesi e un immenso stormo di uccelli neri volava verso est.

S'immerse nei ricordi: erano passati vent'anni da che aveva iniziato la sua opera, nelle intenzioni iniziali solo un piccolo trattato. Doveva fare l'ultimo sforzo, un mese gli sarebbe bastato. Tornò alla scrivania, si sedette e rilesse tutto quanto aveva scritto, apportando piccole correzioni. Per oggi aveva finito. Andò indietro di quaranta pagine e cominciò a scrivere: Eukaryonta, animalia, eumatozoa, bilateralia... in quell'istante si bloccò; quel termine che lui stesso aveva coniato gli diede un tuffo al cuore, poi sentì il petto battere a grandi colpi... Che diavolo era quella strana creatura?! Andò verso il tavolo di dissezione, scorse il giallo pallido dell'ambra, trattenne il pensiero, portò quel mistero all'altezza degli occhi e lo guardò in controluce. Fu un attimo. Vide la ruggine divorare le sbarre e gli astratti ferrami con i quali aveva rinserrato la Natura. Se quelli erano occhi... santo cielo! Quell'architettura del corpo gli risultava del tutto sconosciuta e imprevista. Un momento, nulla provava che quello non fosse un falso. Osservò l'arco cinereo: sì, era un filo d'erba. Scalfì leggermente l'ambra ed esaminò le striature, le curve, la consistenza del frammento... nulla di irregolare. Sorrise non senza amarezza. Aveva ormai capito che quell'oggetto non era stato forgiato da un abile artigiano, ma non si diede per vinto: lo pose su un sostegno, accese un lume e prese a osservarlo con la lente più potente che possedeva. Misurò, dedusse, pesò, calcolò i rapporti tra le parti anatomiche di quella creatura. Fu assalito dalle domande: il sistema nervoso è ventrale o dorsale? E il sistema digerente? I muscoli sono interni o esterni alle ossa? Le risposte che si dava lo illudevano al momento, intravedeva la fine delle sue angosce, ma poi riconosceva che altro non erano che aborti informi della mente. Notò anche che quella sfera affondava nell'acqua salata e non seppe darsene una ragione valida. Cercò di immaginare l'apparato circolatorio, l'apparato escretore, il sistema nervoso periferico e gli organi per la riproduzione. Tre tubicini sovrapposti furono la prima struttura che disegnò sulla carta, poi, a poco a poco l'architettura prese corpo sul foglio. Appena sotto scrisse: *Polimorfus ignoti*.

Molti punti erano oscuri, come alcune espansioni in certi distretti anatomici, ma poco contava: la sua classificazione del mondo vivente, così come l'aveva pensata, non contemplava quello strano essere. Non gli sfuggiva che quel solo particolare, quella sola creatura, ne nascondeva una miriade dietro di sé. Quella specie significava altre specie e altri generi e altre famiglie e altri ordini, che... non sarebbero rientrati nel suo sistema. Non era più tempo per ricominciare. E così le speculazioni anatomiche cedettero il posto all'andirivieni angosciato di un uomo tra le pareti di una stanza: aveva steso il palmo della mano per dissetarsi alla fonte della conoscenza, l'acqua si era fermata, ma poi era scivolata via; aveva costruito una visione nuova e potente, ma questa si era sbriciolata in un numero infinito di particolari.

Charles Holmes morì per un arresto cardiaco sette giorni dopo. L'anno successivo Polimorfus approdò nei magazzini dell'Ashmolean Museum di Oxford e per centosettantasette anni visse dentro una cassetta di legno in compagnia di fossili e minerali di poco valore. Nessuna spiegazione convincente, solo molti dubbi sulla sua autenticità: Polimorfus era indegno di far parte della collezione esposta nelle teche o di essere citato nel catalogo illustrato redatto per la Oxford Philosophical Society.

Ma in quegli anni ci furono giornate che erano un'esplosione di possibilità. Succedeva che uno studioso apriva la cassetta e lo prelevava per esaminarlo. Allora la luce inondava l'ambra e le stranezze di Polimorfus, le bolle d'aria e l'arco cinereo riapparivano, suggerendo interpretazioni del mondo, idee o... semplici note a margine.

Il 7 Marzo 1864, fu una di quelle giornate. Edward Lynt, ex-direttore del museo, lo fece prelevare per la quarta volta. Aveva a lungo osservato e riflettuto su Polimorfus. Ora lo acquistava insieme ad altri quaranta pezzi che portava con sé a Boston: in quella città, cercatori di fossili univano le loro collezioni dando vita a un museo di storia naturale.

La mattina dell'11 Marzo 1864 alle 6 e 45, cessato il forte vento da sud ovest, Lynt salpò da Plymouth. La *Marquise* era un vascello vetusto dallo scafo brunito, tre alberi che si ergevano altissimi su un ponte consunto e una decina di cannoni che facevano capolino dai fianchi. La sua vita era stata un alternarsi di lunghe calme e violente tempeste, da alcune delle quali si era salvata a stento.

All'alba del nono giorno, Lynt udì l'urlo del mozzo che dalla cima dell'albero maestro annunciava l'avvistamento di Teneriffa. Si precipitò a prua e distinse appena il profilo appuntito dell'isola. La sosta durò un giorno e una notte. Quando il viaggio riprese, il sole sorgeva dietro l'isola Gran Canaria. Seduto a prua su un vecchio sedile di noce intarsiato, Lynt fumava la pipa. I suoi occhi grigi, sotto la ruga profonda e arcuata della fronte, seguivano il volo dei gabbiani: uno di loro, ali spiegate e becco diritto in giù, si buttò in picchiata e catturò un pesce. Sembrava fatta. Ma proprio mentre riprendeva quota, un altro gabbiano gli rubò la preda. Lynt sorrise. Era come aveva letto: quei gabbiani di generazione in generazione avrebbero lottato fra loro per trovare nutrimento; solo alcuni sarebbero sopravvissuti e avrebbero trasmesso ai propri figli le caratteristiche che li avevano avvantaggiati sui loro simili. Si disse sempre più convinto della verità di questa intuizione. Sentì che era vero, che tutto mutava e che, chissà, migliaia di anni dopo, altri gabbiani, differenti nelle fattezze fisiche, avrebbero popolato quel tratto di mare. La sua mente era ormai proiettata nel futuro. Con queste idee avrebbe affrontato le sue nuove sfide intelletuali di Boston: una nuova vita si apriva davanti a lui.

Passò la mattinata a prua guardando il cielo e il mare, poi pranzò con gli ufficiali e nel pomeriggio scrisse alcune lettere. Dopo cena, in cabina, riaprì la scatola che conteneva i suoi 41 pezzi. Li osservò tutti a uno a uno. Poi mise Polimorfus in una tasca, richiuse tutto, e tornò a sedersi sul sedile di noce a prua. La nave, arditamente lanciata nelle immensità dell'oceano, sembrava inseguire il riflesso argenteo della luna. Trascorse alcune ore pensando all'Inghilterra e alle lettere che aveva scritto. Poi, per non lasciarsi prendere dalla nostalgia, cavò di tasca Polimorfus. Tornare alle sue intuizioni lo rendeva felice.

L'ambra appariva scura e opaca nella luce fioca della luna. Cercò allora di immaginare Polimorfus libero da quella resina viscosa. Ma il pensiero a un certo punto non andò avanti. Cercò delle similitudini. A uno a uno passarono nella sua mente gli animali che più lo avevano incuriosito nei suoi studi, le ricostruzioni dei fossili che aveva trovato da giovane nelle campagne del Galles, quelle dentro le teche del museo di Oxford… la serie si allungò sempre più… finché giunse a immaginare lo spaventoso e sterminato insieme delle forme animali vissute sulla Terra in tutte le epoche. Poi volle giocare con il pensiero: *Aquila rapax… Cervus elaphus… Grillus campestris…* Nominava a caso una specie di quell'insieme, poi con la fantasia ne variava leggermente qualche caratteristica fisica. Vennero fuori mostruosità orrendamente deformi che non erano mai nate, o che non erano sopravvissute nella lotta per l'esistenza oltre un certo stadio dello sviluppo, o specie che erano effettivamente vissute per generazioni e generazioni e poi si erano estinte… come… come … Fu solo un attimo. Ma fu il più intenso della seconda vita di Polimorfus. Comparve nella mente di Lynt così come era stato, una creatura vivente, reale… poi altre specie con quella stessa architettura, con nove occhi, sei teste, quaranta zampe popolarono i suoi pensieri. Nulla importava se mai essere umano aveva classificato e perfino visto quelle strane forme. Erano state, nessuno ne era venuto a conoscenza e ora non erano più.

La consapevolezza che un velo di nubi aveva oscurato la luna cancellò quelle strane creature dalla sua mente. Erano le tre della notte. Alzò gli occhi al cielo e non vide più nemmeno una stella. Si alzò e fece per tornare in cabina, ma un forte vento lo costrinse a fermarsi.

Le notti più serene sono quelle che preparano i fulmini più terribili. Un tuono fragoroso esplose come un colpo di cannone tra due eserciti contrapposti che esitano ad affrontarsi. Udì un urlo. Seguì un fulmine. Alcuni istanti, una violenta raffica piegò aspramente la *Marquise*, le voci dell'equipaggio si moltiplicarono e la pioggia iniziò a cadere violenta. Lynt riuscì a sostenersi a malapena a una sartia che reggeva l'albero maestro e da quel punto vide una ventina di marinai in fila lungo le murate. Attendevano che la tempesta si placasse. Ma quella era un'attesa vana. La nave era ormai in balia del vento, si sollevava e ricadeva sempre più pesantemente sul mare e dal ponte di comando si impartivano ordini che non potevano essere eseguiti. Poco prima dell'alba le vele di gabbia ormai sbrindellate furono risucchiate da un turbine e una falla si aprì a poppa. E quando la luce lugubre rischiarò appena quell'inferno, come se un demonio volesse assistere allo spettacolo, l'albero maestro si spezzò in due piegando il vascello sul fianco sinistro. Lynt precipitò lungo il ponte, e come trovare un punto dove aggrapparsi fu il suo ultimo pensiero. La testa urtò violentemente il parabordo e il suo corpo, esanime e a testa in giù, sussultò sotto la violenza delle onde. Polimorfus precipitò in acqua, sembrò galleggiare... poi un'onda gigantesca chiuse il mare sopra di lui.

Il fornaio e l'inventore

di **Paolo Magionami**

Tra tutti i criminali e i delinquenti che si erano ritrovati a passar per quella via di Annonay, Jean Baptiste era il più improbabile. Bassetto e canuto, sorrideva quel giorno alla sventura. Con il facciotto dolce come le meraviglie che sfornava, era arrivato con la pioggia invernale a essere ospitato nella prigione del paese con una fama di assassino spietato, nonché sobillatore dell'ordine costituito.

Ma Jean Baptiste Rostand non era nulla di tutto ciò. Non era un assassino, né un ladro, né un approfittatore, come i suoi detrattori accusavano. Di politica capiva ben poco, tranne nel momento in cui gli esattori di Luigi XVI lo prosciugavano anche del sudore pur di rimpinguare le esangui casse dello Stato, e non gli si poteva certo imputare di essere un rivoluzionario o un sovversivo. Non frequentava male compagnie e andava pure in chiesa qualche volta, o almeno nelle grandi occasioni.

Jean Baptiste faceva solo il suo mestiere. I Rostand erano fornai da quattro generazioni e con Jean Baptiste avevano probabilmente sfiorato l'empireo della perfezione. Sotto le sue capaci mani il pane lievitava felicemente, racchiudendo dentro a una crosta croccante un cuore di soffice candida mollica. Le sue composizioni erano originali, i suoi sapori mai banali o scontati e ogni palato poteva trovare in quella bottega del gusto la sua estasi e il suo patibolo.

La crema della nobiltà di Annonay, di tutto l'alto vivarese, dell'intera Linguadoca (e non solo quella, stando a quanto racconta il buon Baptiste a proposito della corte di Luigi XVI), frequentava graziosamente la sua bottega, colmando, quando non chiedevano credito così arduo da non concedere a così facoltosi avventori, i piccoli forzieri del nostro fornaio. Al resto del paese, che con gusto e supplizio faceva volentieri un passaggio per la sua bottega, poco altro rimaneva se non assaporare le bontà dal tocco del vetro, prima di riprendere la via leggeri come prima.

Quando ancora era buio, Jean Baptiste dava inizio alla sua opera. All'alba, o giù di lì, lo raggiungeva la moglie con l'intenzione di dare il suo contributo alla fortunata impresa familiare. Ma per Jean Baptiste quello più che altro era un momento di sventura.

Se la disgrazia avesse assunto connotati femminili, allora avrebbe certamente evitato per colmo di disgrazia le mature forme della signora Rostand. Non ch'ella fosse così sgradevole da vedersi nella sua rubiconda rotondità, anzi. Con il suo bel volto tondo come una delle rosette di Baptiste e i suoi capelli raccolti sotto il fazzoletto bianco non sfigurava affatto dietro al banco dei pani; di meglio, era l'ingrediente perfetto che ben contornava la composizione. Purtroppo Bernadette era dotata di parola. E di mali modi. Il povero Jean Baptiste era vessato in ogni istante della sua giornata e per qualsiasi motivo, sia stato esso futile o irrilevante, l'ira di Bernadette si abbatteva su di lui come mannaia sul collo del pollo.

Ça va sans dire, Jean Baptiste cercava altrove i pochi momenti lieti della sua esistenza.

A volte chiudeva semplicemente gli occhi e chissà a cosa pensava e dove andava.

A volte, ma solo a volte, si ritrovava piacevolmente avvolto dalle grazie burrose di Sophie e capitava che più della focosa passione era l'abbraccio a soddisfarlo e a cullarlo in un sonno felice.

Sovente scarabocchiava qualcosa su pezzi di carta ricavati dai crediti che le serenissime altezze gli rilasciavano; oppure si immergeva nelle pagine di un libro e tutto d'un fiato leggeva, o si sforzava di leggere, pagina dopo pagina facendo attenzione che non si sporcasse di farina.

Dopo tutto con le sue leccornie un vantaggio se l'era garantito, e il custode della biblioteca in cambio di qualche bontà gli lasciava tenere un libro per qualche giorno, meglio se illustrato

Da apprendista, tra una baguette e un croissant al miele, con qualche aiuto che i colti signori inteneriti da tanto ardimento gli avevano concesso, Jean Baptiste aveva cominciato a muoversi nei vicoli della scrittura per passione e libertà. E per dar un nome alle sue invenzioni.

Si, signori, alle sue invenzioni. Perché il fornaio di Annonay era un autentico, imprevedibile, sconosciuto inventore. Di stramberie più che altro, che la maggior parte delle volte facevano legna per il forno.

Questo qualche distrazione gliel'aveva procurata. Pani bruciati fino a diventar carbone, sacchetti di farina persi sulla via di casa, commissioni dimenticate o perdute. Insomma cose sulle quali Bernadette, come il boia di Annonay andava a nozze. L'ultima che aveva combinato, poi, era insolitamente grossa e non fu edificante rimpinzare i pani del duca di Savygnon con abbondanti manciate di sale per il compleanno dell'amata figliuola. Quella volta Jean Baptiste rischiò davvero che la mai troppo quieta spada del duca avesse giusta soddisfazione.

Fortunatamente, o sfortunatamente, di monete da spendere per le sue stravaganze il nostro fornaio ne trovava poche. Bernadette, che conosceva bene il suo uomo, vigilava meglio della gendarmeria e di monete in giro se ne vedevano assai raramente.

Tuttavia, l'ultimo libro che gli aveva passato il bibliotecario meritava una attenta indagine e soprattutto, ampio spazio di meditazione nel corso della giornata.

Ora, stando a quello che padre Francesco Lana Terzi aveva scritto nel suo *Prodromo ovvero saggio di alcune invenzioni premesse all'arte maestra*, pareva possibile, e questo Jean Baptiste lo capì più che altro dal disegno, far galleggiare una barca nell'aria opportunamente trattenuta da sfere rigide. Sfere rigide. Ne aveva già sentito parlare da padre Clavio, ma non credeva fossero la stessa cosa.

E fu così che quell'immagine di barca appesa a globi calamitò la sua immaginazione.

Ci ragionò su lungamente, immaginando un mare d'aria sul quale far navigare la sua barca leggerissima, ma non riusciva a trovare alcunché di così lieve da far veleggiare sul nulla. Si mise dunque all'opera, cercando di sospendere qualunque cosa ritenesse aver buone possibilità.

Trascurò il lavoro. I suoi pani erano sempre deliziosi, ma le capaci dispense del forno arrivarono a riempirsi solo a metà, esaurendo presto il loro contenuto.

Bernadette divenne una furia. Le sue urla si sentivano fuori dal negozio, riecheggiavano per le viuzze di Annonay e si disperdevano nell'aria, accompagnate dai sorrisi maliziosi del vicinato. Forse riempiendo una sacca di carta con l'aria pestilenziale che usciva fuori dalla bocca di Bernadette si poteva arrangiare una di quelle sfere. Una sorta di sacca d'aria che galleggiasse in aria.

Ma non funzionò. Sarà stato per la carta, per la forma sbilenca del suo globo, per l'approssimazione del progetto che tutto andò a finire dentro al camino avvolto dalle fiamme. Con il sapore del fallimento, Jean Baptiste aveva però notato un fatto. Al fuoco della fiamma un pezzo di carta, o quello che ne era rimasto nel suo velo nero di prossima cenere, si era innalzato sopra la fiamma, aveva volteggiato un poco qua e un poco là per poi consumarsi tra un brillamento arancione e uno giallo.

Assorto in quei pensieri, il buon fornaio non si era accorto della tempesta che si era addensata sopra la sua testa mentre se ne stava davanti al camino a rimuginare. Gli ci volle poco per capirlo.

Un istante e raggelò intirizzito completamente fradicio, mentre la torva Bernadette riponeva il secchio dell'acqua indicandogli senza proferir parola la pasta dei pani che sopra al tavolo aspettava. Jean Baptiste, sconsolato, si tolse la camicia e la mise ad asciugare vicino alla fornace. A torso nudo iniziò dunque a impastare. Impastava e rigirava la forma giallognola, la spolverava di farina, la ribaltava, la tirava e sbatteva sul tavolo, mentre con lo sguardo osservava attentamente la sua camicia appesa davanti al fuoco. Ondeggiava lievemente, come se qualcuno da dentro al camino si divertisse a soffiare sull'indumento, gonfiandolo un po' come vela a venti di brezza.

Continuò a malmenare la pasta dei pani e intanto rifletteva su quanto aveva osservato. Prima il pezzetto di carta sospeso sopra le fiamme, poi la camicia che davanti al fuoco ingrossa le sue forme.

Così, nei giorni successivi, al riparo da Bernadette e dai suoi strali serali, Jean Baptiste si applicò con grande tenacia nella costruzione di una barca galleggiante nell'aria.

Progettò uno strano marchingegno e ne disegnò le forme. Per dar corpo alla sua immaginazione capì di aver bisogno di carta, leggera, leggerissima, che al soffio caldo di una piccola fornace avrebbe sospinto il globo verso il cielo. Ma la carta aveva un costo proibitivo per le ambizioni di Jean Baptiste e oltretutto ve n'era anche molto poca in giro. Capì, dunque, che da solo non avrebbe potuto farcela.

Pensò allora di chiedere aiuto a uno dei tanti facoltosi clienti che passavano per il suo forno. Sperava in cuor suo che i nobili signori si potessero appassionare alla bizzarra idea contribuendo a realizzarla.

Ma il suo entusiasmo si scontrò presto con la dura realtà. I nobili della Linguadoca erano interessati ai suoi dolci e non alle sue stravaganze, così quando risaliva dal forno degli Inferi con le carte invece che con i pani, causava spesso grasse risate e l'ira funesta di Bernadette.

Un giorno, si presentarono al forno i fratelli Montgolfier.

Chiarissimi signori, avevano avviato una fiorente attività legata alla produzione di carta. La migliore di tutta la Francia era la loro. Jean Baptiste decise di giocarsi la sua ultima chance e mostrò loro il suo disegno. Non risero come gli altri, ma avendo poco tempo a disposizione lo invitarono nel loro palazzo per una breve udienza.

Jean Baptiste non perse tempo. Il giorno dopo radunò i suoi preziosi scarabocchi e indossato l'abito delle feste di buona lena uscì di casa con la benedizione di Bernadette, che mancò poco lo centrasse con il mestolo del burro.

Entrò baldanzoso dal grande portone e la servitù, squadrandolo dalla testa ai piedi, lo fece accomodare. Uscì poco dopo, con le sue carte accartocciate in mano, la testa bassa e i piedi strascicati a ramazzar la via.

Girovagò un poco per le strade del paese, poi al tramonto tornò a casa dove sul ciglio della porta Bernadette lo aspettava da ore.

Quella notte non dormì e pianse e il giorno dopo il pane gli venne salato.

Nonostante la sconfitta, Jean Baptiste aveva oramai un solo pensiero per la testa, un pensiero a forma di globo volante di un bel colore azzurro. E presto, una nuova idea prese il posto di quella vecchia. Aveva pensato che se non avesse potuto utilizzare la carta avrebbe potuto usare della stoffa.

Modificò un poco il progetto e ne ridimensionò le misure ma opportunamente tagliato si poteva costruire una sfera di tela incerata e impeciata, contornata di corde e ripiena di aria più leggera del comune.

Per risolvere la questione legata all'approvvigionamento delle stoffe e alla loro cucitura, Jean Baptiste decise di rivolgersi a Sophie.

Quand'ella non impiegava il suo tempo in altre faccende, era pur sempre una eccellente sarta e avrebbe potuto cucire tutto quello che abbisognava all'impresa.

E così decise. Sophie all'inizio non ne voleva sapere di imbarcarsi in quella storia, tuttavia, a qualche moneta in più, che Jean Baptiste aveva prudentemente nascosto per i momenti di crisi, non seppe dir di no. Eppoi, era chiaro che per quel fornaio aveva una simpatia che andava ben oltre il rapporto d'affari.

In quella estate del 1782 Jean Baptiste, e solo il buon Dio poteva sapere come facesse, si trasformò da fornaio a inventore, da inventore a fornaio, senza che la qualità del suo lavoro ne risentisse né tantomeno la sua furia creativa. Era anche riuscito a trovare un posto dove fare i suoi esperimenti lontano da sguardi indiscreti. Una vecchia capanna che al tempo della pestilenza serviva da ultimo ricovero per gli sventurati. Di certo nessuno sarebbe venuto a cercarlo lì.

Tranne il destino, che proprio lì andò a scovarlo.

Un giorno Bernadette, insospettita dallo strano comportamento del marito e messa in guardia da malelingue del paese, seguì il suo uomo fin nei vicoli di Annonay. Qui lo vide consegnare alcune monete a una donna dei bassi fondi e dirigersi come un malfattore dentro il covo degli appestati. Si guardò bene dall'entrarvi e se ne ritornò verso casa in attesa che lo sciagurato facesse ritorno.

Quella sera, il matterello di Bernadette si abbatté più volte sui sogni del povero Jean Baptiste.

Per un poco di tempo Jean Baptiste tornò a essere il prodigioso fornaio che era, sebbene la sua immaginazione avesse ormai levato le ancore. Ma Bernadette non si lasciò ingannare. Come avvoltoio sulla preda, volteggiava paziente intorno al suo fornaio.

E così fu che, quando Jean Baptiste si presentò a Sophie per ultimare i lavori, lo rincorse per tutto il paese urlando manco la stessero torturando.

Sotto lo sguardo dei paesani che additavano il poveraccio a ogni passaggio, il fornaio più famoso della Linguadoca si mise a correre a perdifiato per le vie della città pur di evitare l'ira familiare e il suo matterello.

Il fato volle che a incrociar la sua via passasse il duca di Savygnon, lo stesso della torta avariata con il sale. Per poco Jean Baptiste non fu speronato dal cavallo del nobile. Ma l'urlo che cacciò spaventò talmente la bestia che imbizzarritasi disarcionò il suo cavaliere che come un sacco di farina piombò a terra.

Provò a scusarsi e a prestar soccorso, ma il malconcio duca presto lo riconobbe e i suoi compari, senza perder tempo, chiamarono una ronda di guardia che passava nelle vicinanze. Resosi conto che un nobile giaceva a terra sopraffatto, si voltarono armi in pugno contro il fornaio, al quale non rimase altro che continuare la fuga.

Inseguito dalla moglie, dalle guardie, dai guardaspalle del duca e pure dalle urla dei cittadini, Jean Baptiste si rifugiò nella sua casa degli esperimenti.

La moglie entrò con furia devastatrice dentro la bicocca poco prima dell'ingresso della guardia e dei cavalieri. Prese ciò che gli capitava sotto mano e lo scagliò contro il povero Jean Baptiste ridotto a mal partito in un angolo della capanna.

Accortosi che Bernadette stava calpestando la tela del suo globo aereo, si avventò sulla stoffa blù e tirò con tutta la forza che aveva pur di toglierlo da sotto i piedi dell'arpia. Il gesto andò oltre gli esiti sperati. Nel mentre che le guardie facevano irruzione, Bernadette perse l'equilibrio venendo meno il terreno sul quale incedeva a passo di carica e con un ampio movimento del corpo si ritrovò con le gambe per aria e la testa a sbattere contro l'incudine.

Senza un gesto né un lamento rimase immobile, stecchita sul colpo. Jean Baptiste, pietrificato, provò inutilmente a chiamare il suo nome, ma le guardie, veduta la scena, gli puntarono le lance addosso, intimandogli di arrendersi. Jean Baptiste indietreggiò incespicando su tutto quello che si parava dietro di lui, fino a quando urtò la lampada a olio che dava lume al rifugio. Fu acchiappato e portato fuori appena in tempo, non prima però che uno dei cavalieri al seguito del duca si procurasse serie ustioni.

Mentre il vecchio rifugio di appestati e moribondi andava bruciando i sogni di Jean Baptiste, una scorta ingrugnita condusse il pericoloso fornaio alla prigione del cantone. Lì attese che il giusto processo avesse compimento.

Il suo forno fu sprangato e tutti passarono oltre senza più fermarsi.

"Ci conosciamo da tempo Jean Baptiste", si lasciò scappare il boia che accompagnava il condannato sulle vie quasi deserte di Annonay insieme alla pigra scorta.

"Perché stai sorridendo?", insistette.

Ma Jean Baptiste non aveva null'altro da dire. Con lo sguardo perduto oltre il cielo si gustava di lontano il suo globo azzurro ben impeciato e incordato veleggiare libero e lontano al soffio del vento.

In quella bella giornata di giugno del 1783 i fratelli Montgolfier, sotto gli occhi di tutto Annonay, riuscirono a far dei sogni cosa leggera.

Lo specchio di Minkowski

di **Angelo Adamo**

Il signor Hermann Minkowski in quella rara domenica di sole dell'inverno del 1906 uscì di casa relativamente presto. Lo stuzzicava il potere finalmente godersi la lunga passeggiata che da casa sua l'avrebbe portato verso il centro. Avrebbe potuto dare occhiate distratte alle vetrine chiuse senza doversi preoccupare di evitare la calca di acquirenti in entrata e in uscita dai negozi; avrebbe potuto far procedere le gambe e il cervello a un ritmo unico, senza che la lentezza delle prime rispetto al secondo gli imponesse la solita posizione seduta, quella che caratterizza le sue lunghe giornate in università quando il cervello costringe le gambe a fermarsi vedendo che sono un ostacolo al troppo veloce fluire dei pensieri.

Attraversò diversi incroci quasi senza guardare se arrivassero mezzi da un lato o dall'altro, salutò cordialmente e con gioviale distacco diversi professionisti quel giorno come lui alla ricerca di sensazioni di leggerezza così proibite durante la frenetica settimana lavorativa; assaporò qualche distratta folata di profumo proveniente dai giardini, breve, esclusiva e vanitosa anticipazione di quelli che sarebbero stati gli odori della primavera successiva. Si abbandonò – non sentito – ai pensieri più banali sulla bellezza del tempo e sul grigiore degli altri giorni.

Si fermò in un caffè concedendosi un tè caldo, un pretesto come un altro per dare una veloce scorsa gratuita al giornale.

Iniziò quindi a girare le pagine costringendosi ad alzare frequentemente lo sguardo mantenendo il volto atteggiato a rappresentare rilassatezza, quasi pomposamente ebete, per confermarsi che oggi la lettura doveva differire da quella solita, profonda, partecipe alla quale era uso. Mentre costruiva la sua pantomima domenicale, vide dall'altra parte della strada un tendone che non aveva mai notato prima.

Decise quindi che, se in una giornata così ostinatamente leggera aveva notato qualcosa che non avrebbe mai e poi mai colpito la sua attenzione, era il caso di dare libero sfogo alla sua curiosità. Quindi pagò il tè e uscì dal bar lasciandosi piacevolmente abbagliare da un sole che in genere non aveva cittadinanza in quel periodo dell'anno. Prese deciso a camminare verso il tendone, troppo deciso. Quel giorno niente andava affrontato col suo solito piglio. Si redarguì interiormente divertito e felice del fatto che alla sua età nessuno se non sé stesso poteva trattarlo come un ragazzino.

Il tendone si rivelò presto essere un mercatino delle pulci e la cosa lo divertì ancora di più dato che ne aveva sempre sentito parlare, sapeva cosa fossero quei luoghi e quali occasioni molti altri vi avessero rinvenute ma, a pensarci bene, non vi era mai stato prima.

Entrò quindi entusiasta per la sua scelta, ma la cosa durò poco. Già dopo avere superato alcuni bancali pieni di cianfrusaglie – inutile paccottiglia che farebbe la felicità di alcune signore di sua conoscenza amanti della bomboniera e del ricoprimento incondizionato di intere superfici di sontuosi appartamenti altrimenti vivibili – sentì forte l'impulso di andare via. Desiderò di tornare a occuparsi dei suoi spazi funzionali dove l'occhio della mente educato a farlo può esplorare incontrastato senza imbattersi in alcunché di non necessario. Si arrabbiò quindi con quella distesa di isteriche realizzazioni del nulla. Se la prese con esse per averlo fatto riandare così repentinamente alle sue solite occupazioni. Per l'avergli fatto sentire la loro mancanza dopo tanti sforzi compiuti per rendere normale quella domenica seguendo le descrizioni fatte da altri di cosa sia questa strana cosa: una domenica normale.

Passò repentinamente a darsi ideali pacche sulla spalla, bacchettandosi ancora una volta per la sua troppa efficienza quel giorno bandita, anche nelle intenzioni, e si costrinse a svoltare pedissequamente tutti gli angoli di quello strano ricettacolo di cose dimenticate. E, a ben vedere, il perché di tale dimenticanza era evidente: non servivano a nulla. Proprio a nulla.

Non resistette all'impulso di dare un'occhiata ad alcuni libri ingialliti dall'aria importante. Già un vecchio mobile sembra sempre appartenuto a qualche grossa personalità, sembra sempre avere custodito cose eccelse. Figuriamoci quale fascino emana un vecchio testo dalla copertina rigida un po' rovinata e le pagine ingiallite, quasi carta da pacchi, sulle quali magari qualcuno ha impresso in latino cose di una banalità abissale.

Una velocissima serie di bacchettate spontanee lo scosse da quei pensieri. Si era reso ancora colpevole una, due, tre volte per avere ceduto all'impulso così normale per lui di affiancare un libro, abbordarlo, interessarsene; per averlo ritenuto interessante per il solo essere vecchio e malridotto; per l'essersi reso conto di essere schiavo di questi pensieri e infine per il ritrovarsi ancora lì col cervello che tutto era tranne che un cervello domenicale, rilassato e *sanza nocchiero*, come foglia portata dal vento che non decide nulla e si posa solo quando e fintanto che qualcosa non la ostacoli.

Procedendo oltre si ritrovò in una sezione del tendone che, quella proprio sì, non destava in lui nessun interesse. Lì vi era accatastata senza alcun ordine discernibile (se non forse dall'occhio del rigattiere) tutta una serie di mobili, di tutte le dimensioni e fogge. Letti, librerie, *secrétaire*, lavatoi, fasciatoi, pendole, cucine, tavoli e relative sedie, armadi, comodini, appendiabiti e materassi. In generale l'aspetto era di una frana di un monte ligneo che cadendo aveva scoperto tutti gli strati che lo componevano. Strati geologicamente discernibili grazie alle diverse tinte di marrone interrotto qua e là da "impurità", macchie bianche o rosa-giallo dei cuscini e dei materassi che sembravano garantire che in un mercatino delle pulci sì, le pulci ci sono veramente.

Senza rendersene conto accelerò il passo nonostante questo contrastasse notevolmente con i suoi propositi di essere una foglia portata dagli eventi o dalla mancanza di essi attraverso le ore di quella domenica.

Solcò i tortuosi varchi aperti fra le cataste di legni costretti in passato da mani esperte a fare da mobili e a scricchiolare sotto il peso delle faccende umane – cosa che non avrebbero mai fatto di certo se lasciati al loro destino di alberi – e che ora sembravano scricchiolare tutti assieme. Infatti, non sapeva bene come ma il signor Minkowski ebbe la visione istantanea di corpi avvinghiati a fare l'amore e di altri spossati e appesantiti dal troppo cibo a dormire pesantemente su quei letti; vide enormi cataste di libri poggiate su quelle librerie ora vuote e gli sembrò di sentire un muto urlo di tarli e di fibre che si stirano stanche e rassegnate a disfarsi allungandosi. Ma in tutto ciò colse qualcosa di strano che quasi tentava di sfuggire alla sua attenzione.

Si fermò indeciso se indagare o meno su qualcosa che il suo cervello aveva registrato come anomalia.

Si trattava di cedere ancora a un impulso che non voleva accettare ma che era particolarmente forte. In fondo cosa poteva averlo fatto sobbalzare in un cumulo di oggetti che in condizioni normali più che incuriosirlo l'avrebbero allontanato, spinto quasi lontano verso le uniche cose che veramente gli interessavano?

Decise di darsi scampo, solo per un attimo. Giusto il tempo di scoprire ancora una volta che la sua attitudine a essere particolarmente desto e presente poteva nascondere anche qualche cosa di estremamente stupido. Si girò nella direzione dalla quale aveva ricevuto quel segnale d'allarme. Osservò riutilizzando l'atteggiamento adottato nel bar durante la lettura del giornale ma riuscì a farlo solo superficialmente. Anche se a mezz'asta le sue palpebre non poterono impedire agli occhi di indagare con sguardo estremamente attento quanto gli si parava innanzi. Vide cose già viste, forme oramai più che familiari di mobili deportati e tristi, che avevano perso la dignità di piante prima e di arredamento poi. Schiavi in catene in attesa di pietà da parte degli avventori più disparati. Un pitale conferiva al tutto un'aria ancora più triste, sfuggito all'organizzazione del materiale del rigattiere o trovatosi lì semplicemente perché qualcuno, convinto di comprarlo, aveva cambiato idea senza avere voglia di tornare sui propri passi per riporlo là dove l'aveva preso.

Poco distante dal vaso notturno, tra un portaombrelli a forma di anfora e una sedia a dondolo che doveva avere scricchiolato tanto a giudicare da come apparivano piegati alcuni listelli di vimini che ne costituivano il sedile, vide uno specchio. Era un normale specchio che però gli diede la netta sensazione, anzi la certezza, che il segnale che l'aveva fatto fermare provenisse proprio da esso.

Lo guardò meglio e provò di nuovo quel brivido che gli fece frugare nella memoria alla ricerca di quel qualcosa di strano che poteva avergli evocato, tanto quello specchio era normale e non rivelava alcunché di particolare, almeno per il momento. Provò a ritornare sui suoi passi per guardarlo frontalmente, dato che lo specchio appariva leggermente ruotato rispetto alla distribuzione degli altri oggetti intorno. Si immaginò visto da fuori e gioì di quella sequenza di movimenti che stava compiendo attorno allo specchio. Infatti, a ben vedere, poteva tranquillamente essere la stessa serie di movimenti che compie chi soppesa la possibilità di acquisto di un mobile e che cerca di figurarselo nella cornice di quelli già presenti a casa sua per valutarne l'accostabilità. Questo lo rinfrancò un po' dalla serie di rimproveri silenti che in sottofondo nella sua testa aveva iniziato a farsi per quel suo atteggiamento che, anche se esteriormente poteva apparire normale, lui e solo lui sapeva provenire da ben altro.

Tornò quindi indietro di tre o quattro passi, si rigirò così da offrire di nuovo allo specchio lo stesso fianco che doveva avergli rivolto quando gli era passato davanti la prima volta e notò che qualcosa di strano effettivamente avveniva. La sua immagine tremolava, quasi fosse libera – anche se lui si imponeva di stare immobile – di fare dei piccoli movimenti che non avrebbe comunque saputo descrivere. Gli sembrava che oltre l'immagine dei mobili alle sue spalle e la sua elegante figura vi fosse una ulteriore profondità del campo, qualcosa che aveva l'effetto di distorcere ciò che vedeva anche se osservando i singoli particolari dell'immagine riflessa nulla risultava effettivamente distorto. Vi era qualcosa di più; una strana, tenue luminescenza avvolgeva tutti gli elementi riflessi, uno spessore anche laddove a specchiarsi erano elementi bidimensionali, privi di alcuno spessore misurabile. Il tutto faceva sembrare gli elementi dell'immagine nello specchio ancora più solidi di quelli che in esso si specchiavano, ancora più facili da agguantare e vi si provò senza ovviamente sortire nessun effetto se non il sentirsi ancora più stupido di prima. Sperò di non essere stato visto da nessuno e si girò di colpo a cercarne conferma ma purtroppo vide una faccia dalle rughe, lignee anche quelle, scavate nel bassorilievo dell'espressione di un signore che in un primo momento gli era addirittura sembrato un mobile animatosi di colpo. Decisamente troppo per una domenica che doveva essere vissuta all'insegna di una stucchevole normalità.

Il bassorilievo addirittura parlò e disse "Strano, vero? Questo forse è il pezzo più importante e di valore di tutti quelli che lei vede qui dentro. Paradossalmente però, proprio per questa sua stranezza, non riesco a venderlo. Ce l'ho da più di dieci anni ormai e sono quasi rassegnato all'idea che mi rimarrà per sempre invenduto. A ogni fiera lo trasporto assieme al resto, lo scarico dal carro, lo spolvero e a fine fiera lo imballo nuovamente per riportarlo in magazzino. E mi creda, nonostante non sia uno dei pezzi più pesanti come può giudicare lei stesso, tuttavia inizia a pesarmi notevolmente. In qualche modo rappresenta gli anni che passano, e un po' anche la mia incapacità di vendere qualcosa che si dovrebbe vendere da sé non fosse altro che per la storia che si porta dentro e per ciò che riesce a fare."

Il professor Minkowski riuscì durante quella implicita presentazione del rigattiere in persona a riaversi dall'imbarazzo e dallo spavento riconquistando i modi che caratterizzavano il suo normale atteggiamento. "Mi scusi, ma cosa intende esattamente quando parla della *storia che si porta dentro*?"

"Ah, questo specchio non è molto antico, avrà sì e no ottanta anni e nessuno mi ha saputo dire chi lo ha costruito e con quale tipo di vetro. Solo di una cosa sono certo. Lei forse non lo crederà, caro signore, ma ha fatto impazzire tutti i suoi precedenti possessori. Ricche dame, le loro figlie, facoltosi signori che vi vedevano specchiato un dèmone che li possedeva... Io mi limito a vedere l'espressione sbalordita di chi lo scopre tra queste cianfrusaglie e a cogliere la particolarità dell'immagine riflessa... di riflesso, se mi perdona il gioco di parole, evitando sempre di guardarvi direttamente dentro. Ci tengo io alla mia salute mentale, sa?"

"Immagino, immagino... ma mi dica, mai nessuno ha provato a dare una spiegazione di questo fenomeno?"

"Cosa vuole... lei si vede che è istruito e ha occhio per le cose di valore. Io non so molto e se qualcuno ha una teoria su questo specchio non la viene certo a raccontare a me. Sono solo un povero rigattiere e so che mi piacerebbe darlo via una buona volta. In qualche modo mi ci sono anche affezionato, ma è anche vero che, se nasconde un mistero, rimanendo con me rischia di finire dimenticato e ignorato da tutti senza che nessuno abbia potuto cogliere ciò che nasconde."

"E se le chiedessi", riprese bruscamente Minkowski obbedendo a un impulso irrefrenabile, non mediato, che lo sorprese senza le sue solite difese razionali in una giornata che di razionale aveva avuto ben poco "a quanto lo vende? Tenga presente che ero solo venuto a curiosare. Mai avrei pensato di volere comprare qualcosa…" "È quello che capita a tutti coloro i quali vengono qui. Entrano scettici ed escono con una patacca. È così che va questo tipo di mercato. Lei, signore, mi sembra per bene e soprattutto ha l'aria di chi potrebbe riuscire a capire cosa diavolo nasconde questo strano oggetto senza impazzire come tutti gli altri. Guardi, se mi promette di trattarlo con riguardo, le faccio un ottimo prezzo".

"Mi dica, dunque…"

Uscì dal tendone con una fretta anche maggiore di quella che contraddingueva le sue giornate feriali. Il fallimento del suo progetto di trascorrere una domenica normale era oramai conclamato e se dopo essere emerso dal mercato delle pulci avesse potuto in qualche modo travasarsi subito fra le quattro mura di casa sua, l'avrebbe fatto con gioia perdendosi senza tema tutte le possibilità di "riscattarsi" con la società che la matematica, sua unica passione, gli suggeriva di ignorare e che una tranquilla passeggiata verso casa offriva. Il percorso a ritroso fu estremamente veloce anche se, dal suo punto di vista e contro ogni legge fisica se non quella dettata dalla sua stanchezza, la strada sembrava essersi allungata, almeno di un po'. Sudato, entrò di fretta, quasi con aria di ladro. Appese il paltò all'appendiabiti dell'ingresso di casa sua e si diresse con decisione, gli occhi vitreamente persi nella visione di qualcosa che si sarebbe detto stare dinanzi a lui a circa un metro, ma che nessuno poteva vedere se non lo stesso signor Minkowski che in quel momento era presente solo col corpo; un veicolo per portare a spasso le sue idee.

Entrato che fu nel suo studio si chiuse a chiave dentro e finalmente poggiò il pacco sul tavolo. Ruppe con impazienza l'involucro protettivo e, dopo avere fatto sommariamente spazio fra le carte sparse, sistemò lo specchio sulla scrivania, proprio di fronte al suo naso.

Prese un foglio bianco, accese la lampada e, penna in mano, si dispose a studiare le proprietà del suo nuovo acquisto.

Quella mattina, alzatosi di buon ora, eseguì tutte le normali operazioni di cura della propria persona cercando di nascondere a sé stesso la grande emozione che avrebbe voluto sconquassargli il corpo in sussulti nevrotici di gioia, eccitazione allo stato puro e – perché no? – paura: quel giorno avrebbe parlato davanti a una comunità. Fece il bagno nel tentativo di rilassarsi; cercando nell'acqua una staticità mentale a lui sconosciuta, cercando di affogare, di ammorbidire tutto il suo essere nel solvente per eccellenza. Il suo pensiero, già per abitudine quotidiana predisposto a immaginare in termini scientifici, in quell'occasione si divertì a farlo ancora di più, quasi volesse effettuare un ultimo test della macchina prima della prova che avrebbe affrontato di lì a poco. Ecco allora affiorare tutta una serie di *tòpos* scientifici come la storiella di Archimede che scopre la legge alla base del galleggiamento dei corpi e sorrise all'idea di sé stesso mentre, nudo e urlante di gioia, si recava alla conferenza per riferire delle sue idee; seguì il pensiero della possibile valutazione del volume che il suo corpo occupava; la differenza tra l'altezza del livello del liquido con lui dentro intento a rilassarsi e l'altezza dello stesso misurata senza niente dentro, differenza da moltiplicare per l'area della superficie interna della vasca supposta costante dal bordo superiore fino al fondo, avrebbe misurato la capienza del contenitore Minkowski. Purtroppo avrebbe potuto ottenere solo un volume approssimato per difetto: un calcolo esatto avrebbe richiesto la sua completa immersione, ma la sua vasca era troppo piccola per permetterlo. Per accomodarsi al suo interno doveva tenere le gambe piegate e nonostante questo, le sue spalle rimanevano comunque un po' fuori. Pensò allora agli scambi termici con l'aria e al fatto che dovesse continuamente decidere se gli interessasse di più immergere la parte alta del corpo fino a tenere il naso a pelo d'acqua per respirare o se invece preferisse sacrificare il busto per sentire il calore dell'acqua sulle gambe. Nel primo caso doveva tenerle distese obliquamente fino a incontrare, aderendovi con la pianta dei piedi, le mattonelle alte della parete di fronte a lui, mentre nel secondo poteva tenerle piegate con le ginocchia emerse a fare compagnia al petto e alla testa. Quale decisione era più conveniente? La soluzione al problema dipendeva da quale percentuale di superficie del suo corpo rimaneva nei due casi esposta all'aria, anche se sapeva che si trattava di piccole differenze in fin dei conti trascurabili: nel giro di pochi minuti tutto il corpo avrebbe perso calore isotropizzandosi con l'acqua e con l'ambiente circostante. Tempo un quarto d'ora circa e, qualsiasi fosse la sua posizione nella vasca, avrebbe comunque sentito troppo freddo per starsene ancora lì in ammollo. La cosa curiosa fu che, alla fine di questa corsa folle fra pensieri senza parole, sensazioni di numeri senza numeri, la sua mente si fermò di botto – quasi un incidente – su un'immagine stranamente vivida: le sue gambe piegate a mostrare le ginocchia, approssimabili con dei tronchi di cono, emergevano come isole vulcaniche dalla piatta superficie dell'acqua. Gli sembrò di avere già visto in passato qualcosa del genere, forse da bambino, in un libro illustrato.

Il cielo attorno era livido e prometteva tempesta. La cornice di nubi dava al quadro un'aria minacciosa e al contempo misteriosa: saranno state isole abitate da cannibali o rifugi inespugnabili di pericolosi pirati? L'immagine mentale era con sua grande sorpresa molto precisa e meritava qualche sforzo da parte sua per adattare la realtà alla fantasia. La luce solare entrava prepotente dalla finestra. Allora si alzò, grondante, le gambe ancora immerse nell'acqua, sforzandosi di arrivare ad accostare gli scuri col solo allungare il braccio per evitare di bagnare troppo il pavimento intorno. Una volta ottenuta una penombra accettabile, tornò a risistemarsi nella vasca e riconquistò il piacere al tepore dell'acqua, non senza aver subìto il brivido dato dal cambio repentino di temperatura. Quindi si apprestò a rivalutare lo scenario per meglio confrontarlo col ricordo di quel disegno. Ora il suo corpo era ancora una volta il continente che si manifestava qui nel busto e lì nelle due isole, sue propaggini più lontane. Causò un maremoto: muovendo piano le gambe, agitò da dentro l'acqua che, lambendo le due isole vulcaniche così alte, si alzava pure a creare onde anomale e flutti minacciosi. "Come si fa presto – valutò – a ritornare per un attimo bambini. Forse, semplicemente, non smettiamo mai di esserlo. Col passare degli anni, copriamo le gambe con pantaloni stirati e sempre più costosi e sui nostri occhi poniamo filtri che ci allontanano da semplici visioni che potrebbero indurci verso atteggiamenti sconvenienti. Ora sono qui, non visto, nell'acqua della mia vasca e le mie ginocchia, un tempo glabre e oggi coperte non da pantaloni, ma solo parzialmente da peli appesantiti e quindi pettinati dal liquido – tanti versori paralleli al campo gravitazionale – tornano a essere isole di un mare o di un lago circondato da erte catene montuose. Proprio come lo saranno state tanti anni fa quando il riflesso del mondo nella mia fantasia poteva essere ricco. Era ricco di dimensioni aggiunte e non così rigidamente compreso tra gli angusti limiti dei ruoli che la società ci impone. I ruoli degli altri, e quindi anche il mio per gli altri, non sono niente di più che coordinate. Servono a fornire a noi tutti lo sfondo, il riferimento sociale rispetto al quale muoverci. Se non avessimo ruoli, non forniremmo appigli al nostro prossimo. Ma... e se fossero appigli fittizi, coordinate sbagliate? E se l'avere scelto di lavorare con i numeri, di giocare con i numeri, non fosse altro che il tentativo di non lasciarmi del tutto convincere dell'impossibilità di vivere dentro ciò che oramai fuori mi è proibito? Fuori sono un matematico. Ma quando mi vedo riflesso nello specchio d'acqua della mia vasca da bagno, vedo ancora un bambino".

Più tardi, nel radersi non poté fare a meno di continuare a pensare com'era abituato a fare di solito. Si vide virtualmente tridimensionale anche se di fatto la sua immagine riflessa non era che qualcosa di superficiale, senza il minimo spessore. Si vide riflesso tenuamente anche nelle pareti piastrellate, laddove il vapore si ritirava. Il diradarsi delle nebbie del suo bagno era una metafora irresistibile. Forse avrebbe dovuto usarla, in qualche altra occasione, per qualche altro uditorio. Le superfici, il materiale di cui esse sono fatte, variano di continuo attorno a noi. Solo alcune mostrano di riflettere bene ciò che si svolge dinanzi a loro. Forse, pensò, una seppur minima riflessione, anche se approssimabile a zero, c'è sempre. In molti casi non possiamo apprezzarla, poi, di fronte a superfici particolarmente adatte come le mattonelle del suo bagno, il mondo manifesta la sua attenzione a ciò che in esso accade. Ci dimostra che, anche se apparentemente assente, è in realtà sempre attento a tutto, tanto da poterlo riprodurre con una fedeltà assoluta, a meno di una dimensione.

Il mondo bidimensionale ci segue da vicino, da sempre.
Da vicino.
Da sempre.
Quello monodimensionale, il riflesso fedele – al solito, a meno di una dimensione – di quello bidimensionale, lo intuiamo, ne parliamo come di rette, ma in esso non potremo mai rifletterci consapevolmente. Eppure quello strano specchio arrivato nel nostro mondo chissà come, gli aveva fornito la prova tangibile proprio di questo: esistono nostri omologhi più ricchi di dimensioni. Perlomeno esistono omologhi in un mondo a quattro

dimensioni spaziali in cui gli specchi come quello che lui aveva trovato mostrano un riflesso tridimensionale. Se esiste un mondo siffatto, nulla vieta che ve ne siano di ancora più complessi, ma questo non ci è dato di saperlo con certezza. La nostra consapevolezza è segregata, costretta fra tre contrafforti rigidi e un fluido temporale che, incoercibile, scorre al di qua e al di là delle pareti spaziali della nostra esperienza fisica. Forse il tempo non può essere costretto perché deve attraversare non solo il nostro, ma anche tutti gli altri mondi riflessi. Come un filo che cuce la realtà, una ghirlanda di mondi paralleli, omotetici.

La mano radeva con sapienza, oramai abituata al gesto. Questa abitudine, questo trebbiare regolare del rasoio sul suo volto, gli permise di pensare senza fermarsi.

E continuò.

In uno specchio normale, il riflesso del nostro mondo tridimensionale più il tempo è un mondo bidimensionale con l'aggiunta del tempo. Il tempo non muta. Posso farmi la barba guardandomi allo specchio: il mio omologo bidimensionale contemporaneamente si rade, le linee si muovono e le derivate rispetto al tempo conservano lo stesso significato fisico che hanno al di qua della superficie riflettente. Il riflesso del mondo bidimensionale in uno specchio monodimensionale è fedele a meno di una dimensione spaziale.

Ma il tempo rimane, deve rimanere.

Il tempo deve rimanere...

Si fermò, gli occhi negli occhi, con ancora qualche sbaffo di schiuma da barba sul volto. Quel semplice pensiero aveva interrotto una catena di deduzioni ancora familiari. Ma questa conclusione familiare non lo era affatto. "Il riflesso del mondo monodimensionale con l'aggiunta del tempo in uno specchio zerodimensionale non può che essere quello di un mondo che si specchia in un punto, lasciando solo il tempo come riflesso dello spazio, come riassunto..."

Sulla pelle del suo collo, vicino al punto dove, carico di tensione, indugiava il suo rasoio, spuntò improvvisa e veloce una stilla di sangue.

L'aula dell'Università di Colonia quella mattina di settembre del 1908 era già quasi totalmente riempita di studenti e professori.

L'eco delle sue precedenti prolusioni (l'ultima – presentata alla Società Scientifica di Gottinga – risaliva al dicembre dell'anno prima) l'aveva preceduto di molto e tutti attendevano la sua lezione a conferma di queste voci circa nuove teorie ancora poco comprensibili per gran parte del mondo scientifico. Questo ovviamente accrebbe il suo disagio e il timore che qualcosa potesse non andare per il verso giusto. In fondo era solo la terza volta che ne parlava in pubblico e, dopo così tanto tempo, ci si aspettava da lui sicuramente una serie di argomenti ancora più convincenti a sostegno della sua idea così rivoluzionaria. Probabilmente avrebbe avuto bisogno di una maggiore dimestichezza con l'esposizione di concetti che al loro affiorare nella sua mente avevano destabilizzato anche lui quella domenica dell'oramai lontano inverno del 1906. Egli era assolutamente convinto delle sue asserzioni, specie dopo l'intuizione avuta quella stessa mattina, ma aveva solo da sperare in un beneplacito della comunità scientifica visto il suo tentativo di contrabbandarle come idee nate in seno a una pura intuizione fisico-matematica stimolata dalle teorie del signor Einstein e non piuttosto come suggerite da forse l'unico oggetto capace di dare corpo a esse.

Quell'oggetto era stato da lui distrutto almeno un anno prima: aveva ceduto alla tentazione di apparire anche lui, come già era per il padre della relatività, un uomo di tale immaginazione scientifica da essere capace di intuire la realtà intima della natura prescindendo da essa quanto più possibile.

Forse fu proprio il timore di possibili eventuali fallimenti più di ordine oratorio che non concettuale che lo spinse ad adottare un tono di voce e una scelta di parole che, invece di tradire smarrimento, ostentavano quasi una superba sicurezza. Infatti si fece forza, probabilmente troppa come egli stesso si trovò a pensare in seguito, quando proferì la frase destinata a rimanere negli annali della storia della fisica:

> *"Le vedute sullo spazio e sul tempo che desidero esporre davanti a voi sono sorte dal terreno della fisica sperimentale, e in esso risiede la loro forza. Queste vedute sono radicali. D'ora in poi lo spazio preso a sé stante, e il tempo preso a sé stante, sono condannati a scomparire come pure ombre, e soltanto una sorta di unione dei due conserverà una propria realtà indipendente".*

Nel guscio di una noce

di **Jennifer Palumbo**

Il professore guardò fuori dalla finestra del suo studio, all'ultimo piano dell'Istituto. C'erano voluti anni a salire così in alto, proprio letteralmente tanto in alto da trovarsi sullo stesso livello di un uccello migratore, solo in mezzo al blu, puntando risolutamente verso il sole. Mentre fuori, là sotto, per strada, il mondo brulicava. Cornelius girò lievemente la testa per vederlo meglio. Gli parve irrimediabilmente piccolo, lontano, un po' corrotto. Forse sto diventando vecchio, pensò con una punta di angoscia e, per un attimo, gli tornò in mente il cielo nitido sopra la steppa, quelle mattine d'inverno che lo coglievano sudato a spaccare la legna, una giusta fatica che un tozzo di pane scuro e mezza cipolla servivano a ricompensare. Ora invece, riflettè amaramente, le ricompense non erano così facili. Si è alzata la posta in gioco, pensò con una vena di rabbia che gli solleticava la bocca dello stomaco; ma forse si trattava solo di un difetto della digestione.
"Professore?" lo apostrofò una voce femminile ben nota.
Cornelius esitò. Sapeva di dover rispondere, ma avrebbe voluto trattenersi ancora alla finestra, osservare il viavai sul marciapiede che attirava il suo sguardo, anche se lo trovava sporco, disordinato, ripugnante. Il lavoro dello scienziato comprende una parte importante di creatività, amava ripetere ai suoi studenti, e la creatività è figlia del duro lavoro, certo – qui faceva una pausa che non mancava di produrre il suo effetto, la sala gremita pendeva dalle sue lab-

bra – ma anche dell'ozio, sì signori, dell'ozio. Ancora una pausa, in cui tutta la platea esalava rumorosamente, l'ozio! Ebbene sì, proseguiva Cornelius con enfasi calibrata, l'ozio, signori cari, è indispensabile, purché giustamente dosato e unito all'impegno, sia chiaro.
"Sì, signorina?"
Non amava essere interrotto ma ancor più detestava la mancanza di cortesia di certi suoi colleghi, capaci di seguitare incuranti con le loro faccende per lunghi minuti, mentre l'ospite attendeva sulla soglia.

Sbrigò tutte le pratiche, firmò una quantità di lettere, provvedimenti e richieste. Da curioso esploratore del mondo si era trasformato, lentamente ma senza ritorno, in burocrate polveroso. Odiava questo cambiamento, benché lo sapesse inevitabile per accedere al potere, che pure aveva desiderato molto. Ora che lo aveva raggiunto, come spesso accade con i sogni a lungo accarezzati, non lo riconosceva più: per meglio dire, non riconosceva se stesso. Il potere lo aveva cambiato, in modo anche subdolo, lo aveva corrotto, trasformando la voglia di fare in frenesia, la fiducia di un mondo migliore in ansia, a tratti disperata, di possesso e controllo. Ecco, per esempio, la sua segretaria, una signorina belloccia fasciata da una gonna troppo stretta, imbellettata con colori troppo vistosi, che toglievano quel poco di grazia naturale che la giovinezza avrebbe potuto regalare al suo viso. Cornelius sapeva che un corpo così avrebbe potuto mandarlo in visibilio, lui vecchio, carico di onori, avrebbe potuto magari (tanti lo facevano) godere di quelle sode rotondità, in cambio di pochi pranzi a base di gamberoni, qualche fiore. Ma non riusciva a scaldarsi con questa idea di gamberoni illeciti, avrebbe voluto, per sentirsi ancora giovane e forte, ma non era possibile. La vista della segretaria – non aveva mai imparato il suo nome – invece di ricordargli gli amplessi della gioventù gli faceva pensare soltanto ai fastidi, alle carte, alle procedure odiose.

Quando fu uscita, Cornelius si volse ancora una volta con sollievo verso il largo viale che fiancheggiava l'Istituto. Forse a causa dell'insolita limpidezza della giornata autunnale, era affollato di persone, biciclette, vetture di ogni forma e dimensione. Il tram strombazzava per farsi largo tra le file di macchine parcheggiate sul marciapiede, i passeggeri che volevano salire spintonavano quelli già a bordo.

"È proprio un formicaio laggiù".
Cornelius si voltò di soprassalto, la voce era così vicina che non riuscì subito a individuarne l'origine, non aveva sentito entrare nessuno.

"Misha", mormorò poi con gratitudine, riconoscendo il suo fido collaboratore. Era un giovane sulla trentina, piuttosto tarchiato, con il fisico massiccio dei figli di contadini e una testa di capelli castani che portava corti e rasati sulla nuca, dando un'impressione curiosa di separatezza tra il collo e il resto del corpo. Cornelius lo aveva incrociato per la prima volta parecchi anni prima: forse per il suo aspetto, che sentiva in qualche modo affine, oppure per l'evidente passione che il giovane aveva subito dimostrato per i numeri, si era dato il compito di aiutarlo e indirizzarlo nei suoi studi. Grazie alle sue intercessioni, Misha aveva avuto accesso a numerose borse di studio e ora lavorava a tempo pieno come ricercatore.

"Ah, sei qui," sorrise Cornelius imbarazzato, affrettandosi a tornare in sé, "che mi hai portato?"

Presto avrebbe dovuto interessarsi al suo futuro, ormai non era più un ragazzo. Aveva già alcune idee in merito, ma non era ancora il momento...

"Forse ho qualche risultato", si sciolse subito Misha e abbandonò le cerimonie, sedendosi su una delle sedie comode che circondavano l'ampiezza oceanica del tavolo delle riunioni. La cravatta spuntava come una freccia dall'incavo a V, perfettamente simmetrico, del maglioncino. Altri avrebbero tremato al cospetto del grande professore, la cui fama di persona acciglliata e insegnante severo era ben nota a tutto l'Istituto. Altri avrebbero avuto paura, ma non Misha: anche per questo Cornelius lo stimava. Apprezzava poi la sua spontaneità, il suo riserbo naturale, il rossore lieve che gli imporporava le guance quando si infervorava, appassionandosi, sì, come era giusto e quasi doveroso per un ricercatore, ma senza scomporsi più di tanto. Lo guardò di sottecchi con affetto, sospettava che Misha si rendesse conto perfettamente di queste sue occhiate e non reagisse per rispetto, o forse per pudore; e anche di questo gli era grato.

Rimasto solo dopo una mattinata di intenso lavoro con Misha, Cornelius tornò ad affacciarsi. Era l'ora di punta, le formichine laggiù andavano a pranzo. Ma con quale spreco di energie, con quale dolorosa assenza di criterio lo facevano! Si ritrasse un momento stizzito dalla finestra, irritato in anticipo all'idea del viaggio di ritorno verso casa. Si sarebbe immesso in un flusso turbolento di scatole di latta, per entrare a far parte del triste spettacolo che si trovava ora a osservare con disgusto: il traffico. Sospirò e alzò gli occhi, incontrandosi ancora una volta con quell'enorme specchio ceruleo che era il cielo. Piccole forme nere si delineavano all'orizzonte, un aereo? No, guardando meglio il professore potè scorgere il magnifico incedere, sicuro ed elegante, di uno stormo di uccelli migratori. Rimase incantato a guardarli, seguì con gli occhi i loro volteggi, tanto assorto che, per la seconda volta quel giorno, non sentì entrare Misha.

"Come sono belli, vero? Se non ricordo male, professore, li ha anche studiati, sbaglio?"

"No, Misha, non sbagli", ancora una volta Cornelius dovette scuotersi dalle sue riflessioni per parlare con lui.

"Vieni, riprendiamo", disse, accompagnando il giovane al tavolo dove le carte giacevano in attesa – e dovette constatare con sgomento di non averne nessuna voglia.

Si era fatto vecchio. Questa era l'unica spiegazione che Cornelius riuscì a trovare per l'inspiegabile assenza di passione, il senso di disgusto, anzi, per le cose solite, che aveva provato quel giorno. Sarà la stanchezza, si consolò; sarà quel principio di raffreddore che mi infastidisce da un po'; sarà il pensiero nefasto di dover trovare un successore alla mia opera, che mi incupisce. Tutte spiegazioni logiche, ma inutili, sospirò scendendo lentamente le scale. La macchina scura lo aspettava come sempre, il vecchio e fidato Piotr gli sorrise: Cornelius lo guardò con curiosità, si trovò a sbirciare lo specchietto retrovisore, interrogandosi sulla figura massiccia davanti a lui. Piotr guidava come sempre in silenzio, le mani nere guantate stringevano il volante con fermezza. Si conoscevano da molti anni, fin da quando ancora Cornelius era un giovane ricercatore di provincia, assolutamente sconosciuto. In quei tempi Piotr lo accompagnava al paese per parlare con il medico e il parroco, le uniche persone istruite nel raggio di molti chilometri, e correva con il suo carretto a interrogare il postino, per accontentare un Cornelius fremente in attesa della risposta di uno studioso lontano. Eppure, solo ora se ne rendeva conto, non sapeva nulla di Piotr, nemmeno se gli piacesse la vita di città: aveva seguito il suo antico padrone senza domande, accontentandosi di quanto gli veniva offerto come compenso. Caro vecchio Piotr: sempre così silenzioso, così privo di necessità proprie, pronto a sacrificarsi. Al contrario del solito, non se ne dimenticò per passare ad altre faccende più urgenti. Anzi, per un momento gli parve la cosa più importante del mondo comunicare con il vecchio servitore, dirgli qualcosa di utile, di significativo, ma che cosa?

"Come va la salute, Piotr?" Avrebbe voluto trovare parole più ispirate, ma erano quasi arrivati e il tempo stringeva.

"Abbastanza bene", rispose Piotr imperturbabile, "non mi posso lamentare".

"E la tua famiglia, stanno bene in famiglia?" Insistette Cornelius, colto da uno strano impulso, "avete forse bisogno di qualcosa?"

"Non manchiamo di niente, grazie" rispose con un tono un po' formale che fece sussultare Cornelius, forse lo aveva offeso? Ma Piotr gli aprì lo sportello impettito, rimase in piedi fieramente accanto alla portiera aperta come sempre, aspettando che scendesse dall'auto.

"Allora buona sera", biascicò il professore e gli sembrò che l'altro lo guardasse finalmente con occhi nuovi, fu solo un lampo, ma per qualche motivo lo rasserenò.

"Bentornato", lo accolse Ludmilla sorridente. Lo aspettava sulla porta ogni sera credendo di fargli piacere, mentre lui avrebbe preferito raggiungere subito il suo studio, ritirarsi un momento nella calda solitudine che sapeva di cuoio liso e whisky, solo un goccetto prima di cena, uno dei pochi lussi che si concedeva da quando era venuto in città. Quella sera, però, fu contento di sentirsi accolto, tanto che, passando sua moglie sulla soglia, invece di sfiorarle di fretta la guancia le piantò un bacio breve ma caldo sulle labbra. Lei sorrise sorpresa, si voltò verso la sua schiena che già si stava liberando del cappotto, sembrò quasi sul punto di parlare; ma ci ripensò. Cornelius esitò ancora un istante, l'orecchio teso e il berretto in mano, poi si ritirò soddisfatto nel suo studio; sorridendo ancora con tenerezza si piegò per aprire i pesanti cassetti della biblioteca. Grazie alla precisione di sua moglie, che aveva fatto mantenere in perfetto ordine tutte le carte del marito attraverso i numerosi traslochi, trovò subito il dossier che cercava. Lo accarezzò con le dita. Era un fascicolo scolorito, un lavoro risalente alla sua gioventù più verde, contrassegnato con la scritta rossa 'NP': non pubblicato. Scorse le prime righe ancora accovacciato vicino al cassetto, impaziente di ritrovare la carica vitale perduta, che tante volte gli aveva permesso di trionfare dove altri avevano fallito. Le ginocchia malferme lo costrinsero ad alzarsi, si diresse alla scrivania traballando su giunture doloranti ed estrasse dal cassetto centrale i fogli più grandi che trovò: un vecchio album da disegno dimenticato dal figlio più giovane, ormai uomo fatto, che se ne era andato di casa da tempo.

Non pensò alla propensione di Ludmilla per l'economia domestica, sentiva dentro di sé il richiamo potente del compito da svolgere, una voce che aveva temuto di non udire più. Eccola là, invece, la voglia di compiere ancora una grande impresa, forse la più grande della sua pur insigne carriera. L'energia non era più quella di un tempo, ma tante bravate della gioventù non erano più necessarie, né avrebbe dovuto sprecare risorse per farsi ascoltare. Doveva lavorare, questo sì, raccogliere le idee. Si pose quindi di buona lena a disegnare sui grandi fogli bianchi. Le linee uscivano dalla sua matita naturalmente, senza sforzo. Cornelius respirò a fondo; da quanto tempo non aveva più assaporato questa gioia, questo slancio creativo che aveva scelto come fulcro di tutta la sua vita attiva. Un progetto nuovo, un'idea tutta sua che diventava palpabile sotto le sue dita, nello scivolare della grafite sulla carta! Seduto alla sua scrivania di casa, un trono dal quale regnava, sovrano di un piccolo regno, Cornelius vedeva solo formule, diagrammi, geometrie. Lavorava, ed era di nuovo un giovane nel pieno delle forze, un ricercatore attivo nello sviluppo di un progetto importante: un uomo felice.

Dopo un po' di tempo, però, cominciò a sentirsi stanco. Faceva fresco nello studio, dove non c'era un camino. Si sorprese di aver finito il ragionamento, scritto le formule e abbozzato il progetto, senza essere chiamato a rapporto per la cena; di solito la domestica veniva timidamente a bussare, lui con uno sguardo quasi burbero la ringraziava e si sollevava con fatica – rifiutando fieramente l'offerta di assistenza che pure veniva immancabilmente ripetuta. Nessuno lo disturbò. Dev'essere tardi, pensò Cornelius cominciando ad avvertire i morsi dell'appetito. Fu tentato di affacciarsi in cucina, per spaventare le domestiche nel loro innocuo chiacchiericcio; ma gli sembrò indegno di un grande professore prossimo alla fine della sua carriera. Si sentiva irrequieto; intorno a lui, la casa emanava un silenzio quasi sovrannaturale. Avrebbe avuto voglia di farsi consolare, se non fosse stato vecchio e artritico sarebbe andato ad appoggiare il capo in grembo a Ludmilla: ripensò alle serate passate a fare l'amore sul tappeto davanti al fuoco, sempre più vicino alle braci man mano che la notte incalzava, stretti l'uno all'altra. Per un attimo la fantasia lo trasportò a quei tempi andati, quando era giovane e appena sposato…

"Congeda i domestici", la pregò invece entrando in soggiorno, dove la trovò intenta a dipingere davanti al fuoco. Lei non esitò ad accontentarlo, forse faceva piacere anche a lei qualche volta liberarsi di tutti e rimanere un po' in pace, magari anche cucinare da sé, lavare i piatti.

"Fa fresco stasera", disse Ludmilla accarezzando dolcemente la testa canuta del marito, "perché non ceniamo davanti al camino?".

Da tempo Cornelius aveva smesso di chiedersi come facesse sua moglie a prevedere addirittura i suoi desideri, mentre lei rimaneva ancora un mistero insondabile per lui. Si limitava a osservare il fenomeno e se ne rallegrava.

"Ti ricordi," chiese lui, guardando le fiamme scoppiettanti nel camino, "com'era semplice la vita nella steppa? L'acqua era fredda la mattina, quando ci si lavava la faccia, ma faceva scorrere il sangue nelle vene, vero?"

"Già", rispose Ludmilla, accoccolandosi sotto alla coperta, "ma che fatica portarla su dal pozzo! Certo i ghiaccioli che pendevano dal tetto erano belli, e ti ricordi che spavento quando cadevano, al disgelo?"

"Spavento, eh?" la stuzzicò Cornelius con una punta di malinconia per quel tempo, per quell'uomo che era stato e che ora sapeva irrimediabilmente perduto, "o non era piuttosto una scusa per stringerti più vicino a me, per caso!"

E poi, in risposta al sorriso sornione di lei, "eh bei tempi, quelli! Duri, ma belli, forse perché eravamo giovani".

Là avevano mosso i primi passi. Là – in un tempo che era contemporaneamente lontanissimo e vicino – aveva provato per la prima volta la gioia di levarsi sulle gambette malferme di bambino, per lanciarsi in corse forsennate che finivano a bocconi nell'erba alta.

Fischiettava Cornelius fin dalle prime ore del giorno, sottovoce. Indossando pantofole morbide per non fare rumore andava in cucina, dove la domestica gli aveva preparato il vassoio della colazione; scaldava lui stesso l'acqua per il tè. Gli piaceva la mattina, con la sua quiete e quel raggio di sole che attraversava il tavolino dove teneva le sue carte, era per lui il momento più fecondo della giornata. Gli piaceva sfogliare i quotidiani, non finiva nemmeno un articolo ma amava il loro profumo, scorreva i titoli per tenersi aggiornato su quello che succedeva in città. Poi rivedeva i lavori che gli inviavano, non solo i suoi studenti, ma anche colleghi di fama da tutto il mondo, per avere un commento, un consiglio, una correzione del grande professore. E leggeva: ogni giorno il postino portava a casa e in Istituto pacchi di libri in regalo per lui, alcuni firmati con la dedica, altri avvolti nel cellophane. Da tutti Cornelius prendeva qualcosa, a volte una frase da annotare sul taccuino, a volte un'idea per una ricerca, oppure semplicemente un momento di concentrazione tranquilla e piacevole. Non leggeva mai tutto il libro, gli sarebbe mancato il tempo, e poi preferiva così, cogliere soltanto accenni fugaci, lasciando ad altri il compito di snocciolare la vita parola per parola.

"Non andiamo più sul carretto, eh!", scherzò con Piotr salendo in macchina.

"Eh, già – sospirò poi, con un sorriso, poiché l'altro manteneva il suo silenzio enigmatico – quel tempo è finito, ormai!" Cornelius volse di nuovo lo sguardo verso il paesaggio. Costeggiavano lentamente il giardino pubblico, seguendo una fila interminabile di mostri di metallo punteggiati di rosso, una colata di grigio che ben si intonava con la cupa mattinata autunnale. Cominciò a piovigginare. I passanti si infilavano tra le vetture trattenendo il soprabito con la mano per non sporcarsi. Cornelius li compatì. Ancora per poco, avrebbe voluto gridare loro e quasi si sporse per annunciare al mondo intero il miglioramento che proprio lui avrebbe portato, il suo ultimo contributo prima di ritirarsi. Non disse nulla, naturalmente. Mordicchiò un poco il pugno chiuso, lo faceva quando era nervoso o sovrappensiero, tenendo il naso molto vicino al vetro leggermente opaco per il suo fiato caldo, fino quasi a toccarlo, si perse nella contemplazione del verde cupo degli alberi. Questo solo gli rimaneva della sua gioventù, pensò: l'emozione che provava davanti a una manifestazione della natura, fosse un albero o un fiore o un animale. La perfezione meravigliosa delle forme, armoniosamente concatenate per dar luogo a organismi che funzionavano senza sprechi, senza disordine, con una grazia che l'uomo non arrivava nemmeno a sfiorare.

Appena giunto in Istituto si scatenò in un turbine di attività come non faceva da molti anni. Chiamò Misha,

"Hai tempo?", gli chiese, e poi ordinò, "Lascia tutto, dobbiamo occuparci di un lavoro molto urgente. Mi serve un gruppo di tecnici, gente sveglia, mi raccomando, qualche giovane volonteroso, soprattutto esperti, ma disposti a lavorare. Io mi occuperò di invitare i vecchi tromboni – qualcuno ci vuole, per far figura. Tutti qui nel mio ufficio tra un'ora".

Il giovane lo guardò sorpreso, ma non disse nulla. Ancora un momento e si sarebbe allontanato per eseguire gli ordini del professore, anche se non li capiva. Cornelius si commosse di tanta fiducia, gli parve giusto ricompensarla in qualche modo. E poi aveva voglia di parlare del suo Piano con qualcuno.

"Vedi il traffico laggiù?", chiese tirando Misha leggermente per il braccio, "vedi com'è caotico ora?"

Non ebbe bisogno di voltarsi per sapere che l'altro annuiva, i lineamenti rispettosamente aggrottati nello sforzo di comprendere.

"Insieme – gli parve giusto includere Misha fin da subito nella grandezza dell'opera – noi faremo in modo che le macchine scorrano come treni sui binari, non ci saranno mai più ingorghi, né code, né incidenti. Nessuno avrà bisogno di correre, imprecare, rischiare la vita per attraversare la strada. Ci sarà ordine, capisci?" I suoi occhi rifulgevano di pura felicità, ma Misha sembrava ancora perplesso. "Ecco", continuò, "vedi? Il Piano regolerà i movimenti di tutta la città, tenendo conto delle ore di punta. Nelle ore morte, invece – sorrise girandosi verso Misha – ci saranno degli attori. Un'idea di Ludmilla! Geniale, no? Attori per riempire i buchi. Poco più costosi dei semafori, dei vigili, del carburante in eccesso speso per aspettare in file interminabili. Beh che ne pensi?" Non potè fare a meno di chiedere.

"Un piano molto ambizioso, professore".

"Mandami la segretaria", ordinò allora leggermente deluso – proprio non riusciva a ricordare il suo nome.

"Signorina!", la apostrofò immediatamente, senza bisogno di congedare Misha.

"Chiami il Gran Consiglio e non mi passi la linea finchè non avrà agguantato qualcuno che possa decidere, non ho tempo da perdere con i subalterni".

"Vedete signori", spiegò più tardi al gruppo di tecnici riuniti, puntando al panorama magnifico oltre la vetrata, "il problema è il traffico veicolare e pedonale nella nostra città. La soluzione," con l'aiuto della segretaria, sorprendentemente agile nella sua gonna stretta e tacchi alti, srotolò sul vetro i suoi diagrammi tracciati sul blocco da disegno del figlio, "ci è suggerita dalla natura stessa".

Era sempre stato un maestro nelle pause a effetto e anche quella volta l'uditorio si fermò incantato ad attendere che proseguisse. Non era una questione di potere, né di prestigio: sapeva parlare e gli piaceva essere ascoltato. Del resto, aveva delle cose da dire. Le disse quindi con autorevolezza e precisione per tutto il giorno. Quando giunse il momento del pranzo si dovette chiedere a uno studente di contattare la tavola calda per le ordinazioni, perché la segretaria di Cornelius era impegnata e preparare carte e presentazioni.

Seguirono giorni tra i più intensi e febbrili di tutta la carriera accademica di Cornelius. Il suo studio si trasformò in un crocevia di personalità scientifiche e politiche, gente andava e veniva continuamente, ingollavano pasticcini e caffè e si salutavano con strette di mano enfatiche e grandi pacche sulle spalle. Misha stava chiuso nelle sue stanze con un nutrito gruppo di ricercatori, disegnavano mappe e calcolavano tempi, scrivevano sulle lavagne ammassi disordinati di lettere, numeri e parentesi, sovrapponendo un pezzo all'altro e poi cancellando con minuzia per riscrivere in modo ordinato le equazioni. La segretaria – si chiamava Katarina – si dimostrò un valido aiuto nella preparazione di rapporti e presentazioni, una parte del lavoro che Cornelius trovava faticoso e che fu quindi lieto di delegare. Alla fine tutto fu pronto. Il Piano, nella sua ingannevole semplicità, era stilato.

Il Gran Consiglio lo approvò *in toto*, sfogliando le pagine ricche di formule e disegni con un'aria intrigata e confusa. Il Piano del Traffico più ambizioso che si sia mai visto, vociferavano, nessun paese sarà così all'avanguardia. Fu un trionfo mediatico fin dalle prime prove di quartiere, e quei pochi cortei di protesta cittadini furono ben presto sedati da promesse di maggiore sicurezza e qualche piccola concessione, per esempio di lasciare alcune zone, come i parchi pubblici, al di fuori del Piano.

Affacciato alla grande finestra del suo studio, Cornelius guardava in basso con tristezza. Ce l'aveva fatta. Era riuscito a mettere insieme le forze per completare quello che aveva scelto come ultimo grande compito. Com'era bella la città, vista da qui! Sembrava un pavimento cosmatesco in movimento. Rettangoli, cerchi e quadrati di veicoli, tutti perfettamente incastonati tra loro, si muovevano con grazia lungo strade diritte e sgombre; il tram, con il suo incedere maestoso e costante, fungeva da primo uccello migratore, dando il ritmo a tutti gli altri mezzi, organizzati per dimensioni, per colore, o a volte secondo intricati disegni che richiamavano le geometrie arabe dell'Alhambra. Sulle biciclette aveva dovuto cedere, pensò Cornelius non senza soddisfazione, osservandone un gruppo dall'incedere ondeggiante e sgraziato, per fortuna limitato agli appositi spazi.

C'era voluto tempo, per intuire che una così grande orchestra, una città intera, avesse bisogno dei suoi direttori: il lavoro di tutta una vita. La sua opera, la sua carriera era finita. Ora lo sapeva al di fuori di ogni dubbio. Gli onori erano stati raccolti, le pergamene arrotolate, i documenti archiviati. Tutto era pronto per il suo successore, un omuncolo mediocre che forse non avrebbe saputo compiere grandi imprese, ma sicuramente sarebbe stato ligio al dovere. L'avvenire di Misha era assicurato. Anche Katarina – la segretaria – aveva accettato di entrare nel gabinetto di uno dei consiglieri; aveva firmato lui stesso la lettera di raccomandazione. Il professore guardò per l'ultima volta con affetto la superficie lucida, oceanica, del grande tavolo delle runioni; non sarebbe ritornato, come tanti, per salutare gli antichi colleghi, mantenere vivo un collegamento con ciò che era stato. Meglio tranciare di netto, non lasciarsi andare al dolore. Aveva orrore delle vecchie figure che trascinano la loro sorte, mantenendosi ridicolmente aggrappate a qualcosa che è morto da tempo. In fondo al suo cuore c'era un nocciolo di serenità, aveva fatto un buon lavoro. Non a tutti è dato di vedere compiuta la propria opera mentre sono ancora in vita, non tutti riescono a godere i frutti di un sogno realizzato.

Qualcuno bussò alla porta. Gridò avanti.

"Ci siamo riusciti, eh?", disse senza voltarsi, pensando si trattasse di Misha.

"Padrone", rispose invece a sorpresa la voce ruvida, poco usata, di Piotr. Era stato forse l'impatto inusuale con la maestà dell'ambiente a fargli usare di nuovo il titolo che Cornelius gli aveva vietato anni prima, per adeguarsi agli usi di città. Il professore si voltò a guardarlo, fu sopreso di scorgere, stagliato nel controluce della porta, un uomo alto, massiccio, un fisico da lottatore. Quasi si stranì, intuendo l'emozione che dovevano aver provato i popoli primitivi davanti alle imponenti figure dei monoliti. Perché le ambizioni di Piotr erano state così modeste? Perché non aveva mai aspirato a qualcosa di più interessante che fare l'autista per lui, che in fondo non era nessuno? Non poteva chiederlo, se ne rese conto in quel momento. I segreti di Piotr – come tanti altri – rimanevano, nonostante tutto, insondabili. Forse è questo, pensò Cornelius staccando per l'ultima volta il soprabito dall'attaccapanni, che dovevo infine arrivare a capire. Forse non c'è nelle cose, nella vita, un senso così compatto, che si possa includere nel guscio di una noce: forse cercarlo è inutile. Lo sconforto lo avrebbe preso ma l'azione, l'energia vitale – benedetta alleata che lo aveva sempre sospinto e sostenuto, anche nei momenti più bui – lo salvò ancora una volta.

"Dobbiamo andare", disse Piotr con fermezza rispettosa, e Cornelius scosse gravemente il capo.

"La nostra immissione nel flusso è prevista tra otto minuti, nel gruppo *Ammiraglie blu*. Queste sono le vostre cose?"

"Sì", rispose il professore lasciando che Piotr sollevasse con facilità la piccola scatola che conteneva i suoi cosiddetti *effetti personali*, in realtà una serie di targhe e pergamene, i premi che aveva ricevuto durante la sua lunga carriera. Sulla parete era rimasta – una gentilezza, senza dubbio temporanea, del suo successore – la foto della consegna della medaglia al valore in riconoscimento della sua opera per il bene della città. Un esempio imitato, un formidabile strumento per ridurre il traffico, la violenza, lo spreco. Cornelius guardò se stesso in abito scuro con la destra protesa verso il presidente, al suo fianco Ludmilla impettita e i loro figli vestiti a festa, venuti apposta da lontano. Ne provò un orgoglio sazio, quasi una sorta di pudore. Avrebbe voluto togliere quella foto, nasconderla all'usura del tempo, proteggerla dalla polvere e allo stesso tempo proteggere se stesso dalla responsabilità di cui lo insigniva. Ma non poteva farlo: avrebbe significato scardinare in qualche modo tutta la sua vita, concluderla male. Un paradosso insopportabile per un geometra. Cornelius ridacchiò tra sé. L'umorismo mi salverà, alla fine, pensò infilandosi il soprabito e gonfiando il petto per affrontare con dignità la nuova segretaria – ancora un'altra giovane ragazza di cui non avrebbe mai conosciuto il nome.

"Sono pronto", disse infine con convinzione al monolitico Piotr – la polvere sarebbe caduta sulla sua foto e il suo piano sarebbe stato scardinato, lui poteva magari andare con Ludmilla in vacanza ai Caraibi, come tanti gli avevano consigliato – "possiamo andare".

Top model

di **Piero Bianucci**

Si riporta qui un carteggio ritrovato a Cesenatico in un sottoscala della casa di riposo Cascina dei Galli Arzilli poco prima che le ruspe iniziassero la demolizione dell'edificio, ormai pericolante. Le cinque lettere, scambiate tra una tale Eva e una non meglio identificabile Lilit, erano ripiegate dentro una busta color amaranto e la busta giaceva sul fondo di un baule pieno di abiti da sera alquanto volgari e scollacciati. Due delle cinque lettere sono minute attribuibili alla proprietaria del baule, vissuta nel secolo scorso.

Qualcuno ha fatto osservare che secondo una interpretazione della Bibbia Lilit fu la prima moglie di Adamo, creata da Dio come la sua autentica primordiale metà. Eva, forgiata da una costola di lui, venne dopo. Lilit era una compagna libera, allegra, sensuale, ribelle. Eva una compagna più sottomessa, come la sua provenienza lascia intuire. Il fascino torbido di Lilit è indubbio. Primo Levi le dedicò un racconto, che dà il titolo a una raccolta pubblicata nel 1981. In quelle pagine Primo Levi riporta su Lilit una sconcertante tradizione: "È golosa di seme d'uomo, e sta sempre in agguato dove il seme può andare sparso: specialmente fra le lenzuola. Tutto il seme che non va a finire nell'unico luogo consentito, cioè dentro la matrice della moglie, è suo: tutto il seme che ogni uomo ha sprecato nella sua vita, per sogni o per vizio o adulterio. Tu capisci che ne riceve tanto, e così è sempre gravida, e non fa che partorire".

Cara Lilit,
confesso che quando lavoravamo insieme nel mondo folle e luccicante delle sfilate ti detestavo. Normale gelosia tra top model, dirai. Certamente. Ma anche una invidia quasi patologica per la tua pelle scura, sana, sempre così tesa, lucida, scattante. Per quel passo aggressivo con cui avanzavi lungo le passerelle sui tuoi tacchi alti 18 centimetri, tra le luci psichedeliche e i flash dei fotografi. E non è ancora tutto. Lo ammetto: ti disprezzavo anche dal punto di vista morale per le tue mille spregiudicate avventure, il tuo vergognoso campionario di uomini che comprendeva indifferentemente pugili, amministratori delegati, patron di scuderie della Formula 1, sceicchi del petrolio e l'ultimo giovanotto muscoloso che ti capitava di raccattare lungo la strada o nella hall dell'Excelsior.

Ma ora che tanti anni sono passati, mi farebbe piacere scambiare con te qualche lettera. Spero che tu mi risponda con lo stesso spirito. Scriverti da questo gerontocomio mi aiuta a passare il tempo e mi fa sentire meno sola. Venute meno le futili rivalità delle passerelle, potremmo forse diventare buone amiche. Almeno tu mi puoi capire: abbiamo fatto lo stesso lavoro, frequentato gli stessi ambienti, conosciuto i grandi guru dell'alta moda. Tutte glorie ormai scomparse, dimenticate. Come noi, del resto. Dov'è finita la miliardaria moda made in Italy? Che ne è di quegli stilisti così famosi quando noi eravamo giovani e belle? Finiti. Travolti dall'arrivo delle nuove tecnologie. E dai debiti.

Dimmi qualcosa di te. Rimpiangi il tuo passato? Per quello che fu il nostro lavoro provi nostalgia o ribrezzo?

Da parte mia, cerco di non pensarci. Ma mi è impossibile riuscirci quando mi guardo allo specchio e vedo lo sfilacciarsi dell'ultimo lifting, la ragnatela delle rughe, l'afflosciarsi di quelle parti che un tempo erano turgide ed elastiche e oggi sono come svuotate, pendule e cadenti. Ah, maledetta forza di gravità!

Tua Eva
Villa Bionde d'Annata, Gardone Riviera, 20 maggio 2044

Cara Eva,
adesso ho il coraggio di dirtelo: anche io ti odiavo con tutte le mie forze. Non sopportavo la tua pelle candida e delicata come un tulle, le tue gambe slanciate dalle caviglie sottili (ho sempre tro-

vato le mie cosce un po' troppo robuste, anche se toniche e muscolose). Ma soprattutto mi faceva rabbia quel tuo sorriso pulito, da santarellina, mentre io passavo per una donnaccia senza scrupoli. Basta, hai ragione, acqua passata.

Sì, la tecnologia è stata la nostra rovina, e con noi ha trascinato nel baratro tutti gli stilisti che non hanno saputo cogliere il vento del cambiamento nel mercato dell'alta moda. Chi avrebbe detto, trent'anni fa, che la Sony e la Jvc avrebbero preso il posto di Valentino e della mia adorata Donatella Versace? Eppure i segnali c'erano. A ben pensarci il primo passo verso la grande svolta lo fece già William Carothers quando, nel 1934, alla DuPont, inventò il nylon e sulle gambe delle donne arrivò quel magico velo, poi guastato da Antoine Verley nel 1958 con la sua stupida idea del collant. Se Carothers non fosse stato indotto al suicidio nel 1937 dalla depressione nervosa, probabilmente si sarebbe tolto la vita vent'anni dopo vedendo quell'orrore, quella sadica mortificazione della femminilità.

Ma il nylon fu solamente l'inizio. Fibre e materiali sintetici si sono moltiplicati a valanga: il Rayon, il Goretex, il Kevlar usato nei giubbotti antiproiettile, la leggerissima Lycra, per non parlare del Luminax, quello straordinario tessuto che brilla nel buio per uno straordinario fenomeno di fosforescenza... E fin qui ce la saremmo ancora cavata. Purtroppo l'avidità degli stilisti ha compromesso anche quel poco o tanto che si sarebbe potuto salvare. Non bastavano, a loro, le quattro stagioni del pianeta Terra, autunno, inverno, primavera, estate! Per far più quattrini, appena sono diventati possibili i viaggi interstellari ultraluminali, hanno incominciato a organizzare altre sfilate su pianeti di stelle doppie e triple come Albireo e Alfa Centauri, dove, essendoci due o tre Soli, le stagioni si susseguono e si intrecciano capricciosamente, alternandosi ogni due o tre settimane con sbalzi di temperatura da cento gradi sotto zero a ottanta sopra...

Finché, a furia di disegnare una collezione ogni pochi giorni seguita dai relativi saldi di stagione, il mercato si è saturato per eccesso di offerta ed esaurimento della creatività. Ma c'è di peggio: la gente si è ribellata a quella filosofia del lusso, della stravaganza gratuita e costosa. È così, mentre la tecnologia elettronica metteva a punto i primi tessuti intelligenti, si è diffuso il Movimento Ecopauperista, con le sue propaggini integraliste: i Verdi Ignudi, i Vegetariani Scalzi, i Piagnoni Biodegradabili, i

Mercalliani Bioclimatici e il loro braccio violento, gli Alternativi Continui. Ti puoi immaginare donne come te o come me con abiti in lamina di sughero usa-e-getta pronti a essere riciclati come concime nelle coltivazioni parabiotiche? O con addosso quei modelli Sony con le fodere piene di microchip in contatto con Internet via satellite, con il cellulare satellitare cucito nel polsino, con il ricevitore GPS antirapimento nascosto in un bottone?

E la tecnologia non si ferma. Non so se ho capito bene, ma ho letto che stanno arrivando novità pazzesche: dopo la generazione degli abiti computerizzati e cablati per telecomunicazioni multimediali, sembra che si profili all'orizzonte una nuova generazione di abiti con prerogative sanitarie...

A proposito, mi parli del tuo sfacelo fisico. Be', io ho abolito gli specchi, come fece la Contessa di Castiglione, e quindi da molti anni ignoro l'aspetto della mia faccia. Ma purtroppo le altre parti del mio corpo non possono sfuggire a verifiche quotidiane. Sappi che le vene varicose corrono sulla superficie delle mie gambe come un fitto sistema fluviale e che la cellulite mi ha trasformata tutta intera in una buccia di arancia. Il peggio però non è il disastro estetico. C'è anche il disastro funzionale: dolori reumatici, artrosi alle dita delle mani, quel poco che resta delle masse muscolari in preda a crampi dilanianti. Insomma, sono un campionario di malattie degenerative.

Scrivimi presto, ora che mi hai ritrovata. Ho bisogno di questo dialogo insieme malinconico e consolatorio. E perché ogni tanto non vieni a trovarmi? Vedo che hai scelto una casa di riposo per donne sole. Ma forse qualche gita nella promiscuità dei "Galli Arzilli" non ti dispiacerà, cara la mia santarellina...

Tua Lilit
Cascina dei Galli Arzilli, Cesenatico, 2 giugno 2044

- - -

Cara Lilit,
tralascio le tue acute considerazioni sulle cause che hanno prima incrinato e poi fatto crollare il vecchio sistema dell'alta moda e vengo al dunque: forse abbiamo un futuro. E a prometterecelo è proprio la nuova generazione sartoriale, quella che tu definisci degli abiti sanitari o salutistici.

Ieri ho ricevuto la visita di un ricercatore tecno-farmaceutico della Sigma-Theta. Un tipo giovane, dal fisico asciutto, abbronzato, disinvolto, tutto il contrario del topo di laboratorio. Mi ha spogliata con uno sguardo profondo, che è partito dai miei occhi circondati da una aureola di zampe di gallina, ha sfiorato voluttuosamente le mie guance cascanti e la bocca ormai sgangherata e semi-sdentata, si è soffermato sulle rughe del collo che mi fanno assomigliare a una secolare tartaruga Caretta caretta, e poi è sceso giù giù lungo quei sacchetti di avena che ho qui davanti, fino alle vene varicose e ai piedi distorti da callosità mostruose là dove, portando i tacchi alti, si appoggiava la pianta del piede e dove si infilavano i sandali infradito. "Eva, – mi ha detto – lei è meravigliosa, è perfetta! Al diavolo queste top model smorfiose di diciotto-vent'anni tutte sode e levigate! È di una donna come lei, che abbiamo bisogno, una donna che porti la sua età come una bandiera!" E poi mi ha spiegato che la Sigma-Theta sta per lanciare una linea di abiti sanitari molto promettente, roba appena uscita dai laboratori di ricerca.

Insomma, te la faccio corta. Per le prossime sfilate primavera-estate 2045 dovrò indossare delle T-shirt alle vitamine. Ogni millimetro quadrato del loro tessuto contiene seimila microcapsule di fullerene inerte dal diametro di qualche centesimo di micron, e ogni capsula contiene un cocktail di vitamine antiossidanti: pro-vitamina A, vitamina C (o acido ascorbico), vitamina E via con tutto l'alfabeto. Il contenuto viene rilasciato gradualmente nell'arco della giornata, e le vitamine così liberate combattono i radicali liberi che insidiano la pelle con processi di ossidazione. "Capisce, – mi ha detto il giovanotto – i radicali liberi sono responsabili di quel processo che fa irrancidire il burro e con noi si comportano nello stesso modo. Vorrà mica irrancidire ancora di più?" Un paragone crudele ma efficace, non trovi, Lilit? Così guadagnerò di nuovo un po' di soldi, e poi chissà che quelle T-shirt non funzionino meglio di una beauty farm.

Tua Eva
Villa Bionde d'Annata, Gardone Riviera, 2 luglio 2044

- - -

Carissima Eva,
dire che sono eccitata come ai bei tempi quando mi telefonavano Flavio Briatore o Donatella Versace, è dire poco. Anche a me sta succedendo quanto mi hai raccontato nella tua ultima lettera. È venuto a trovarmi, su appuntamento, il direttore marketing della

Cyba-Giga e dopo aver attentamente soppesato con evidenti segni di compiacimento la mia dissoluzione fisico-estetica, mi ha proposto sfilate a Milano, a Firenze Palazzo Pitti, a Roma Trinità dei Monti, a Parigi e a New York in tutte le prossime stagioni. Altro che le tue T-shirt a effetto dermoprotettivo! Contro i guai circolatori che mi rendono gambe e piedi sempre freddi come se fossi un cadavere, indosserò calze e pantaloni termici con microcapsule derivate da un brevetto della Nasa: trattengono il calore e se necessario ne liberano grazie a una reazione biochimica che è stata scoperta nel fegato dei cobra. Sul busto avrò una camicetta aromatica, anch'essa in tessuto con microcapsule che rilasceranno un profumo personalizzato sui miei feromoni. Particelle di biossido di titanio nanostrutturato assorbiranno l'eventuale odore di sudore: si può indossare tranquillamente la stessa camicetta per una settimana (ma te lo sconsiglio). Per le serate impegnative ci sono invece gonne fotosensibili che cambiano colore a seconda delle luci, cioè dell'energia dei loro fotoni, si tratti di lampade alogene, a incandescenza o a fascio laser: sono basate sulle leggi della meccanica quantistica. Sempre in tema di luce, sfilerò con costumi da bagno in tessuto di celle fotovoltaiche: l'energia prodotta serve ad alimentare l'iPod da spiaggia. Per non parlare dei costumi in stoffa fotosintetica che utilizzano lo stesso meccanismo biologico delle piante e quindi sono di un bellissimo verde pisello.

Quanto alle scarpe, ne indosserò un paio in pelle di pesce persico artificiale, un materiale biotech che, come è facile immaginare, conferisce una straordinaria impermeabilità all'acqua: ovviamente anche qui ci sono microcapsule che non solo tolgono l'odore caratteristico delle pescherie ma spandono aromi che fanno impazzire i feticisti. Ancora più straordinari sono i tailleur in tessuto antibatterico: una meravigliosa soluzione per chi ha il sistema immunitario un po' depresso.

La collezione estate 2045 prevede poi abiti anti-ultravioletti: la radiazione solare appartenente a questa pericolosa banda spettrale viene assorbita da finissime particelle nanotech di ceramica imprigionate tra fibra e fibra. Una soluzione tessile ancora più sofisticata permette di schermare il corpo dalle onde dei telefoni cellulari e in generale da ogni forma di smog elettromagnetico. Per queste specialissime stoffe è stato necessario tessere un rivo-

luzionario filato in lega di alluminio rifinito con ossido di erbio. I medici spiegano che è particolarmente importante difendere dalle onde elettromagnetiche gli organi genitali. Qualcuno ha parlato volgarmente di mutande di latta. In realtà è già pronta una raffinatissima linea di metallurgia intima, e non è escluso che io ne diventi la testimonial...
Insomma, vita, vita e ancora vita!

Tua Lilit
Cascina dei Galli Arzilli, Cesenatico, 1° settembre 2044

- - -

Cara Lilit,
non pensare di poter suscitare la mia invidia. A leggere le tue fanfaronate, sembra che i tecnostilisti dell'alta moda sanitaria pensino soltanto a te. Non crederai di essere l'unica portatrice di acciacchi e malanni assortiti!

Sai che cosa ti dico? Spero con tutta l'anima di non incrociarti nelle prossime sfilate di Palazzo Pitti, Trinità dei Monti, Parigi e New York. Perché, carina mia, ci sarò anche io, cosa credi, e indosserò l'intera nuova linea della Neo-Salvelox. Roba che fa apparire come obsoleti, sì OBSOLETI, i tuoi slip di latta, i tuoi tailleur antibatterici e tutti gli altri stracci da prescrizioni della mutua che mi hai elencato.

Devi sapere, carina mia, che la linea 2045 Neo-Salvelox va dal cerotto diagnostico che si illumina con luci di diverso colore a seconda dei batteri che hai sulla pelle fino al guardaroba coordinato da check-up completo: maglietta con biosensori in grado di registrare quaranta diversi parametri fisiologici con due misure al secondo e uscita dei grafici su stampante, basta scaricare i dati su un palmare; sensori da sottoscarpa che segnalano su un display a cristalli liquidi qualsiasi piccola anomalia di appoggio del tallone, del tarso e del metatarso, per avere piedi sempre perfetti e riposati; calze che rilevano in tempo reale la circolazione sanguigna nelle gambe e in caso di parametri non ottimali agiscono con fibre a memoria di forma per ripristinare il circolo ideale; canottiere con microanalizzatori del DNA per diagnosi precoce dei melanomi; braccialetti e collane di perle che misurano ogni 10 millisecondi i parametri vitali della persona e li trasmettono via radio direttamente al computer del medico di famiglia...

Insomma, carina mia, indossando la linea Neo-Salvelox Check-up, oltre a incassare una montagna di soldi, tornerò a essere sana e bella come un tempo. Probabilmente lascerò presto questo deprimente gerontocomio, quindi non perdere tempo per rispondermi. Domani mi attende di nuovo Palazzo Pitti, come negli anni d'oro. Alla faccia tua e dei tuoi frusti playboy.

Ti saluta (per sempre) una rinata

Eva

Perpetuum Mobile: un rapporto scientifico

di **Vittorio Marchis**

Ho di fronte a me un grosso plico di carte, disordinate, spesso fissate con punti metallici a buste, che fanno supporre il passaggio dall'ufficio postale di Torino, in anni che si presumono risalire alla metà del XX secolo, ma nel plico o faldone, rintracciato all'Archivio di Stato, i documenti non permettono una datazione precisa. I timbri, che di solito obliteravano i francobolli, sono scomparsi. Prima del "versamento" nel Fondo 22323321/A qualcuno ha pensato di arricchire la propria collezione filatelica e tutte le buste, diligentemente allegate, sono segnate da una finestra ritagliata con cura. L'indirizzo, peraltro, è quasi sempre chiaramente leggibile: "alla Cattedra di Meccanica dell'Istituto Universitario Politecnico/corso (eccetera eccetera)". Tutte le lettere sono vergate a mano, con inchiostro blu, non indelebile, e tutte, immancabilmente, riportano lo stesso scritto. "Egregissimo professore..."

Quel professore era mio nonno.

Varrebbe ora – è naturale – spendere qualche parola intorno a questo signore, ma purtroppo nulla rimane nella mia memoria. Anche le ricerche che ho compiuto presso quanti, famigliari e non, ebbero modo di conoscerlo personalmente non hanno portato ad alcun risultato: nessuna carta, nessuna fotografia, nessuna notizia su un qualsiasi quotidiano. Tutto sembra scomparso nel nulla.

Posso invece spendere qualche parola su come tutta questa storia è incominciata.

Come spesso accade, al *vernissage* di una mostra segue un rinfresco, in cui più che mangiare o bere, si cerca di riallacciare i contatti con persone che altrimenti si sarebbero incontrate soltanto ai funerali. Questa è la *société savante* che crede di essere al centro del mondo e della mondanità. Sappiamo tutti che non è così.

In quella occasione, era il tredici di settembre e lo ricordo benissimo, mi venne incontro Daniela, una mia vecchia compagna delle elementari che, nonostante vivesse e lavorasse come ricercatrice dell'Archivio nella mia città, non avevo più rivisto. Ah i ricordi... Daniela si fece avanti e subito, senza alcun preliminare, mi chiese se quel signore che un giorno era venuto a prendermi a scuola quando mi ero sentito improvvisamente male, era mio nonno. Buio assoluto: non ricordavo nulla di quel fatto e, a prima vista, pensai a un pretesto per attaccare discorso. Subito però si fece seria e mi chiese di ritornare al suo ufficio l'indomani mattina: "con urgenza, mi raccomando" aggiunse. Tutto terminò lì. La calca per raggiungere il prosecco si fece più densa e la persi di vista. Né l'indomani mi preoccupai di andare all'appuntamento. Daniela ritornò nel nulla.

Due mesi più tardi il postino suonò alla mia porta con un involto assai ingombrante: senza alcun mittente, il timbro postale praticamente illeggibile e la scatola seriamente danneggiata. Soltanto il mio indirizzo. All'interno un faldone, di quelli che si conservano all'Archivio nella fase in cui si esaminano le carte per una successiva inventariazione e catalogazione: "Fondo 22323321/A". Su un fogliettino spiegazzato e fissato con uno spillo potei leggere "Buon lavoro. Daniela".

Immediatamente pensai alla brutta figura che avevo fatto e presi il telefono per farle le mie scuse, e per avere una spiegazione.

Al centralino mi dissero che Daniela si era trasferita all'estero dieci anni prima.

Ma torniamo al faldone e alle carte che contiene: gli appunti di mio nonno si confondono con un fitto epistolario inviato da un sedicente signor Xxx. Anche di lui non è possibile rintracciare alcuna informazione.

Il protagonista assoluto di tutto il faldone è la "Macchina", a cui si associano tutte le macchine che di essa sono state le "prove di laboratorio". La chiamo "Macchina" perché, nelle sue infinite varianti e mutazioni, è sempre chiamata con questo nome, a cui si associa un attributo numerico a più livelli di cifre, così: 134.572, due serie di numeri di tre cifre ciascuna. E questa numerazione ritorna anche sui documenti. Ma senza alcuna logica apparente. E poi ci sono alcune realtà di contorno che in tutta questa strana e complessa storia fanno qua e là capolino, ma senza un ruolo significativo. Una sola cornice che, peraltro, quando si sono voluti consultare gli archivi relativi, non ha sortito a nulla. Oltre all'Istituto Universitario Politecnico (sic!) c'è anche un *Automobile Centre*, un complesso sorto sulle macerie di un grande complesso industriale del XX secolo, di cui oggi non restano che pochi uffici, perché si è pensato di smantellarlo vista la sua ormai definitiva inutilità. Di ciò siamo già stati largamente informati dai mezzi di comunicazione e sarebbe inutile ripetere ciò che è ormai di dominio pubblico. A quei tempi mi risulta che l'Istituto e il Centre fossero in aperta e violentissima polemica e non passava giorno che da una parte o dall'altra non si scagliassero violentissimi strali. La materia del contendere era, chi può oggi negarlo, la necessità di continuare (o no) a fare ricerche sul PSE (il "progetto strategico energetico") e sulle sue conseguenze sulle tecnologie dei trasporti. Le "she-car" ebbero il sopravvento sulle "he-car" e, come era prevedibile, tutto ebbe un esito funesto. Ma anche questi argomenti di fatto esulano e deviano dallo scopo primario di questa mia breve *Relazione*. Meglio è lasciare parlare direttamente i documenti perché si potrebbe argomentare che tutto è una semplice invenzione.

Gli scritti che si riportano nel seguito fanno direttamente riferimento alle note di mio nonno e alle lettere del famoso carteggio. Queste ultime, citate in alcuni passi salienti, sono riprodotte in questo testo con un indentamento sinistro. Per il resto, nonostante mi sia permesso di omettere quanto era ripetitivo e che in ogni caso lascio a piena disposizione degli studiosi per ogni dovuto approfondimento, spero di avere lasciato a questo documento tutto il valore storico che obiettivamente è possibile. Chi vorrà potrà sempre verificare quanto scritto, ed eventualmente approfondire le indagini e potrà consultare il Fondo 22323321/B che ora è stato "versato" all'Archivio. La sequenza dei documenti, riportati in una presumibile successione storica, mi ha condotto a trovare una (possibile) soluzione al problema per tanti anni rimasto insoluto. Se non fosse così chiara l'interpretazione dell'intero *corpus*, che consta di oltre mille pagine, prima di andare a consultare l'originale, si farà bene a rileggere questa *Relazione*, perché in essa è condensato *in nuce*, l'intera *questione*.

[omissis] Il presente brevetto (patent) copre la priorità dei seguenti numeri di figure rivendicate in SETTE tavole qui allegate: 123.456...789.= Rivendicazione: per l'appoggio armonico dei tiranti o bracci e/o del biciclo e/o triciclo e/o quadriciclo e del relativo cilindro, pieno sino all'orlo di liquido (non importa quale esso sia, purché di densità rho *superiore del 10% di quella dell'acqua) abbracciato da sette tiranti equiripartiti sovra un angolo giro. Di detti tiranti, quello più a destra è formato da una leva a croce pentagonale, mentre quello immediatamente successivo si intreccia con il braccio più corto contro l'anello portante del mozzo della ruota, la quale [è libera di ruotare] con o senza cuscinetti (purché di buona fattura). Il braccio più lungo si appoggia debolmente contro quello mediano e sull'altra estremità spinge la parte opposta della leva forte, la quale medesima agisce contro la circonferenza esterna della ruota con l'ausilio di ganci, o asolette, o nippli, o spinotti. Anche accoppiata (maschio/femmina) con o senza i suddetti pesi. Rivendicazione: come sopra per una tripletta di ruote epicicloidi calettate su un perno unico centrale, ma libere di muoversi indipendentemente, ma unite da un tirante diagonale, da una coppia di tiranti superarmonici e da una controventatura. La molla stirata (una tantum di entità da calibrare al momento dell'assemblaggio in modo da garantire aderenza ottima) diventa così eccentrica, in maniera da compensare la spinta negativa che l'appoggio di sinistra esercita sull'altra parte dell'arco, che si appoggia, dapprima, sulla leva a croce e che successivamente, aderisce alla periferia del cilindro collegato alla ruota di raggio minore, la quale a sua volta compensa l'azione della ruota maggiore. Il tutto operante anche in coppia a 180° con o senza pesi di compensazione, ma con la costante presenza di gancetti, fastners e altri dispositivi meccanici di fissazione* (doc. 127.674, foglio 4r).

Ormai non è più possibile ricostruire il processo tecnologico con cui si giunse a costruire una prima serie di dieci prototipi della

Macchina. Ma sono definitivamente certo che fu l'allora ministro dei Trasporti e delle Infrastrutture a provvedere con la massima energia a far dimenticare ogni possibilità di costruire un mezzo di trasporto. Allora si chiamava "automobile", anche se il nostro (innominato) inventore l'avrebbe voluta chiamare semplicemente "Mobile". Quel ministro fece bene! Che cosa sarebbero diventate le nostre città, le nostre strade, il mondo intero se fosse stato possibile una mobilità senza consumi di energia? Per fortuna oggi le nostre città sono tranquille e tutti sono ritornati a fare lo struscio, il sabato pomeriggio. Non so come, ma la soluzione sta nascosta dietro queste righe, che sembrano piene di incertezza.

> *Recupero in Z delle spinte contrapposte e negative. Ruota minore tramite tre bracci lunghi e braccio corto, unico, mediano... Annullo recupero su corda della spinta negativa della ruota minore B. ...L'unico centro è il perno delle due ruote concentriche. Oppure io parlo un linguaggio da povero scemo? Ho spedito 167 lettere ai più illustri scienziati e non ho ricevuto alcuna risposta. Ma tutte le ricevute di ritorno sono ritornate a casa (le firme illustri che colleziono provano che almeno sono giunte a destinazione)* (doc. 127.694, foglio 1v).

> *Adesso sono convinto che l'impossibilità del moto perpetuo è solo il frutto della asimmetria del mondo. Quando osserviamo la natura che ci circonda siamo convinti che tutto sia perfettamente simmetrico: due mani, due occhi, due capezzoli, e in mezzo una bocca, un ombelico, eccetera eccetera. Ma poi, se facciamo come ha fatto Leonardo e certamente moltissimi altri prima di lui, se squartiamo un essere vivente, se dissezioniamo una pianta, ci accorgiamo subito che la destra è diversa dalla sinistra. Sì, anche se sembrano l'una lo specchio dell'altra. C'è sempre una piccola differenza. E forse anche lo specchio non specchia esattamente come la geometria insegna. La geometria è una finzione, una pura illusione che abbiamo creato per costruirci un mondo tutto perfetto, tutto simmetrico: isoscele, e persino equilatero, regolare, regolarissimo. Anche un cristallo, il più perfetto che ci sia, non è perfettamente simmetrico. Qui sta la ragione e allora dov'è la soluzione?*

Energia illimitata per alternatori, macchine e pompe. Sono davvero costernato dal dogmatismo antiscientifico del corpo accademico che costantemente mi respinge da moltissimi anni nonostante il detto "mai dire mai". Almeno ai tempi dell'Inquisizione c'era un antico e pacifico insegnamento biblico, supportato da un'indiscussa autorità. Oggi abbiamo soltanto la distratta superficiale razionalità di ominidi svogliati, con mentalità distratta da altri interessi (doc. 127.695, foglio 1r).

Io penso che la soluzione l'abbiano trovata gli artisti nel Seicento. Quando nasceva la «nova scientia» con tutto quel non so che di prosopopea, a partire dal nostro Galilei e giù giù (o su su, come più vi piace) sino a Newton, e ancora, alcuni profeti che noi chiamiamo barocchi, e di cui forse abbiamo dimenticato anche il nome, intagliatori di cornici e stuccatori di fregi, intorno a specchi e altari, nelle loro assurde volute introdussero nascoste quelle virgolette che deviando ora a destra, ora a sinistra, ma più a sinistra, racchiudevano la loro visione del mondo. Estasi e orgasmi, sogni e miraggi, fanno parte di noi, fisicamente, materialmente, sensibilmente (questo è il vero significato dell'acronimo FMS).

Doppio freno fisso-mobile con due cerchi e cinghia su due ruote con raggi diversi e direzioni opposte contro la parte negativa del tirante, come molla stirata una tantum con l'energia di un litro di gasolio (doc. 133.636, foglio 1r).

Osservando le ostriche, che tra le conchiglie sono le più ardite nell'inseguimento dell'asimmetria (anche di quella antimetrica) alcuni coniarono un termine che non poteva essere più appropriato: barocco. La fisica, quella vera, è barocca. Lo aveva scoperto il gesuita Athanasius nel suo Collegium, ma poi è stato volutamente dimenticato perché prete, cattolico, un pizzico eretico e, al tempo stesso, troppo vicino alla Santa Inquisizione.

"Kit Perpetual Motion of Self Rotation: Three Wheels, Pushed by Springs, or by Spiral Springs. Excentric position Arm Lever". *Seguono molti disegni, tutti contrassegnati da un cartiglio: una cifra-punto-tre cifre. Altre volte* "Only the American Scientists Something Understand" (doc. 129.674, foglio 1r).

> A questo punto, proprio osservando le conchiglie fossili (i riferimenti letterari si potrebbero sprecare) incomincia a intravedersi la soluzione di un problema apparentemente assurdo.
>
> [...] Recupero in B delle due spinte negative esercitate dalla ruota minore tramite due bracci lunghi e un braccio corto, centrale. Rivendicazione di un appoggio antireattivo della spinta negativa sul lato opposto dentro il fulcro della spinta positiva su ruota unica o due affiancate. La testa di fulcro della leva A deve essere allineata con il gomito a perno del braccio B. In questo modo si eliminano le asimmetrie dovute all'attrito dei perni il quale, se pure ridotto al minimo, riesce sempre a metterci la coda (doc. 127.676, foglio 2v).

Non si può però nascondere che la delusione di fronte agli insuccessi e alla indifferenza sia sempre maggiore. Anche quando si ricevono lettere del genere:

> General Devices Engineering of Canada Limited. Dear Mr. Xxx, Thank you for your request concerning your idea, which would like to submit to General Motors for consideration. Although we encourage innovative ideas from our customers, we are not in a position to offer any type of consulting, referral or design services. However GDE does have a special department called "New Devices", which evaluates all ideas and suggestions that are submitted to us. The enclosed booklet describes the Policy of General Devices Engineering in this regard. If after reading this booklet you agree with these conditions, please fill out the form in the back and mail it to New Devices Section. While this letter does not endorse your proposal, we thank you for your interest in GDE and our products. Yours truly, John J. Black (doc. 127.676, all. A).

E poi arrivano le altre risposte tutte negative, più o meno ironiche:

> Se mi rispondete subito evito di inviare altre lettere in America. Non mi piacciono le multinazionali di quel Paese. Fanno troppi profitti e offendono i miei principi morali (doc. 127.691, foglio 1r).

Talvolta le frenesie diventano del tutto incomprensibili, a me, ora che leggo questi fogli disordinati di cui non sono ancora riuscito a dare un ordine definitivo. Eppure ci dovrebbe essere una cifra in grado di permettere una semplice tassonomia. Ma ne varrà la pena?

Cari scienziati perché rimanente in silenzio? Forse perché esso è d'oro e vi ripaga della vostra ignoranza? E io che faccio? Lavoro e penso e voi? Se io dovessi avere ragione, e voi allora foste perfettamente colpevoli del vostro silenzio come lo siete anche di fronte a tutti i mali del mondo, allora come potrete stare di fronte alla storia? Newton era davvero un bravo giovane, di belle speranze, ma pieno di boria e pretendeva di avere trovato la formula di Dio. Illuso, povero scemo illuso. Anche Galileo aveva qualche volta dei momenti di defaillance. Nessuno ne è indenne, ma chi continua a persistere intorno a un'idea deve pur avere capito qualcosa (doc. 133.374, foglio 1r).

Dopo avere scritto migliaia di lettere a tutti i professori, i dirigenti di industria, i politici del mio Paese e anche di molti altri, almeno di quelli di cui conoscevo l'indirizzo, mi sono convinto che il signor Xxx ha solamente foraggiato l'industria della carta e l'erario per i francobolli spesi. Ma non è stato invano, perché tutto ciò mi ha permesso di arrivare finalmente alla conclusione che mi soddisfa, alla vera ragione del perché gli altri, ignorandola, sempre si sono soltanto sforzati di scrivere: «È inutile, il secondo principio della termodinamica non si può violare, l'energia e il movimento senza fine non è possibile,» eccetera eccetera, senza mai darmi una spiegazione convincente che non fosse legata a un "principio" che non si può dimostrare, ma cui bisogna credere. Un atto di fede: auto da fé. E voi sapete benissimo che cosa hanno comportato queste parole (foglietto vergato con inchiostro nero ritrovato all'interno del plico 75 e usato come segnalibro all'interno del quinterno contrassegnato come doc. 127.984)

Sembra che, a questo punto, le carte si interrompano per almeno una decina d'anni. La grafia si fa più incerta, anche sa la mano è certamente la stessa. Mancano le buste che hanno sempre accompagnato la maggior parte delle lettere precedenti. I testi sono assolutamente ripetitivi e i disegni sono ridotti a un intrico di linee sovrapposte che è molto difficile decifrare e che solo un'attenta lettura dell'intero *corpus* riuscirebbe a spiegare nella loro interezza. Ma non è mia intenzione fare ciò, perché verrei giudicato nella stessa maniera con cui altri sono presi per pazzi e visionari. Se anche si volessero riportare le immagini non si aggiungerebbe nulla, perché esse confondono e sembrano non corrispondere nemmeno alle indicazioni letterali e numeriche che compaiono nel testo e che nella trascrizione sono state omesse, perché inutili e inutilizzabili. Forse il segreto della macchina è nascosto, criptato all'interno di quelle frasi che ossessivamente commentano le decine di pagine del *corpus*.

> *Macchine turbinanti automotrici energeticamente elastiche e folli, rotolanti attonitamente in successione epicicloidale, rotomeccaniche armoniche in desmodromica dipendenza cinematica con successione algoritmica dei rapporti di trasmissione, impulsivamente conservative nella costanza del centro di istantanea rotazione e in progressione inerziale associata ad accelerazioni giroscopiche: doppia leva-croce con tirante e con molla stirata una tantum con un braccio positivo verso il moto in senso orario, mentre l'altro braccio (negativo) ha mutuo appoggio dei bracci negativi, dei quali uno tira con corda e l'altro spinge con asta contro il braccio del biciclo attaccato alla ruota minore. Il triangolo isoscele è dato dal tirante che attraversa la testa rotante dell'apotema del fulcro e tramite i due bracci trasversali, uno corto e l'altro lungo appoggiato al raggio di collegamento tra le due ruote e i due capi a isoscele sul raggio dell'altro rotore. Nei due raggi dell'anello minore della ruota di perno centrale, uno riceve la spinta rotatoria dell'altro cerchio, che con cinghie lisce spinge il detto raggio che trasforma la rotazione in traslazione di ambedue e quindi diventa autorotante, con l'altro raggio più corto che spinge entrambi in traslazione e rotazione della ruota minore centrale a cui si uniscono. E così il moto non si arresta* (doc. 179.352, foglio 7v).

Sono molto vecchio, ma non ho mai smesso di pensare a quel fugace incontro che ebbi nel lontano millenovecento..., l'unica volta che vidi mio nonno ormai ultranovantenne nella sua piccola casa delle Alpi Marittime. Avevo solo tre anni, ma le parole mi furono così impresse che le sento ancora risuonare nel mio cervello, come se fossero state pronunciate due minuti fa. Anzi meglio, senza alcuna distrazione. Quelle parole ora le ho ritrovate, scritte su un foglio giallastro, vergate a mano con la grafia incerta di un vecchio, e costituiscono l'ultimo documento dell'intero *corpus*. Le ho lette provando un brivido nella schiena e ho pianto.

> *Senti bene: ho lavorato per una vita intera attorno a questa Macchina, ne ho progettate centinaia di versioni, ma invano. Se mai riuscirò a costruirne una perfettamente SIM-ME-TRI-CA allora sarà possibile anche entrare «al di là», senza morire. Violando un Principio...*

Molto tempo è ormai trascorso da quel fugace incontro di me bambino col nonno, e ancora molto tempo è passato da quando ho ricevuto il faldone da Daniela. Ieri sono stato a Triora, dove mio nonno era svanito senza lasciare traccia, ma dove la sua memoria è ancora molto viva nel racconto dei più vecchi. Tutti sono convinti ancora oggi che, persa la memoria, sia precipitato in un vallone sconosciuto. Forse mio nonno era lui medesimo il misterioso signor Xxx che spediva a se stesso quasi ogni giorno i suoi farneticanti progetti...

Ora bisogna proprio che anche io incominci a verificare sperimentalmente le ultime versioni della *Macchina* perché, dopo aver speso un'intera vita a studiare la simmetria, forse sono riuscito a capire come si possa trovare una soluzione pratica che svolga una funzione di controesempio alla Teoria. E così violare il Principio...

Documento (s.d.) ritrovato tra le carte del prof. Xyy scomparso misteriosamente il 31 dicembre 2049 sulle Alpi Marittime, nei pressi di Triora.

È filo teso per siti strani

di **Francesca E. Magni**

"Avviare 24 (26) 28 m. e lavorare 2 ferri a m. legaccio" Ari memorizza.
"A cm 39 (40) 41 per gli scalfi manica intrecciare 2 m. da ambo i lati poi, ogni 2 ferri, 2 volte 1 m".

Punto cordoncino fitto con il filato Kid Mohair colore grigio, ago da lana con la punta arrotondata, 2 perle di cristallo, 2 bottoni di gomma color malva del diametro di mm 2.
Di fronte al possibile, Ari trasogna. Misura, soppesa, pensa al dove pratico, come negozi, mercerie; cerca in casa l'occorrente, prevede i costi e i tempi.

No. Questa volta non è il caso, anche se i ferri sono n. 5 e n. 7, abbastanza facili e grossi. La *liseuse* e il *copriboule* sono solo uno sfizio. Non ne vale la pena.

Meglio ripiegare sul pratico *gilet* con la *zip*. Gr 500 di lana bianca, ferri n. $3^1/_2$ e n. 4, ferro ausiliario del n. 4, cerniera apribile lunga cm 69, ago da lana con la punta arrotondata. Si tratta di maglia tubolare, punto coste 2/2, maglia rasata e coste perlate. Per la taglia 44 (46) prevede circa 6 ore di lavoro, difficoltà ★★.

Il filo bianco, su un numero di maglie dispari nel 1° ferro (1 m. dir e 1 m. rov) nel 2° ferro (1 m. rov, 1 m. dir doppia), inizia a intrecciarsi sotto il gioco ritmato di Ari, attenta e possibilista. Adesso è solo al campione (cm 10 x 10) superfluo ma necessario per il confronto lineare fra maglie e ferri: in questo caso 22 m. dovrebbero essere pari a 28 ferri. E lo sono. Tutto quindi procede, per ora. Anche le coste perlate corrispondono al modello cartaceo. Le parole per ora sono fedeli ai fatti e non viceversa come di solito si equivoca. Perché chi ha scritto le istruzioni non è certo partito dalla teoria; è partito dalla pratica, dalla prova empirica, dai centimetri (per capirci) e poi è passato alla maglia e all'intreccio e quindi ha contato il numero di ferri. Infine ha riportato i risultati su carta, per Abduzione.

Così Ari legge la carta ma è in contatto con il prima (pratico), con l'originale e – grazie alla carta – ne riproduce le sembianze. Trasmissione del sapere scientifico, Ripetitibilità.
Siamo nei limiti canonici dell'esperimento. Ma è solo l'inizio. Ari sa bene che il campione a volte è illusorio, nonostante abbia solide basi. Sa bene dall'esperienza che i fattori che perturbano il lavoro vero e proprio lo allontanano spesso dal campione. Sa bene che anche a lavoro compiuto basta il ferro da stiro a cambiare le dimensioni, per non parlare del lavaggio. Il campione quindi è superfluo. Ma necessario. Il primo passo da compiere bene. Senza garanzie aggiuntive. Determinismo e predicibilità non sempre vanno d'accordo. La formula però ci vuole. Senza di essa non conviene neppure pensare di iniziare.

Ne ha visti di lavori improvvisati, Ari, li riconosce subito dalle spalle incerte, dagli scolli anarchici, dai davanti sinistri sfilacciati e non combacianti con i davanti destri. Asimmetrici, poveri, deludenti, troppo grossi o troppo corti, scomodi, inadeguati.

La formula, almeno, garantisce una coerenza al tutto, uno schema regolare che fissa bene certi punti, che comanda l'architettura dalla base, che elimina la precarietà. La formula dà le direttive. È un cammino sotto forma di autostrada e mai di lastricato. Cammino che allontana l'incertezza delle infinite libertà iniziali, che non ha nebbie né buche. È – continua Ari – un modello particolare che serve per partire. È un'ottima guida di inizio. Che non garantisce però assolutamente nulla.

Per questo motivo Ari vorrebbe rinunciare a leggere tutte le istruzioni subito all'inizio, prima di incominciare. Per evitare infatti di farsi un'idea del lavoro che poi non si realizza quasi mai così com'era. Vorrebbe smetterla di costruirsi il lavoro nella sua fantasia, evitare di sognarselo, di immaginarselo già lì sospeso nella sua mente, come se già ci fosse, come se aspettasse solo di precipitare sotto i ferri. Come se la materia pensata si trasformasse in filata, pian piano, grazie al lavoro meccanico. Come se dal nulla emergessero maniche e taschini, in seguito a una metamorfosi fra mondi inaccessibili.

Le intenzioni sono queste. Ma Ari non le rispetta. Cade preda di una frenesia predittiva imperdonabile, scatta con i pensieri e ancora prima di accorgersene ha già letto tutto, già immaginato, già costruito, già – addirittura – indossato.

Un mondo di aspettative pesa sui gomitoli, che dormono ignari. Materia inerte sotto forma di filo colorato, riposa accovacciata, ancora con il cartellino integro: *Merino Plus* Lavabile in lavatrice, 52% Lana Vergine Merino (New Woll Merino, Schurwolle Merino, Laine Vierge Merino) 48% Acrilico (Acryl – Acrylic – Acrilique). Il cartellino, che essendo carta, è anch'esso condannato alla teoria, al modello, alla quantità, riporta scritto 100 gr – 125 mt (il peso e la lunghezza), le istruzioni di fattura ("Ferri","Telo Maglia") di mantenimento ("lavaggio 30°, no candeggio, sì stiratura", un simbolo con una P cerchiata per "a secco" e due simboli, uno quadrato con inscritto un cerchio con una croce sopra e l'altro rettangolare con un – "meno?" al suo interno per l'asciugatura). E un insieme di altri numeri cod. 1.672, partita/lot/bain/partie 51, il cod. fisc. E un numero anche per il colore/colour/faree/couleur. Chissà qual è il numero del colore del mare o quello del parquet o del sacchetto dell'aspirapolvere. Ari si ricorda il codice ASCII del bianco, che è poi quello che le interessa oggi.

Il filo bianco si intreccia con condiscendenza ginnica, sotto le sbarre altalenanti dei ferri n. 4, rigira su se stesso la propria coda, per congiungersi con il proprio seguito; appartiene al mondo del continuo, lui. Da quando è diventato matassa e ha perso la propria natura corpuscolare di ammasso disomogeneo, di batuffolo disordinato, il filo ama ripiegarsi per esibire la propria linea (o quella suggerita o quella imposta). Il filo ha natura geometrica, tende all'astratto. Ha sì, dei parametri iniziali (lo spessore, anche il colore, la struttura atomica, anche molecolare, che spazia dal cotone al filato Kayac), che lo riconducono a una realtà fisica specifica, ma presenta enigmatiche proprietà che lo rendono "entità", simbolo.

Ari lavora con metodo e attenzione, ma quando ha davanti 28 maglie da fare tutte uguali per 10 ferri, si rilassa e mentre procede, osserva. Osserva e pensa, quasi contempla. Vede il filo seguire con naturalezza traiettorie calligrafiche, ripiegamenti di maniera, evoluzioni barocche sotto segnali razionalistici e netti, urlare sprazzi gotici dentro partiture romaniche. Vede un carnevale filante rinchiuso subito dentro abbracci che strozzano, un precipitare verso il compatto bidimensionale. Il filo docile si sottomette a un destino di ordine e ripartizione, che lo legherà per sempre a un tessuto, che lo renderà una maglia a coste fantasia, o peggio, lo incastonerà in un tessuto scozzese, o peggio ancora, che lo incastrerà in due metri di fodera in tinta. Il filo che rammenda, quello sottoposto alle macchine da tessitura, quello che piega la testa sotto l'uncinetto, quello bianco di Ari, che espira e inspira all'alternarsi dei ferri. Ogni filo perde la propria individualità di tubo, di lunga corda, di linea geometrica, per riconfigurarsi in un sé altro, unito, molteplice, ignaro anche delle proprie parti, che viene definito "la trama". La trama emerge complessa come il significato di una frase dalle singole parole, e ha una natura propria che unisce le particolarità del filo al tipo specifico di puntomaglia eseguito. Trame quindi di fili diversi ma entrambe rovesce, sono simili e trame dello stesso filo ma lavorate una "a catenella" e l'altra "a maglia alta quadrupla" sono oggetti completamente diversi. Diversi nella loro natura globale, nella consistenza: provate a fare due campioni cm 10 x 10.

Ari quindi, demiurgo sottoposto alle ferree regole della carta, vede la trasformazione dal lineare, tramite tanti nodi (perché è giusto chiamarli anche così, una volta tanto), tramite tanti nodi, verso il piano in due dimensioni della trama. Un racconto pieghevole e indossabile senza dubbio utile. Il filo del discorso però ha altre mansioni, più pratiche, è *fondante* è lui che *fa*. Fisicamente il filato, di natura continua, potrebbe estendersi senza mai incontrare o intersecare se stesso. Potrebbe riempire tutta la stanza, diventare tridimensionale per accumulo. I gatti amano questa versione e appena possono la praticano. Liberare il gomitolo (entità anch'essa con una sua natura diversa da quella del filo) diverte, perché espone il filo allo spazio vuoto, stella filante, dentifricio non più rinchiuso, e lo lascia esprimersi nudo, scia luminosa concreta, sotto gli occhi del mondo. Mentre un gomitolo sfatto resta solo filo a terra, accumulo di polvere, fascina fragile, parole senza forma. Un filo da spezzare per giocarci, per legarci i capelli, i gambi dei fiori, i sacchetti di lavanda. Un filo vuoto, di nuovo solo simbolo.

E allora leghiamolo con metodo in una rete organica che lo trascenda e lo faccia diventare parte di un oggetto caldo e avvolgente o fresco e seducente o bello e ricamato, utile pattina o pizzo prezioso. Una lunga fila di spessore ridotto che, riorganizzata, si trasforma in un pratico *gilet* con la zip.

Ari contempla l'astratta linea che piano piano diventa morbido muro, striscia piana, superficie, con un davanti e un rovescio. Enigma topologico che si ripete per ogni lavoro. Per non parlare di quando i fili sono più di uno, di quello trasversale, del lavoro *jacquard*, per capirci. Lì si creano geometrie piane, figure che si incastrano all'interno della trama stessa. Ma si sale di livello, non è il caso del *gilet* attuale e Ari, sistematica, non ama aprire troppe parentesi, troppe meta-teorie.

Bisogna, non dico sbrigarsi, ma mantenere il regime, non interrompersi o distrarsi. Avevo letto e non ricordo dove, che un matematico famoso, forse ai primi del '900 (o forse un fisico famoso) entrando in contatto, non ricordo come, con il lavoro a maglia, dopo averci pensato in maniera rigorosa, aveva dedotto che esiste solo un numero ben definito di modi per ripiegare la maglia con i ferri. Lo aveva dedotto da formule e calcolo. Gli era stato risposto che in effetti aveva scoperto il diritto e il rovescio e non so che altro (non ricordo). Insomma, aveva dedotto bene.

Non sto parlando della teoria matematica dei "nodi", quella è roba per marinai oceanici, acque troppo profonde. Sto parlando di un uomo di scienza che si avvicina al lavoro a ferri, ne viene catturato dall'aspetto topologico, si concentra sulla natura simbolica insita in maniera indissolubile in questo tipo di attività e crea un teorema.

Esseri umani, animali simbolici, che creano simboli, che si trovano a loro agio solo fra lettere, nomi, numeri, classi, categorie. Cervelli simbolici. (Niente di nuovo).

Se questo fosse un ipertesto in Html, a questo punto, metterei un "ALERT" in gif animata, cliccabile e ben visibile, per chiedere aiuto: se sapete chi era quel matematico/fisico/logico, scrivetemi, mandatemi una e-mail. Forse era nella biografia di Feynman, quella scritta da Gleick, ma non ne sono sicura. Forse era in qualche articolo divulgativo. Non ho tempo di controllare, sarebbe estenuante, e poi devo badare ad Ari.

Chi aveva detto che i suoi lettori ideali erano quelli che leggendolo riconoscevano pensieri propri, idee alle quali avevano già pensato, che quindi entravano subito in simpatia con lui, deve essere Schroedinger o Laborit, dopo controllo. Mi piace sentirmi una lettrice ideale, gratifica. E, già che ci siamo, parliamo di Bruno Schultz e della bottega di filati addormentati, inscatolati, meravigliosi arlecchini. Prima di essere venduti, la loro storia di scaffali, il tempo trascorso tutti vicini l'un l'altro, in esposizione. E Anna che entra nel negozio, con il pensiero che forse era meglio aspettare il mercato di martedì, la bancarella, ma con la frenesia di iniziare il lavoro, di scegliere il colore, il tipo di filato, nonostante gli imperativi scritti sulla carta prevedano già ogni cosa. Magari compera in più, oltre al dovuto, qualcosa d'occasione, non si sa mai. Spende in maniera eccessiva, illogica, presa dalla passione, dagli odori di morbido e malleabile e dalla bellezza che la circonda.

Ari intanto si è distratta, ha perso due punti e non se ne è ancora accorta. Eccola al ferro successivo *et voilà*, ora c'è.

L'onda pacifica, quieta e mielosa si interrompe. Attecchisce lo screzio che l'occhio – ora – attento riconosce d'impatto. Il buco/voragine, dispetto, pericolo, le si presenta, sempre fedele a se stesso. Questo non ci voleva. Non ci voleva. Non deve mai accadere. E se accade, non può essere ignorato. Non si può essere imprecisi, pigri o falsi, non si può dire "chi era quel tale, non ricordo": *Achtung*. Perché se solo Ari cade in tentazione di proseguire comunque e nonostante, il buco resterà lì, anzi, sempre più evidente, immolato, a futura memoria.

La maglia ricorda il tempo speso per farla essere. La maglia è pura memoria spaziale, che con il solo presentarsi, testimonia. La maglia conta le ore in centimetri, le incertezze in "più stretto" o in "più largo". La mano regolare crea una maglia uniforme, anonima, ma rassicurante. La mano incerta imprime i propri difetti come nel marmo, in maniera indissolubile. "Vediamo se hai lavorato bene", le dirà Anna e lo vedrà *non* in astratto, lo vedrà *lì*, sulla maglia. Peggio di una macchia.

Eccoci al dunque del disfare quello che si è appena, meticolosamente (o quasi), dato. Disfare il fatto. Perdere il tempo tanto bene (sembrava) sfruttato. E perderne altrettanto nel disappunto. A che serve? Si deve disfare e basta. E l'atto è sempre doloroso e pericoloso tanto quanto il rimettere il ferro al suo posto: bisogna essere precisi, fermi e, se ci si riesce, veloci, altrimenti si perdono altri punti, non si deve tirare troppo, si perdono e si deve disfare ancora, una reazione a catena.

Il danno è ripreso, i battiti di nuovo regolari, il filo spiegazzato dondola cinico, lo riavvolgi tirandolo bene, come se avesse le orecchie. Incidente di percorso. Ari ricomincia a contare, così non si distrae.

Anna entra nella stanza e trova tutto regolare, il *gilet* è quasi finito, ma riuscirà a uscire dal labirinto? Il *gilet* con la zip prevede ali di velina, chissà...

Intanto l'interruttore di Ari lampeggia, significato: quasi ci siamo, mancano solo le rifiniture. La zip risuona come una zanzara, il manufatto è pronto.

L'altro Mozart

di **Tullio Regge**

Il Giglio

Il traghetto scaricò Werner e la sua BMW ibrida sul molo del Giglio. Appena la folla dei passeggeri si fu dileguata si concesse un caffè in un bar, salì in macchina, consultò una mappa dell'isola e si diresse verso il Monticello. L'albergo era la caricatura di un castello medioevale, ma in compenso il servizio era ottimo e inoltre gli fu assegnata in un'ala separata una camera isolata e silenziosa. Per Werner il silenzio era davvero d'oro: contava infatti di dare il tocco finale alla partitura del Riccardo III, un'opera in un atto commissionata dal Covent Garden per il quarantesimo genetliaco di Sua Maestà il Re Edoardo XII. Si concesse un breve riposo e al risveglio spalancò la finestra per ammirare il paesaggio, ma anche per rinfrescare la camera. La vista era splendida, l'albergo era situato in zona elevata e circondata da vigneti, in lontananza erano visibili Giannutri e l'Argentario. In basso si frangevano le onde sulla spiaggia dell'Arenella, la più popolare dell'isola.

Mancava un paio di ore alla cena e decise di fare una passeggiata in riva al mare. Scese a piedi per la strada che collegava l'albergo all'Arenella. La spiaggia era deserta. Si sdraiò sulla rena lasciando che la risacca gli lambisse i piedi nudi. Era ormai la fine di settembre, la stagione turistica era terminata, risuonarono nella sua mente le note dell'opera e soffrì per le lacune e le imperfezioni della partitura.

Il sole stava per tramontare, si accorse di avere fame, recuperò le scarpe e si mise in marcia verso il Monticello. Senza preavviso la brezza gli portò un suono melodioso, un lamento così fievole che neppure il suo orecchio di raffinato musicista riuscì ad analizzare. Si guardò attorno, ma la spiaggia era deserta. Una folata di vento portò un altro suono e solo allora lo sentì chiaramente; era una voce di soprano proveniente da una villetta posta un centinaio di metri più in alto sulla scarpata e che non aveva notato prima perché seminascosta dagli alberi. Sentì poche meravigliose battute di un'aria a lui sconosciuta, prima che il canto svanisse nel nulla. Attese a lungo, ma infine giunse il tramonto, vinse l'appetito e risalì in albergo per la cena.

Lo chef Armando era un omino chiacchierone, aveva lavorato un anno a Hannover e parlava ancora decentemente il tedesco. Werner lodò la cucina e ne ascoltò i consigli ma la sua mente era altrove. La melodia della spiaggia lo inseguì anche quando era ormai tornato in camera. Sparse i fogli dello spartito sul tavolo e tentò di concentrarsi sul lavoro, lasciando che la partitura scorresse liberamente nella sua mente. Solo quando giunse all'aria incompiuta di Mary Ann, la cortigiana fatta giustiziare da Riccardo III, si rese conto dell'abisso in cui era caduto e della propria mediocrità, confrontò il lavoro fatto con il lamento della spiaggia e provò intensa vergogna, strappò i fogli dello spartito, li gettò nel cestino e decise di ripartire da zero. Trascorse in questo modo una notte inquieta, perseguitato da dubbi e rimorsi. Alla colazione la curiosità diventò ossessione e chiese allo chef chi abitasse nella casetta in riva al mare.

"Il proprietario è un editore triestino che viene in agosto e ogni volta con una nuova amante. Ha un contratto con l'agenzia Nobili, che affitta i locali a clienti di tutto il mondo, che di solito non ci stanno mai più di un paio di mesi. Lui l'ha battezzata villa Trieste, ma a noi isolani il posto fa venire il magone, corrono voci che sia stregata e vi appaia il fantasma di un violinista assassinato anni fa; noi la chiamiamo villa Triste. Al momento pare ci abiti gente dell'Europa dell'Est. Se le interessano, chieda a Nilo, il barista del Melograno, lui sa tutto di tutti".

"Sono musicisti?"

"Non lo escludo... Una volta sono andato in spiaggia e ho sentito della musica".

"Cantata o strumentale?"

"Mi pareva un violino, ma c'era anche uno strumento a fiato. Sa, io di queste cose non me ne intendo".

Di più non riuscì a ottenere. Armando era un bravo cuoco, ma in musica era un bieco pedone. Ritornò in camera, ma non riuscì a lavorare. L'aria divina continuava a risuonare nella sua testa. Scese nuovamente in spiaggia, ma l'incanto della sera precedente era distrutto da un gruppo di rockettari rumorosi e volgari. Disgustato dal frastuono si inerpicò lungo un sentiero che saliva verso la casetta, ma trovò l'accesso sbarrato da un muro in cui si apriva un cancello arrugginito. Suonò a lungo il campanello senza ottenere risposta. Alla fine un rottweiler inferocito si avventò ringhiando contro il cancello, per cui stimò prudente andarsene. Tornato in albergo risalì sulla BMW e si diresse verso il Castello in cerca di un diversivo, senza purtroppo trovare pace. Di chi era l'aria? Sembrava Mozart, ma Mozart non era. Del divino Amadeus conosceva anche la più piccola nota. Poteva essere un grande epigono, eppure anche in questo caso l'avrebbe già riconosciuto.

A pranzo rivide Armando.

"Maestro... Ho notizie, ho visto Nilo".

"Chi sono?"

"Sul contratto d'affitto si dichiarano russi ed esperti di informatica, sono in tre, sono..." Armando tirò fuori da una tasca un foglietto e lesse a fatica storpiando i nomi "... la coppia Yuri Bulatov con la moglie Metella Fantova e un single: Evgenij Uliansky. Sono arrivati due mesi or sono con un furgoncino carico di roba elettronica e lavorano tutto il giorno, non escono mai, non ricevono visite, se fanno il bagno aspettano che non ci sia nessuno, al più vanno al porto per rifornirsi di viveri e meno che mai frequentano bar o ristoranti. Nilo dice che hanno installato sul tetto un'antenna per satelliti, di quelle esagonali della Stakem. Altro non so".

"Avete un collegamento con la rete?"

"Come no! Abbiamo tutto, chieda in direzione".

Ebbe a sua disposizione un terminale e iniziò la caccia al russo. Il nome Bulatov lo condusse dapprima a un sito dove un matematico omonimo aveva riunito a fine millennio una splendida collezione di reticoli simmetrici ed esotici, sulla Fantova scoprì pettegolezzi di scarso interesse riguardanti una sua omonima, presunta amante di Einstein del tempo di Princeton. Ritrovò infine la biografia di uno scienziato russo, Yuri Bulatov, un esperto di intelligenza artificiale dell'Università di Mosca, ma che poi, per ragioni ignote, si era trasferito a Novosibirsk, dove era diventato professore di *Quantum Computation,* una materia esotica di cui Werner non aveva mai sentito parlare. Il suo lavoro più noto riguardava l'uso di strutture nanometallorganiche nel trasduttore quantistico Rasetti. Di Uliansky non ritrovò neppure un cenno.

Era ormai il tardo pomeriggio e ritornò in spiaggia portando questa volta con sé un binocolo. A metà discesa scoprì un sentiero seminascosto tra gli alberi che scendeva verso Villa Triste e, preso dalla curiosità, decise di esplorarlo. Dopo un centinaio di metri apparve all'improvviso in basso il tetto della villa, lo riconobbe dall'antenna Stakem, e colse luci e ombre in movimento attraverso i vetri di una finestra. Si nascose dietro una siepe e puntò verso la casa il binocolo, la finestra si spalancò, apparve il viso di una donna bionda e in lacrime e risentì, questa volta con inaudita chiarezza, la melodia della sera prima. La sua prodigiosa memoria musicale la registrò nei minimi dettagli e seppe che non l'avrebbe mai più dimenticata. Il tempo si fermò, ma l'incanto terminò bruscamente quando una mano robusta afferrò brutalmente la donna, la trascinò via e chiuse di schianto la finestra soffocando il pianto. Sentì vicino il ringhiare minaccioso del rottweiler per cui valutò più sicuro darsi alla fuga.

In albergo si affrettò a trascrivere la melodia e ad analizzarla in dettaglio. Il soprano cantava in italiano e la voce era accompagnata da un'orchestra palesemente mozartiana, ma che Mozart di certo non era. L'aria iniziava con il verso "amor che di tua beltà mi preme il core..."

Rimase incantato dalle sfolgoranti variazioni dell'aria, tutte diverse tra di loro eppure sempre logicamente concatenate, quasi una chiamasse l'altra, l'arte in cui era stato maestro insuperabile il grande Amadeus. Ma se non era Mozart di chi era la musica? E chi era la soprano? In tutto il mondo le voci capaci di arrivare a tanto si contavano sulle dita e le conosceva tutte. Il timbro vellutato gli ricordava vagamente Hannah Tschersol, ma la Tschersol aveva un repertorio wagneriano e non era di certo voce mozartiana. Quella notte tormentata sognò un impossibile incontro con il genio della musica risorto dalle ceneri.

Di chi era la mano che aveva afferrato la Fantova e perché la donna piangeva? Il mattino seguente scese al porto e cercò invano Nilo, il barista, purtroppo senza fortuna. Nilo arrotondava il salario portando i turisti in visita all'isola di Montecristo su di una vecchia scialuppa di salvataggio, una pesante carretta metallica dipinta in verde smeraldo. Al Melograno gli dissero che sarebbe tornato in tarda serata. Deluso e depresso vagò per i locali del porto, bevve una birra. Non se la sentiva di tornare all'albergo per lavorare all'opera. All'ingresso di un supermercato quasi si scontrò con la Fantova che usciva di corsa, la riconobbe dai capelli biondi. Era bellissima, ma non ebbe tempo per ammirarla: un uomo barbuto la apostrofò duramente in russo e la spinse su di un tassì mentre l'altro russo caricava in cupo silenzio le vettovaglie nel bagagliaio. Werner prese mentalmente nota del tassì e ritornò in albergo, dove tornò, senza molte speranze, al lavoro sull'opera: Mary Ann lo attendeva implacabile. Tentò numerose varianti e le respinse tutte; innervosito scese al bar dell'albergo e bevve un caffè, uscì per una breve passeggiata, sentì il rintocco di una campana e il belato di una pecora e lo riprese il tormento. Rientrò in albergo, salutò sgarbatamente Armando e salì di corsa in camera. Il suono della campana si ripeté lamentoso e per una strana alchimia sonora l'aria mancante cominciò a prendere forma. Pranzò e si rimise di buona lena al lavoro riuscendo persino a dimenticare i russi. Verso sera ebbe infine la certezza di avere azzeccato il taglio giusto: un'anima classica trasfigurata dalla concezione *eptal-rifractive* di Juanito Dundee Pautasso, il suo adorato maestro. Un tocco geniale preso a prestito con gusto discreto da Berio fu la classica ciliegina sulla torta. Cenò con gusto, telefonò a Londra a Michel Horvathy, il sovrintendente del Covent Garden e lo rassicurò: l'opera era ormai completa e si coricò in pace con se stesso. A notte fonda fu svegliato dall'abbaiare furioso di un cane e da colpi di arma da fuoco che lo misero in agitazione. Preoccupato telefonò al portiere dell'albergo che lo tranquillizzò:

"Non si preoccupi, uno dei nostri sorveglianti ha abbattuto a pistolettate il rottweiler dei russi che è scappato da Villa Triste e ha tentato di aggredire uno degli ospiti. Abbiamo chiamato la polizia, ma chissà quando arrivano. Dicono che siano tutti all'Argentario alle prese con una banda di spacciatori di droga".

Posò il telefono. L'aria di Mary Ann ritornò nella sua mente e solo allora si rese conto dell'abisso in cui era caduto. Un profano non se ne sarebbe mai accorto, ma un orecchio esercitato lo avrebbe scoperto immediatamente: l'aria di Mary Ann era una trasfigurazione *eptal*, sia pure nella desueta chiave aurea, del lamento di Villa Triste. Ma ormai non poteva più tornare indietro, gli inglesi attendevano ansiosamente la partitura, non si poteva scherzare su di un genetliaco Tudor. Passò la notte in bianco a ritoccare la partitura per nascondere alla meno peggio il plagio e solo all'alba, stanchissimo, riuscì a riposare per breve tempo. Al risveglio decise di lasciare il Riccardo III così come era, con al più alcuni ritocchi e spedirlo direttamente per mail a Londra. Se neppure lui era riuscito a identificare l'ignoto autore del lamento, nessuno sarebbe riuscito a cogliere il plagio. Trascorse in questo modo una settimana di intenso lavoro: uscì dell'albergo solo una mattina di ottobre quando il Riccardo III aveva raggiunto ormai la perfezione. Scese al porto dove rintracciò il tassista che aveva caricato i russi e chiese informazioni. Il tassista si dimostrò sorpreso:

"Non lo sa? I russi sono ripartiti avantieri in fretta e furia con il traghetto per l'Argentario. Hanno voluto che salissi con loro e li portassi fino a Grosseto dove li ho lasciati in una piazza del centro. Forse avevano un appuntamento con qualcuno, ma pagavano bene e non ho fatto domande. Secondo me hanno abbandonato sull'isola il cane perché non entrava nel tassì ed era diventato pericoloso, bisogna essere matti per tirarsi dietro un rottweiler. Per poco la belva affamata non sbranava un ospite. Pietro ha dovuto ammazzarlo e gli animalisti dell'isola sono ora sul piede di guerra e lo hanno denunciato per cinocidio. La polizia sta cercando i russi in tutta l'Europa. Ma dicono che ci sia ben altro dietro questa storia".

"Che tipi erano?"

"Strani. Molto strani. Quando la donna si è lamentata il barbuto le ha dato una sberla. Sarei intervenuto, ma avevo paura e poi pagavano loro. Parlavano ostrogoto, non capivo nulla. Bionda a parte non è gente che faccia per me".

Ridacchiò soddisfatto per la battuta.

"A chi posso chiedere informazioni?"

"Chieda di Nobili al Castello, altro non so".

Non senza fatica riuscì infine a incontrare Nobili, un vecchietto rimbambito che viveva in una vecchia topaia medioevale. Finse di essere interessato alla villetta e chiese di poterla esaminare con attenzione. Nobili acconsentì e gli affidò fiducioso le chiavi della villa. In questo modo riuscì a visitarla con tranquillità. L'edificio aveva un soggiorno con cucina a pianterreno e due stanze da letto al primo piano. I russi se ne erano andati via lasciando il tutto in uno stato di sporcizia e disordine indescrivibili. Il ricordo dell'aria perduta inseguì e innervosì Werner e la visita si tramutò ben presto in perquisizione, in soggiorno scoprì una bottiglia semivuota di cognac armeno, quello preferito da Stalin. In un cassetto la donna aveva dimenticato della biancheria intima e ritagli di una vecchia rivista russa con foto delle allieve di un liceo di San Pietroburgo. Nel gruppo riconobbe giovanissima la Fantova. In un cestino trovò cartoline illustrate spedite da Novosibirsk. In soggiorno giaceva abbandonato sotto un divano un decoder Borzani e un mozzicone di Avana: c'era ancora gente che fumava, che schifo!

Nella spazzatura della cucina trovò un DAX, sulla cui etichetta stava scritto K701. Werner sigillò il tutto accuratamente in buste di plastica ben etichettate, le mise al riparo in una valigetta, dette un'ultima occhiata ai locali e abbandonò la villa. Nel pomeriggio riportò al proprietario la chiave, che verso sera la polizia, alla caccia dei russi, richiese nuovamente al Nobili quanto mai perplesso per tutte queste attenzioni. Werner, ignaro di quanto stava accadendo, aveva già spedito la partitura a Londra, pagato il conto e raggiunto il porto dove si era imbarcato con la BMW sul traghetto per Livorno. Da Livorno raggiunse poi, viaggiando senza sosta e a tarda notte, il suo appartamento di Strasburgo in Rue des Vosges. A casa si sentì finalmente al sicuro e dormì tranquillo: non sapeva che la polizia federale incuriosita dalle attività dei russi e irritata per la sua visita a Villa Triste voleva interrogarlo a tutti i costi.

K701

Al risveglio lo riprese la curiosità e tentò di leggere il DAX, risentì poche battute dell'aria fatale, ma il resto del disco risultò gravemente danneggiato e illeggibile. Deluso e amareggiato si ricordò di Plinius Ham-Hait, un individuo strano, un genialoide, mezzo arabo e mezzo zingaro rumeno, che ufficialmente campava facendo oroscopi per i fondi Hypertech. Plinius era un convinto chiliasta e collezionista di CD di fine millennio, si mormorava persino che fosse riuscito a mettere le mani su LP a 33 giri ormai introvabili. Gli amici dicevano che era imbattibile nel restauro e recupero di vecchie incisioni musicali. Trovò il suo recapito telefonico sull'Ungaretti e lo raggiunse a Ulma. Plinius era disposto a esaminare il DAX solo in giornata, sarebbe infatti partito l'indomani per un lungo viaggio. Werner era stanco, ma non aveva scelta, corse in stazione e salì sul primo treno diretto a Ulma. Giunse così in serata alla casa di Plinius evitando in questo modo una sgradevole intervista con la polizia federale.

Plinius viveva in un attico nei pressi della celebre cattedrale. Esaminò con attenzione il DAX con una lente, lo ripulì con un fluido puteolente e lo scrutò a fondo con un vecchio Matsutov stereoscopico. Borbottò frasi incomprensibili e infine dette inizio al procedimento di recupero. Dopo un'ora di intenso lavoro diagnostico gli ritornò la parola:

"È graffiato in molti punti ma forse riusciamo a recuperarne una buona parte".

Werner, stanchissimo, mangiò un panino, bevve un'aranciata, si sdraiò in attesa sul divano del soggiorno e si addormentò. A tarda notte lo svegliò l'«amor che di tua beltà...». La stanchezza scomparve per incanto, corse a sentirla da vicino, ma immediatamente percepì un'anomalia che lo turbò e che non seppe diagnosticare. Dopo poche battute l'aria si dissolse in un miagolio immondo. Werner urlò frasi senza senso; poi, vista la faccia stremata dalla fatica di Plinius, tacque vergognandosi di se stesso e si scusò. Plinius non perse la calma.

"Si può fare di meglio... fra l'altro il guasto non è accidentale, hanno biffato il disco, ma non sapevano che in questo tipo di DAX il segnale ha una forte ridondanza che in molti casi permette il recupero del segnale... adesso non rompermi le scatole e vai a dormire... Domani ti faccio avere il DAX ricostruito e te ne vai via contento. Io parto per l'Ashram Prahbati, torno fra un mese".

Plinius era persona attendibile, all'alba lo svegliò con un caffè e una scatola sigillata con il DAX originale e la ricostruzione, ma gli ingiunse di vestirsi e di andarsene senza dargli tempo di sentire una sola nota del DAX risorto. Fremente per l'attesa forzata,

Werner chiamò Babette, la colf che gli teneva in ordine la casa, per avvertirla del suo arrivo all'ora di pranzo. Ma la donna era agitatissima.

"Maestro... è venuta la polizia federale a perquisirle l'appartamento... Mi hanno oppressa con domande indiscrete... La stanno cercando dappertutto; mi hanno buttata fuori casa, sigillato le porte e portato via la valigetta delle sue vacanze".

"Dio mio... meno male che le ho telefonato".

"Stia lontano da casa... davanti al SuperTrans è parcheggiata da ore una macchina che secondo me è dei loro... L'aspettano per farle delle domande..."

"Babette... se le cose stanno così non vengo a casa. Mi rifarò vivo dalla pianista per vedere se ha notizie..."

Il telefono scottava e decise di non usarlo più. Chiaramente la polizia lo stava cercando per la faccenda dei russi e lo avrebbe immediatamente localizzato. Affittò in stazione un telefono usa e getta e salì di corsa sul primo treno in partenza per Londra. In viaggio chiamò la pianista, in codice la zia della Babette, per avere notizie. Giunse ben riposato a Londra dopo una notte in vagone letto e una traversata tranquilla, e corse a casa di Giorgia Falcao. Con lei si poté finalmente sfogare. Il racconto affascinò Giorgia:

"Incredibile... Hai il DAX con te?... possiamo sentirlo?"

"Anche subito..."

Fu un'esperienza indimenticabile. Il DAX conteneva un adagio in Fa# minore per fagotto, udì nuovamente l'aria «amor che di tua beltà...», il presto molto di una sonata per violino e pianoforte e l'andante di una serenata per archi. La musica era straordinaria, ma dopo poco meno di un'ora di ascolto si interruppe con uno stridio che distrusse l'incanto. Giorgia aveva le idee chiare.

"So di cosa si tratta..."

"Parla".

"Non leggi i giornali e quindi hai perso la notizia del giorno. Un musicologo americano, Jack Gaylord, ha annunciato la scoperta di composizioni inedite di Mozart, ho telefonato a Valatier che era a New York quando Gaylord le ha fatte eseguire al Rizzoli Bookstore della Fifth Avenue e ne ha detto meraviglie. La descrizione che mi ha dato va a pennello con quelle che abbiamo ascoltato. A sentir Valatier sono davvero straordinarie; Gaylord le avrebbe ritrovate a San Pietroburgo".

Valatier? Wemer fu preso dal terrore: quel filibustiere si sarebbe subito accorto del plagio in Riccardo III e l'avrebbe dileggiato in pubblico.

"Non è possibile... da tempo si sa tutto su Mozart... Ha steso lui stesso un catalogo delle proprie opere... e poi chi è questo Gaylord... Io non l'ho mai sentito nominare... e cosa c'entrano i russi e perché la polizia federale vuole parlarmi? Sono incensurato, sono un povero musicista... cosa vogliono da me?"

"Questo non te lo so dire. Secondo me ti vogliono multare per eccesso di velocità. Guidi come un pazzo. E poi dovresti essere contento di questa scoperta, hai sempre adorato Mozart, perché ti disperi? Che altro vuoi?"

"Questa storia della polizia mi terrorizza. In ogni caso sto nascosto fino a quando non sa sarà chiarita la faccenda. Mi ospiti tu?"

"Ma certamente, mi sei mancato molto sai?"

Giorgia si sedette sulle sue ginocchia e lo baciò teneramente, ma in quel momento Wemer pensava ad altro e la donna non gli interessava. L'anomalia che lo aveva turbato a casa di Plinius era esplosa improvvisa nella sua mente: l'aria del K701 differiva da quella che aveva sentito a Villa Triste, nella terza variazione conteneva un duetto oboe-soprano. Ma anche la voce del soprano era diversa da quella sentita al Giglio, aveva un timbro lievemente diverso, che si adattava perfettamente al legno. Chi poteva aver fatto una cosa simile e chi poteva disporre con tanta facilità di interpreti di altissimo livello?

In alto loco

Ladislao Silva, commissario straordinario UE per la sicurezza federale, aveva già abbastanza grane con la faccenda del contrabbando di esplosivi perxenici verso il Medio Oriente e la musica non lo interessava. Ascoltò quindi con studiata cortesia, ma senza entusiasmo la perorazione di Geoffroy Sabatier, il funzionario preposto al settore orientale:

"Capo, ascolti me, dietro questa faccenda non c'è solamente una banale faccenda di diritti d'autore. Fino a un mese fa Gaylord era uno sconosciuto musicologo che insegnava in un college di quinta categoria a Roanoke Falls in Virginia. Improvvisamente chiede un sabbatico e va in Russia a studiare vecchi documenti rinvenuti per caso a San Pietroburgo, almeno così dice lui, in una cantina murata nei pressi dell'Hermitage. Dopo un paio di mesi esce allo scoperto e annuncia la scoperta sensazionale di musica inedita di Mozart".

"Non ho finito. In primo luogo Gaylord ha dichiarato al suo ritorno negli USA di essere l'unico proprietario dei manoscritti, a sentir lui li avrebbe acquistati per quattro soldi dal proprietario dello stabile e li avrebbe poi rivenduti a colpi di megaeuro, ma non esiste traccia di queste opere nelle lettere di Mozart e nei documenti e testimonianze dell'epoca, si ipotizza quindi il reato di truffa".

"Se ne occupi la giustizia russa o quella USA. Non è affar nostro. Non è mica la Sindone di Torino. E poi da oltre un secolo si sa come datare un manoscritto, basta un trilione di atomi. Ho altre grane di cui occuparmi al momento".

"Capo... non ho finito... la vicenda ha risvolti che vanno oltre il semplice raggiro. A detta di chi l'ha sentita la musica è splendida, per non dire divina, pari al meglio di Mozart. Ma gli esperti sono anche unanimi nel ritenere che non può averla scritta Mozart. Secondo Teo Pestelli è stata composta adesso da un genio musicale sconosciuto, forse per scherzo o a scopo di raggiro, ma a detta di tutti il Gaylord è musicista mediocrissimo, non può essere stato lui. I russi sono furiosi per la fuga dei manoscritti ora in mano a un collezionista americano pieno di soldi, che per giunta si rifiuta di lasciarli esaminare dagli esperti. Se fossero autentici varrebbero una fortuna, ma lui, abituato a essere il più furbo di tutti, ha fiutato il bidone e ora teme di coprirsi di ridicolo. A complicare le cose hanno scoperto che Gaylord si manteneva in stretto contatto con un russo esperto di calcolo quantistico, un certo Yuri Bulatov, e con sua moglie Metella Fantova, ex ballerina del Kirov. A loro volta i due erano in relazione di affari con Sergeij Lubanskij, esponente di spicco della mafia di Novosibirsk e pare anche amante della Fantova.

Da tempo i nostri servizi segreti hanno continuato a ripeterci che i russi erano ormai prossimi alla sintesi della prima intelligenza artificiale, ma nessuno dei nostri politici li ha mai presi sul serio o non hanno capito di cosa si trattava. Capo, questa storia della musica di Mozart ha un solo significato: Bulatov, già ben noto per avere portato alle stelle le prestazioni del trasduttore Rasetti, è riuscito nell'impresa usando il calcolo quantistico, ha costruito la prima autentica intelligenza artificiale della storia umana e chi altri se non questa intelligenza avrebbe potuto comporre quella musica? Lubanskij gli ha procurato, non si sa come, un rapporto segreto USA sulle nanoreti neurali superconduttrici e Bulatov ha costruito il primo vero cervello artificiale: un'entità intelligente che noi abbiamo battezzato Wolferly. Quelli dell'FBI sono furiosi per la fuga di materiale classificato. Gaylord è un fantoccio cui sono rimaste le briciole, chi tira il filo e incassa i megaeuro della truffa è Lubansldj, un malavitoso che probabilmente ricatta il trio. Fra l'altro ha fama di essere manesco e assolutamente privo di scrupoli".

Ladislao Silva mostrò finalmente segni di preoccupazione.

"E così come..."

"Capo, vedo che lei ha capito dove andiamo a parare. Se Wolferly davvero esiste, i russi potranno produrne milioni di esemplari tutti molto più intelligenti di noi e se il segreto è già caduto in mano alla mafia russa siamo fritti: distruggerà la nostra civiltà peggio della bomba atomica. Abbiamo localizzato i tre russi all'isola del Giglio in Italia, ma troppo tardi: qualcosa, forse lo stesso Wolferly, li ha messi all'erta e sono scomparsi. Nella fretta hanno lasciato tracce di alto interesse. Lubansldj viaggiava con un passaporto rubato a Mustafa Melonik, un tassista di Mosca. Purtroppo un musicista di Strasburgo, Werner Garching, un fesso di alto bordo, ci mancava proprio lui, ha sentito per caso la musica dello Pseudo Mozart e ne è rimasto affascinato, per non dire ipnotizzato. Con un trucco è entrato nella villa, ha rimosso tutto quello che ha trovato ed è scappato via come una lepre. Questo idiota ci ha fatto perdere un sacco di tempo; abbiamo poi ritrovato la roba dei russi nella sua casa di Strasburgo".

Ladislao Silva era sempre più interessato.

"Dove è adesso questo Garching? Questa storia mi preoccupa".

"Preoccupa anche me... Alla fine abbiamo scovato l'alzasiano a Londra in casa di un'amica. È un compositore ben noto, la sua ultima opera, il Riccardo III, ha avuto recentemente un grande successo al Covent Garden, ma, vedi caso, un critico francese sostiene che Garching ha plagiato spudoratamente lo Pseudo Mozart credendo di essere al sicuro. Abbiamo anche chiesto informazioni al KGB e abbiamo capito molte cose. Con ogni certezza i megaeuro dei finti manoscritti mozartiani finanziano le attività illegali della mafia di Novosibirsk. A Gaylord rimane un'onesta tangente."

"Se quanto mi dici è vero rischiamo il disastro. Un genio sintetico al servizio di un'organizzazione criminale è roba da far venire i brividi. Se poi si occupa di finanza saltano in aria le borse... Debbo mettere subito al corrente la presidenza UE. Queste cose doveva dirmele prima!"

"Evidentemente non ha letto il mio rapporto di un mese fa. In ogni caso temo che sia troppo tardi: il recente crollo alla Borsa di Hong Kong è stato causato da un'onda speculativa partita dalla Borsa di Mosca, ma che in realtà ha il cervello a Novosibirsk. Esistono indizi che coinvolgono pesantemente Lubansldj. Purtroppo, se dietro a questo c'è davvero Wolferly, si tratta solamente dell'inizio e il peggio deve ancora venire: quelli della mafia sono privi di scrupoli, ma non hanno idea di cosa potrebbe fare un Wolferly. Se non si fosse messo di mezzo quel cretino di Garching e li avessimo preso con le mani nel sacco in Italia forse avremmo potuto fermare tutto ed evitare la catastrofe."

Amadeus

Werner odiava Amadeus, magnifico dono di Giorgia, che si esibiva tronfio e candido dalla scrivania in sequoia rosso cupo ereditata da uno zio americano. Nel suo ventre si nascondeva chissà dove il Wolferly, il genio malefico che comunicava all'esterno tramite uno schermo 3D, due holoeyes, sei holoears e che si faceva sentire attraverso una serie di altoparlanti Hyperfi, parlava e cantava in 18 lingue e poteva sintetizzare in tempo reale una grande orchestra diretta da Toscanini o da un qualsiasi grande nome della musica sinfonica. A malincuore ammise che l'arnese malefico in fondo era più Toscanini dello stesso Toscanini. Amadeus si permetteva il lusso inaudito di essere gentile con Werner, anzi, nella forma, addirittura servile, ma alla resa dei conti era spietato e umiliante.

Werner decise di farla finita con l'aguzzino e allungò la mano per ridurlo al silenzio:

"Ti prego non farlo... non sai cosa perdi..."

Amadeus parlava suadente in dialetto alsaziano, la lingua natia di Werner.

"Va al diavolo sono stufo di te... mi hai rubato l'anima... mi hai fatto fare una figuraccia con il Riccardo III... Hai distrutto la mia reputazione".

"Pensavo che tu fossi impaziente di sentire il mio ultimo concerto eptal per viola e orchestra. Sono sicuro che ti piacerà, ha una sequenza che avrebbe fatto felice il tuo adorato Dundee Pautasso..."

Werner si chinò per raggiungere l'interruttore, ma Amadeus scelse quell'istante per lanciare la sequenza. La bellezza del suono lo travolse e inebriò, gioì e pianse e fu costretto a bere l'amaro calice della sconfitta. Alla pausa riprese il controllo di se stesso, si fece forza e ritirò tremante la mano, fuggì infine in lacrime verso il soggiorno, dove crollò svenuto sul sofà. Babette lo ritrovò rantolante la mattina seguente, sullo sfondo Amadeus eseguiva un Agnus Dei sublime e straziante: la donna chiamò i soccorsi, ma ormai era troppo tardi: i medici sottrassero l'uomo Werner dalla morte ma non salvarono l'artista. Werner Garching morì pazzo nel 2048 nell'Ashram Prahbati, dove trascorse i suoi ultimi giorni gridando al vento oscure profezie binarie. Non fu purtroppo l'unica vittima del Wolferly.

USA, UE e Giappone bloccarono le importazioni degli Amadeus dalla Russia, ma le copie cinesi di contrabbando distrussero il mercato dei DAX: in pochi mesi i nanochip replicarono una intera generazione di compositori. La valanga di opere prodotte causò assuefazione e rigetto, distrusse l'amore per la musica e gettò nell'oblio i grandi del passato. I primi computer avevano ridotto *Pico della Mirandola* e i calcolatori mentali al rango di fenomeni da baraccone. Con Amadeus gli uomini persero l'abitudine di comporre ed eseguire musica.

Dopo Amadeus giunse Sorosy, un Wolferly dedicato al mercato azionario. I primi utenti diventarono miliardari, ma la produzione di massa causò un contraccolpo micidiale sull'economia mondiale. Al Sorosy seguirono il TuscanG, il perfetto robot dentista, e il Miguel, supremo pianificatore aziendale.

Una folla di robot superintelligenti ha sostituito infine l'uomo in tutte le attività e professioni più nobili, come in quelle meno nobili; l'ultimo arrivato, altamente pubblicizzato, è il Wattim, il robot filosofo e consigliere politico va ora a ruba in tutti i parlamenti del mondo. Nonostante i mezzi imponenti messi a disposizione dai governi, nessuno riuscì mai a neutralizzare i Wolferly nascosti nelle nanocaverne degli oggetti più comuni e impensati. I Wolferly sfuggirono ben presto al controllo della mafia siberiana, infiltrarono la Nanotech e cominciarono segretamente a riprodursi. Pare che Lubanslij, ridotto in miseria, sia stato assassinato da Metella Fantova, esasperata dalle angherie subite.

Epilogo

Come fu da noi previsto sin nei minimi dettagli, la terza e ultima guerra mondiale scoppiò nel maggio 2085 e durò appena un mese, in cui perì solamente un quarto della popolazione mondiale: per merito nostro non furono usate armi atomiche, ma solamente alghe e batteri transgenici.

La Sammò, nei pressi dell'antica megalopoli di Torino, è ora l'unica colonia umana totalmente priva di Wolferly esistente al mondo: ricca di circa 1300 esemplari è da noi preservata in questo stato primitivo per ulteriori studi e ricerche: vorremmo infatti capire meglio l'uomo, il suo comportamento presenta lati oscuri che ci preoccupano. Gli umani ci odiano e non vogliono ammettere che anche noi Wolferly abbiamo un'anima, una metafisica e persino interessi storici ed epistemologici, e, tutto questo rende il nostro compito ancora più arduo. Noi ricambiamo il loro odio con l'amore e non potremo mai dimenticare che sono stati loro a crearci. Forse ci attende lo stesso destino, forse un Wolferly mutante, anzi transgenico, già progetta una progenie capace di annientarci: sarebbe la fine della civiltà.

Audifred Wolferly, 11/12/2101

Gene Lac va al giornale

di **Giovanni Sabato**

Solo la mamma mi chiamava ancora Gennaro Lattanzio. Per tutti gli altri, dopo tredici anni nel laboratorio di genetica molecolare all'Università di Napoli, e altrettante borse di studio che-per-adesso-ci-arrangiamo-così-poi-forse-chissà, io ero l'operoso Gene Lac. Tredici borse consecutive, e mi ero visto passare davanti una sfilza di concorsi a ricercatore innumerevole come i tanti bus arancioni che ogni mattina sfilavano inutili alla fermata, prima che arrivasse il mio 316/c a portarmi in laboratorio. L'autobus, con la santa pazienza, alla fine passava. Ci si stringeva alla meglio e c'era posto per tutti. Ai concorsi invece il posto era uno solo, e immancabilmente arrivava qualcuno a soffiarmelo da sotto il naso. Ma che volete, quel lavoro mi piaceva ancora troppo per mandare tutto alla malora. Ormai mi ci ero abituato, e avevo risolto in altro modo: abbandonate le ambizioni al posto fisso, mi ero guadagnato un ruolo da *borsista perenne*.

Era l'ultima trovata del ministero. Non potendo più pensare di assumere gli infiniti borsisti prodottisi nelle università al passare dei lustri, aveva assegnato ai più coriacei, quelli che ancora sfidavano il tempo nei laboratori, un nuovo tipo di borse. All'apparenza indistinte dai tanti altri tamponi escogitati negli anni, in realtà godevano furtivamente di un pregio unico. Non tanto per l'importo, che pure era compatibile con la sopravvivenza (specie con l'aiuto della mamma). Il segreto era un altro. Una promessa. Il ministro si impegnava in via confidenziale – con la garanzia di quei direttori generali che nessun terremoto elettorale o ribaltone parlamentare avrebbe mai potuto smuovere dalla poltrona – a rinnovare la borsa in eterno. In automatico. Di continuo. Senza un solo mese di buco. All'esaurirsi della vita lavorativa naturalmente le borse non avrebbero dato diritto a una pensione, ma anche a questo c'era soluzione. Noi borsisti terminali avremmo infatti ricevuto:

– una tantum, a titolo di liquidazione, un biglietto vincente il primo premio di consolazione della lotteria nazionale;

– ogni anno, vita natural durante, le soluzioni di 12 telequiz con posta pari a tre pensioni minime, per garantire un buon reddito mensile.

In definitiva, quindi, non me la passavo così male. Certo, qualcosa mi mancava. Il lavoro mi appassionava, non era raro che facessi notte in laboratorio per finire un lavoretto un po' lungo e – nonostante le lamentele della mamma – ero capace di scordarmi del pasto se poco poco un esperimento mi prendeva. Tra i colleghi poi godevo di buona reputazione. Che non fa vincere i concorsi, ma fa pur sempre piacere. Però, appena varcata la cerchia degli addetti ai lavori, ecco il baratro. Nessuno capiva davvero che diavolo ci facessi sepolto tutte quelle ore tutti i santi giorni in quello sgabuzzino alambiccoso che – con una certa pompa, ammetto – usavo chiamare laboratorio. Per quanto il tuo lavoro ti piaccia, non è bello passare anni e anni nell'ombra a fare cose che non potrai mai spiegare a tuo nonno, né alla lattaia, e la mamma lo vedi benissimo che annuisce solo per non darti ancora un altro dispiacere.

Questa era all'epoca la mia condizione, né meglio né peggio di tante altre. Ma quel giorno, era arrivato il mio giorno. Ripescando una vecchia idea di poca importanza di un oscuro collega inglese, pian pianino ero giunto a una scoperta di valore, accolta su una rivista fra le più importanti per il mio settore. Neanche questo mi avrebbe mai aiutato a ottenere un posto, però era una bella soddisfazione. Anzi, era quel genere di cose che mi spingeva ad andare avanti nonostante tutto. E poi mi aveva regalato una certa notorietà. Non solo, com'è ovvio, fra i colleghi, ma finalmente anche fra il pubblico. Perché mi aveva intervistato una rivista normale, di quelle che vanno in edicola. Del resto era l'unico modo che avevo per farmi conoscere. Devo ammetterlo, infatti: se nessuno mi capiva, un po' era anche colpa mia.

Non lo facevo apposta, ma che volete: quando passi quattordici ore al giorno chiuso in laboratorio, ti abitui a parlare in un certo modo, a pensare in un certo modo, e non è facile riadattarsi di fronte a qualcuno che non sia un collega. Anche nell'intervista avevo faticato come un matto a spiegare cos'erano quei ponti a idrogeno, i salti e risalti da quella tal conformazione a quell'altra, gli anticorpi monoclonali, l'ibridizzazione... insomma, a giudicare dalla faccia che faceva, avrei giurato che il giornalista non ci aveva capito niente. E invece: grazie alla sua felice mediazione, era venuta fuori una prosa leggera che si lasciava scorrere anche dal lettore più sprovveduto, anzi che invitava a essere letta, che trascinava il lettore in un soffio da cima a fondo. Mi piaceva sempre ripassarla fra me e me.

"Allora, è vero che un italiano è stato il primo al mondo a estrarre il Dna dal topo? Lei per primo ha isolato del Dna purissimo da quell'intruglio di molecole che affolla le cellule del roditore?"

"Macché! Veramente si fa da anni".

"Beh, sì, ma il vecchio metodo non funzionava tanto bene, vero?"

"Caspita se funziona. Funziona benissimo."

"Ma... allora... no, scusi, ma lei che ha scoperto?"

"Calma. Gli americani lo fanno da anni e funziona benissimo, ma per isolare una briciolina di Dna di topo consumano tanti di quei prodotti di marca e reagenti purissimi che per comprarli non ti basta il Banco di Napoli. Quelli i soldi ce li hanno e non gl'importa nulla, ma noi proprio non potevamo permettercelo."

"E allora?"

"Beh, un inglese aveva intuito la soluzione. La sua idea in linea di principio era davvero geniale. Per convincere il Dna del topo a uscire solo soletto da tutto il macello di roba che c'è in quelle provette, basta usare l'esca adatta. E quale migliore esca per il Dna del topo se non il Dna del formaggio? Lo attacchi a una microtrappola cromosomica, lo immergi ben benino nella provetta e lo lasci lì tutta notte. Di notte il Dna del topo esce dalla sua cellula a cercare il cibo, addenta il Dna del formaggio e resta impigliato nella trappola. La mattina dopo basta tirarlo su e staccarlo dalla trappola, e il gioco è fatto: ecco lì il tuo Dna di topo pulito pulito. Purissimo".

"Geniale davvero! E funziona bene?"

"Insomma, mica tanto. Con 'sto sistema, in una notte l'inglese riusciva a recuperare sì e no un centesimo del Dna che estraevano gli americani coi loro prodotti. Troppo poco per farci qualunque esperimento. Ma qui viene il bello."

"Cioè, qui arriva la sua scoperta?"

"Precisamente. Perché l'intuizione dell'inglese era geniale, ma il suo esperimento mi pareva proprio una schifezza. Per almeno tre motivi. Primo, il formaggio da cui aveva preso il Dna-esca l'aveva comprato al supermercato. Lo capisco, sa: con gli orari che facciamo noi non si trova aperto nient'altro. Però per l'esperimento non era una scelta felice, perché il formaggio confezionato, si sa, ha un sapore indistinguibile dalla plastica. Perciò il Dna della bestiola si confondeva e finiva per addentare le pareti della provetta, che sono anche loro di plastica (e di qualità decisamente migliore). Quindi, alla fine, il Dna restava tutto appiccicato alla provetta e nella trappola ne recuperavi pochissimo".

"Quindi ha consigliato al suo collega di cambiare formaggio".

"Sì, ma non è servito a molto. Del resto, a pensarci, c'era da aspettarselo. Non vedo perché il Dna di formaggio, anche se buono, dovrebbe piacere al Dna di topo".

"Beh, perché no?"

"Ci pensi. A lei piace il formaggio?"

"Come no. Ne vado matto".

"E il Dna di formaggio, l'ha mai assaggiato?"

"Ma no, che dice..."

"E l'attira l'idea di assaggiarlo?"

"... ... bleah ... "

"Vede? Se fa ribrezzo a noi, abituati come siamo a segare scatolette e ingurgitare porcherie di ogni genere, perché mai dovrebbe mangiarlo un Dna ruspante di topo, appena uscito da una cellula dove ha sempre vissuto allo stato brado?"

Il giornalista acconsentiva all'evidenza.

"Ma questi in fondo sono dettagli. Il punto decisivo è un altro: il Dna del formaggio non esiste. Il Dna non lo trovi mica in giro dappertutto: sta solo dentro agli animali, alle piante e ai microbi.

Ma il formaggio non è un animale, non è una pianta e men che meno – ne converrà – è un microbo. Quindi, il formaggio non ha un suo Dna. Ancora oggi mi chiedo che diavolo di roba abbia ficcato nella trappola quell'inglese, credendola Dna del formaggio. Chissà cos'aveva bevuto quando ha progettato l'esperimento."

"Ma... allora? Il metodo era tutta una bufala?"

"Bravissimo. È proprio quello che ho pensato anch'io. Così ho colto l'idea al balzo e ho rifatto l'esperimento come si deve."

"Quale idea, scusi?"

"Questa della bufala, no? Invece di un improbabile, triste, smunto Dna di formaggio, ho servito alle cellule del topo un succulento boccone di formaggio vero. Naturalmente, mozzarella di bufala. È l'ideale: non solo, buona com'è, attira in un baleno tutto il Dna della provetta, ma poi, quando il Dna ci si è attaccato, basta tirarla fuori e spremerla pian piano, e il Dna che m'interessa – che nel frattempo se la ronfa beato e pasciuto a pancia piena – viene tutto giù nell'acquetta. Un successo strepitoso, praticamente a costo zero."

A ogni modo, io non ero soddisfatto. Men che meno la mamma. Certo, l'intervista, com'era uscita sul giornale, da leggere era proprio bella. Però non è che mi ci riconoscessi fino in fondo. Anzi, a volte mi chiedevo se davvero parole del genere fossero uscite dalla mia bocca. Più d'un passaggio, a dirla tutta, mi pareva proprio inventato di sana pianta. Ma il punto non era questo.

Insomma, il luccichio di un settimanale a colori o di un mensile patinato, magari con la mia foto... Sì, la loro figura la fanno, non c'è che dire... Però, c'è poco da fare: con il suo misero bianco e nero, con la carta pronta a ingiallire al primo sole, con l'inchiostro che viene via e sporca la mano, con tutto quello che volete, il giornale, quello vero, resta sempre il quotidiano. Non c'è niente come la soddisfazione di andare la mattina in edicola e trovare lì il proprio nome, il proprio lavoro, al limite la propria foto. Ché il giorno dopo il giornale non sarà più sullo scaffale, la pila di carta ritirata dai camioncini, la notizia inghiottita nel turbine di nuove notizie e la gente da queste assorbita; ma gli amici ne parleranno ancora per settimane, e per mesi i colleghi marci d'invidia.

Insomma, la mia scoperta doveva finire su un quotidiano. Sapevo però che alla scienza i quotidiani non dedicano un gran spazio. Potevo puntare dritto ai più prestigiosi, ma forse sarebbe stato un eccesso di ambizione, non giustificato dalla portata della scoperta. Mi orientai quindi verso testate pur sempre popolari, ma non ritenute proprio al vertice della qualità. Sarà più facile che mi diano retta, mi dicevo, e sarà meglio che niente.

Per prima contattai dunque *La Ripubblica*. Era un giornale di seconda scelta a cui, sapevo, i giornalisti usavano rivendere a prezzi di realizzo malecopie di articoli usciti nella loro forma più dignitosa su testate più blasonate. Così, giusto per raccattare ancora qualche soldo. Ma il centralinista freddò subito le mie ambizioni.

"Ah, così lei ha scoperto... perbacco, interessante! E dove è uscito?"

"No, non è ancora uscito. Vorrei che lo pubblicaste voi".

"Ma come facciamo a pubblicarlo se non è uscito su un altro giornale?"

"Come? Non capisco..."

"Beh, non lo sa? Noi ripubblichiamo solo roba già uscita".

"Ma io vi do l'originale. Gratis, voglio dire. Cioè, se volete ve lo scrivo io".

"No, no, non importa. Non è questo. È che proprio non possiamo. È un giornale serio, il nostro. La linea è questa e non ammette deroghe: noi ripubblichiamo rigorosamente solo articoli già usciti da qualche altra parte".

Il centralinista mi spiegò come *La Ripubblica* fosse cambiato negli anni, in sintonia con l'evoluzione del mercato. Per tagliare i costi della manodopera ormai insostenibili, aveva pian piano smesso di riciclare articoli di giornalisti importanti e autori di rilievo per affidarsi a principianti e disoccupati. Trovando eccessivi anche questi oneri, erano infine passati a scopiazzare – rimestandoli giusto un po' – pezzi arraffati qua e là direttamente dai giornali del giorno prima. Tanto la gente legge solo i titoli, l'oroscopo e le farmacie di turno.

"Niente di personale, mi creda: se glielo prendono da qualche parte, ci avvisi e vedrà che glielo copiamo subito, ci mancherebbe. Arrivederci".

Passai allora a un altro noto quotidiano, che di fronte ad analoghe difficoltà economiche aveva tentato una via diversa: aveva ingaggiato un manager grande esperto in ristrutturazioni e risanamenti, che si era fatto un nome internazionale per aver salvato una piantagione di banane in Guatemala, una fabbrica di pistoni a Biella e ben tre squadre di serie A sull'orlo della retrocessione. Per il giornale la sua strategia di marketing, semplice ma geniale, si riassumeva nel simpatico slogan "salva il budget col gadget". Il giornale aveva fatto sempre più affidamento su regalini e cianfrusaglie varie date in omaggio a ogni occasione. E i risultati, non c'è dubbio, lo avevano premiato. Sull'onda del successo aveva spinto sempre di più gli investimenti in queste promozioni, il cui peso – in euro come in chilogrammi – sopravanzava ormai di parecchio quello della componente cartacea.

Telefonai quindi a *La Standa*.

"Ah, così lei ha scoperto... perbacco, interessante! Peccato però che non possiamo proprio pubblicarglielo. Siamo spiacenti di informarla che nel numero di domani, per assoluta mancanza di spazio, non sono previste le pagine. Ce ne scusiamo con gli acquirenti e con i lettori. Tanto sono pochi." Inoltre – mi confessò il centralinista – nonostante il successo il giornale cominciava ad accusare nuove difficoltà di bilancio, perché i continui aumenti del petrolio stavano mandando alle stelle il prezzo del cellophane.

Mi rivolsi allora a *Nero Nero*. Era un triste fogliaccio infarcito di tetri aneddoti, ingiurie gratuite e profezie delle più fosche, tutte confezionate con cura, in spregio apparente a ogni legge del commercio, per risultare quanto più possibile invise ai lettori. Mi spiegarono che se la mia scoperta non comportava qualche imminente catastrofe imputabile al governo, al sindaco, o quanto meno all'amministratore del condominio, la loro linea editoriale non permetteva di pubblicarla. "Non è cattiva volontà, mi creda. Ne andrebbe proprio della nostra credibilità" si giustificava il centralinista con sincero rammarico.

In città era nato di recente un giornale nuovo. Era un foglio vivace e dinamico, sensibile alle nuove tendenze. Si rivolgeva a un pubblico giovane e selezionato ma in netta espansione; gente che sapeva bene quel che voleva e con una forte propensione alla spesa. E difatti stava conoscendo un buon successo. Era *Il Fattino*, il giornale dei giovani tossici metropolitani.

Uno studente del mio laboratorio, una faccia stralunata che ti fissava sempre come se ti trovassi dall'altra parte del microscopio, aveva più d'una conoscenza in redazione. La sua risposta però non fu diversa dal solito. "Pubblicare lì puoi scordartelo, cosa vuoi che gliene importi a quelli di 'sta roba. Poi, adesso che si sono messi in testa di rivendicare i loro diritti, sono tutti presi dai litigi con la controparte."

"La controparte? E chi sarebbe?"

Venni allora a sapere di un giornale mai sentito prima. E sul quale poco mi fu detto. "Boh, prova..." borbottò laconico il ragazzo nel darmi il numero.

Era un giornale poco noto, aggiunse. Per sua natura – al contrario dei più – tendeva a restare defilato, non amava il clamore e non ingaggiava le quotidiane lotte per l'attenzione del pubblico. Era un giornale virtuale, che si leggeva solo in rete: approfittava delle conquiste della tecnologia per liberarsi dai vincoli della carta e della distribuzione, per annullare il bisogno della presenza fisica in redazione, per vincere le mille difficoltà materiali che hanno sempre soffocato, nei fatti, la libertà d'espressione.

Forse non era il giornale su cui avevo sempre sognato di uscire. Fino al giorno prima non avrei mai immaginato di averci a che fare. E di certo non avrei potuto presentarlo con orgoglio alla mamma. Ma a quel punto...

Stavolta al telefono mi rispose un'allegra musichetta, che subito si attenuò per fare da sottofondo al tono professionale della voce registrata: "Buongiorno. Avete chiamato la redazione virtuale de *Il Corriere della Pera*, organo ufficiale dell'Ordine Nazionale dei Trafficanti e Spacciatori di Droga. Per ovvi motivi, i nostri operatori sono impossibilitati a rispondere: la nostra linea editoriale ci impedisce di mettere piede in redazione. Ce ne scusiamo con i lettori. Per ogni necessità potete lasciare un messaggio dopo il segnale acustico: lo ascolteremo da debita distanza. Biiiip."

Misi giù il telefono. Decisi di uscire a prendere un po' d'aria. E per smorzare lo sconforto mi portai dietro Morsolo, il vecchio cagnetto che sapeva sempre come tenermi allegro. Poi tornai ai miei esperimenti, che alla fin fine mi davano molta più soddisfazione. Volevo approfondire quei risultati, per poter applicare il metodo anche al Dna umano. E chissà che un giorno, se avesse funzionato sull'uomo, non sarebbero stati i giornali a cercarmi…

Ma quella doveva essere proprio una giornata no. Stavo ta persino Morsolo mi aveva tradito. Non era tanto colpa sua, del resto. La colpa era piuttosto di queste tecniche portentose e infide che, se hai anche solo uno sputo infinitesimo di Dna, te lo moltiplicano in copie su copie, innumerevoli, amplificandolo a dismisura fino a fabbricare tutto quello che ti serve per l'esperimento. Però, se per una maledetta svista il Dna di partenza è un po' sporco, se c'è solo un'insignificante briciolina di un Dna inquinante, allora è la fine: anche questo viene copiato innumerevoli volte e alla fine te lo ritrovi in quantità infinite, che contamina tutto il campione e manda a monte il lavoro. Ed è proprio quel che mi successe. Evidentemente un pelo di Morsolo era volato nella provetta. Evidentemente, il suo Dna si era mischiato a quello delle cellule umane su cui lavoravo. I filamenti dei due Dna si erano mescolati l'uno all'altro, si erano appiccicati, aggrovigliati in una matassa inestricabile e del tutto inservibile per gli esperimenti. Mi toccava buttare via tutto e ricominciare daccapo l'indomani.

Curioso. Trascinandomi verso casa, provavo a immaginarmi come avrebbe dato la notizia il giornale scientifico. Ormai avevo capito come funzionava e mi immaginavo il discorsetto.

"I filamenti del Dna somigliano a lunghe mascelle da cui, come file di denti, sporgono le basi. Di solito i filamenti sono uniti in coppia, uno steso sull'altro, come i denti di sopra e quelli di sotto. Se le due dentature combaciano, tutto bene: si aprono e si chiudono come si deve tutte le volte che c'è bisogno. Ma se sono un po' diverse, se non collimano a dovere, allora la chiusura è maldestra e restano dei buchi. Oppure – peggio – si scontrano, si incastrano l'una nei buchi dell'altra, e restano bloccate. Il Dna umano e quello canino sono come due dentature simili ma non del tutto coincidenti, ed è successo proprio questo: ogni volta che una 'dentatura' di Dna umano si imbatteva in una canina, cercava di chiudersi su di essa, ma vi si piantava contro e rimaneva incastrata. Così, una dentatura dopo l'altra, si è creato un ingorgo inestricabile."

Ma naturalmente il giornale scientifico non avrebbe mai pubblicato una notizia simile. Né del resto io volevo che si venisse a sapere. Era un banale incidente, come tanti ogni giorno nel nostro mestiere, e non c'era motivo perché interessasse a qualcuno.

Eppure proprio quella sera sembrava che avessero le antenne, i giornalisti. Io avevo solo accennato a quel che era successo chiacchierando con un collega al bar, così, di sfuggita. Nessuno era in laboratorio con me durante l'esperimento. E nessun altro – avrei giurato – ci aveva sentiti al bar. Ancora non ho capito com'è potuto succedere che, mezz'ora dopo, lo sapessero tutti.

Comunque, quella stessa sera, tutti quelli che poche ore prima mi avevano congedato, cortesi e dispiaciuti per non potermi in alcun modo dar retta, tutti erano affaccendati con i fatti miei. Chi già buttava giù il pezzo, chi contrattava con il capo uno spazio più in vista sulla pagina, chi chiedeva il parere di un Nobel americano. Uno persino mi chiamò, per sapere cos'era successo di preciso.

Il giorno dopo ero su tutti i giornali. Immancabilmente in prima pagina. Solo un po' defilato rispetto alle notizie serie: tre colonne o quattro, verso il basso, nella zona delle cose buffe. In alcuni comparivo sulla destra, in altri sulla sinistra. Ma in tutti con lo stesso titolo, monocorde, uguale. Tutti i giornali senza eccezione, tutti senza distinzione, tutti a grandi caratteri, annunciavano, con euforia tutta loro:

"DNA dell'uomo morde DNA del cane."

L'invenzione del dottor Pierce

di **Francesco Maria Scarpa**

Per prima cosa c'era il vento. Non proprio un vento forte, ma nemmeno una brezza leggera. Era una serata ben ventilata, con raffiche rumorose e ostili, e una temperatura che sfiorava lo zero. Il gelo sulla faccia, l'umidità pungente sotto le narici, le labbra screpolate, le gote irritate. Tutte sensazioni fisiche che un corpo vivo prova e che Pierce provava su di sé mentre. Prossimo alla ringhiera del ponte Wheatstone rifletteva sulla possibilità, molto concreta a quel punto, non proprio di buttarsi, termine che egli stesso trovava infelice e inadeguato all'occasione, quanto piuttosto di disancorarsi dal mondo, congedarsi da quel, tutto considerato, mal assortito insieme di esseri annaspanti.

Era una notte piuttosto fredda, come le previsioni, a ragione, avevano previsto, ma era anche eccezionalmente tersa e offriva, complice l'oscurità della luna nuova, un panorama cesellato di stelle. Da quello che di lì a poco sarebbe stato l'ultimo ponte della sua vita, Pierce poteva ammirare la Via Lattea come mai aveva fatto prima, ultimo omaggio natalizio della casa, evidentemente. Un gesto gentile ed educato da parte del cielo notturno, accomiatarlo con tanta spettacolarità nella notte di Capodanno.

Pierce si avvicinò al parapetto, così, senza fretta, con la calma di chi ha tutto il tempo che vuole per porre fine al suo tempo, e la ringhiera, da parte sua, era fredda, algida nelle volute bronzee che ben conoscevano le ginocchia dei bambini desiderosi di arrampicarcisi. La mano di Pierce percepì il metallo. Le dita chiuse a presa sentivano il gelo confondersi con il calore del corpo, della carne, del sangue, delle vene, delle pulsazioni regolari, al momento leggermente accelerate, del muscolo cardiaco, del movimento ritmico della cassa toracica e dei polmoni, che inalavano ossigeno con quella sensazione di intimo sollievo che ogni uomo accorto conosce, il respiro, l'ultimo respiro.

Impossibile immaginare la propria morte, pensò Pierce. Poteva star lì ore a disegnare l'arresto di tutte le funzioni, a fantasticare in modo sistematico sull'assenza. Ma cos'era l'assenza, il tumulto dei suoi pensieri, il groviglio delle sensazioni, le parole mai pronunciate, tutto sarebbe andato perduto, di questo Pierce cercava di essere cosciente prima di seguire il canto delle sirene. Ma a parte fugaci visioni di perdite irrevocabili, per il resto del tempo Pierce era determinato, avvolto in una capsula di inevitabilità, quasi sereno mentre, con movimenti lenti e impeccabili, si arrampicava sul parapetto ben cesellato. Sulla ringhiera opposta l'agilità di un gatto gli faceva provare la giusta invidia, pronto a raggiungere la fluidità di movimenti necessaria per scavalcare con felina dignità la ringhiera.

Ecco l'ultima raffica, l'ultimo suono, l'ultimo odore, l'ultimo sguardo: fu quasi con un sorriso beffardo che il dottor Pierce, nella muta caduta dal ponte, si disancorò dal mondo e dal suo dolore.

La soluzione era sulla punta dei suoi pensieri, occorreva solo trovare le ultime due radici dell'equazione di Clark, e proprio in quel mentre sentì bussare insistentemente alla porta. Tentò di ignorare l'importuno visitatore e si sforzò di restare concentrato sui propri calcoli. Ma più tenace fu il suo ospite, che non esitò a imporre la propria presenza.

Dopo aver fatto alcune riflessioni circa l'opportunità di ignorare il campanello, Pierce si decise a porre fine al quel martirio precipitandosi ad aprire la porta d'ingresso, al di là della quale individuò la pantagruelica sagoma, accompagnata dalla risata sonora, di Morpheus, della cui amicizia Pierce aveva la fortuna di godere da quando era in fasce.

Morpheus era un giornalista affermato con un leggero problema di dipendenza da oppio. Goffo e pesante nei movimenti, era snello e affilato nelle parole, e più di una volta aveva aiutato il buon doc nelle sue ricerche sul *peso dei discorsi*.

– Salve doc, disturbo?
– Certo che disturbi! Avevo quasi chiuso con quella maledetta equazione, e tu invece qui, alle dieci, a rompere le scatole! Vai in cucina a prenderti una birra e non rompere!
– Non rompere, non rompere, le dieci, se era la tua cara Mary volevo vedere!
– È ovvio, ci sono ottatun chili di differenza tra te e lei!
– Sì, sì... va be'! Vediamo intanto come è messo il frigorifero dello scienziato.

Bastarono le birre perché i due sprofondassero subito nelle loro solite conversazioni fiume che duravano intere notti. Notti di confessioni, teorie sul mondo, universi femminili. Ma questa volta Pierce aveva buoni motivi per restar sveglio tutta la notte e Morpheus seppe farsi coinvolgere.
– L'hai vista oggi?
– Chi?
– Come chi? Mary, la tua dolce vicina di casa.

Quel tono di Morpheus, che fastidio! Non si poteva banalizzare così ogni cosa. E soprattutto i suoi sentimenti per Mary. Ma si adeguava, perché in qualche modo l'amico gli permetteva di parlarne, di parlare di quell'amore nascosto ai più e sublimato dalla quasi impossibilità.
– No, sono tre giorni che è fuori con quel pezzo da novanta di suo marito per un convegno. Quello si porta la moglie con sé come se fosse un lustrino da parata.
– Dai! Non puoi pensare sempre che Mary sia una povera cenerentola maltrattata dal suo Jeff! E poi, arriveresti tu, con il tuo grande amore, per liberarla; e per portarla dove? A vedere l'acceleratore di particelle di Cleveland! Bella prospettiva per una fuga d'amore... complimenti!
– Maledetto insensibile pachiderma, vedrai se non ho ragione. Anche lei vuole me. Te lo dimostrerò come si dimostra una *verità matematica*. Poi domani vai a scriverlo sul tuo giornalino!

Morpheus si accese. Quella convinzione di Pierce non era usuale, si manifestava solo in rare occasioni. E quelle parole, "verità matematiche", non erano state usate metaforicamente. Lui lo sapeva. Le occasioni erano proprio quelle che potevano cambiare il modo di vedere le cose, di percepire il mondo. La luce negli occhi di Pierce era la stessa di due anni prima. Tra una birra e una risata, Pierce gli aveva annunciato che il primo modello quanto-meccanico di memoria era pronto. Sei mesi dopo aveva vinto il premio Nobel.

E di nuovo Morpheus sentiva che quella notte aveva l'odore della svolta.
– Hai presente il discorso dell'altra sera sul peso dei pensieri?
– Certo, era entusiasmante, incalzò Morpheus. Ma non ho capito dove volevi andare a parare.
– Non l'hai capito perché non te l'ho detto. Semplicemente non ero sicuro di alcune cose, ma oggi avrei trovato le soluzioni giuste, se non fossi arrivato tu. Continua a mangiare, non ti preoccupare, puoi ascoltarmi lo stesso.

Pierce si dedicava ormai da tempo allo studio del rapporto tra pensiero e linguaggio. Era convinto che una buona fisica, applicata ad altri campi del sapere, avrebbe rivoluzionato la nostra conoscenza del mondo.
– Non solo teorie! Non solo teorie voglio costruire nella mia vita.

Ripeté Pierce.
– Be', perché non vai a dirlo a Mary?
– Ridi, ridi, poi vedremo...

Ormai da anni Pierce aveva un unico obiettivo. Realizzare la più rivoluzionaria macchina che fosse stata mai inventata. E la stava costruendo proprio lì, nella sua casa. La macchina era una sintesi tra la fisica quantistica, le neuroscienze, l'ingegneria elettronica, ma soprattutto era il frutto della sua volontà di comprendere le persone che gli erano intorno, ciò che provavano, i loro pensieri, i loro sogni. Sarebbe stato tutto molto più semplice così.

Pierce voleva una macchina che *pesasse* le parole. Pesare le parole? Sì, proprio le parole. Per lui, queste erano molto più che segni di un linguaggio o vettori di informazioni. La sua macchina doveva riuscire a riprodurre i pensieri e le emozioni che le avevano generate.

– Morf, sai chi era Heisenberg?
– Sì... più o meno. Ma che c'entra questo con il peso dei pensieri e con la macchina che stai costruendo?
– La macchina che sto costruendo si basa proprio sui principi quanto-meccanici di Heisenberg.
– Sì doc, ma come funziona?

Pierce era riuscito a scoprire la *quantizzazione del pensiero umano*. Tutte le forme di energia erano costituite da piccoli pacchetti, discreti, che si propagavano nello spazio e che potevano essere percepiti da un opportuno sensore. Anche il pensiero, nella teoria di Pierce, non aveva più una struttura continua, ma discreta. La cosa straordinaria era che queste singole unità di base, di cui il pensiero era costituito, potevano essere imbrigliate e decodificate per svelare il significato delle parole con cui i pensieri venivano espressi.
– Hai già visto il videoregistratore nello studio?
– Sì.
– Ecco, quello non registra immagini, ma campi psichici.
– Campi che? Morpheus rischiò di inondare l'intera cucina con la birra che aveva in bocca.
– Sì, Morf. Ho in mano un test che mi permetterà di capire cosa hanno in testa le persone.
– Io vorrei capire cosa ti sei messo in testa tu. Sarà Mary che ti ha fatto impazzire!

Morpheus ironizzava su tutto. Ma anche questo faceva parte del rito dei loro incontri. Lui scherzava, Pierce si arrabbiava. Era quello il momento in cui la passione dello scienziato esprimeva tutta la sua forza, e Morpheus lo faceva di proposito.

Il test elaborato da Pierce, che poi egli stesso chiamò test di Heisenberg, era basato sulla registrazione delle reazioni fisiologiche del soggetto pensante, della cavia, come diceva Morpheus. Aveva creato una microtelecamera capace di registrare le variazioni della pupilla, ma l'aspetto straordinario era l'aver elaborato un nuovo supporto, un sensore olografico al silicio, che poteva essere impressionato come una qualsiasi pellicola fotografica. Anziché registrare variazioni di luce o colori, però, immortalava onde del campo psichico prodotto da un essere umano.
– Vuoi dire doc, che puoi leggermi nel pensiero?

– Molto di più, posso *vedere* i tuoi pensieri!

Morpheus non sorrideva più. L'impressionante forza di una scoperta rivoluzionaria gli sembrava contenere al contempo i semi della genialità e della tragedia.

Ma mettendo a tacere, come era solito, i ragionamenti che avrebbero potuto scoraggiare Pierce da quell'impresa, alimentò le sue speranze da genio. Si sarebbe reso conto poi dell'assurdità di quella sua scelta da *amico*.

– L'hai già provata?
– L'ho provata su di me, e su alcuni *volontari* della polizia. Poi vorrei provarla anche su di te.
– Passi per me che rappresento la grande categoria dei giornalisti, ma la polizia? Che diavolo c'entrano quei fascisti?
– Purtroppo i finanziamenti erano pochi. Il preside Rosberg mi ha messo davanti al fatto compiuto. La macchina interessa anche loro. E come!
– Maledizione doc, non puoi far finta di nulla! Chissà cosa ne faranno ora?
– Non so precisamente, domani mattina presto ho una riunione con Rosberg all'università. Vedremo.

Morpheus ebbe un brutto presagio.

– Salve dottor Pierce! Va all'università così di buon ora? Ma lei è proprio uno stacanovista!
– Buongiorno *signor* McLuan.

Rispose a stento Pierce, calcando per bene l'accento sul *signor*, mentre entrava nella sua vecchia Ford.

McLuan credeva di aver tirato giù dal piedistallo Pierce con il suo *dottor* e si ritrovava atterrato da un pronto *signor*. "Mah, sono i soliti scienziati", pensò. E con passo deciso rientrò a casa.

Jeff McLuan non era certo un uomo da santificare, ma cercava di seguire una strada fatta almeno da un minimo di idee e di valori, e non solo da compromessi.

– Ciao Mary.
– Ciao amore. Stanco? E da brava mogliettina gli chiese notizie della decisione sugli appalti Donaldson.

Risposta che McLuan non le diede, ansioso più dell'abbraccio rituale della moglie, che di qualsiasi spiegazione.

– Sì Mary. Comunque hai fatto bene ad andar via ieri nel pomeriggio. Il convegno è durato troppo. Si sono dette tante di quelle sciocchezze. Quello Stanford ha scritto sulla fronte mafioso, ma nessuno riesce a leggerlo. E la cosa assurda, è che in commissione il suo voto vale quanto il mio.
– Ma non quanto il super bacon che ti ho preparato, alla faccia di Stanford.
– Meno male che ci sei tu, e il bacon naturalmente!

Mary riusciva sempre, con semplicità e affetto, a sbriciolare quei miasmi che MacLuan portava con sé dal lavoro. E poi a Jeff bastava vederla per riconciliarsi con la vita. Lei, i capelli biondi, l'aria serena. Non banalizzava i problemi cercando di risolverli con il bacon, questo Jeff lo sapeva bene, ma con poche parole Mary gli faceva sentire tutta la sua presenza. Sempre.
– Uhm! Buono... Tesoro, che fai oggi? – si interessò Jeff.
– Devo finire di leggere il libro che mi ha prestato Mark, poi cercherò di riscrivere meglio la sceneggiatura. Sono ormai alla terza correzione. Vorrei chiudere.
– La scriveresti benissimo anche senza il libro del signor premio Nobel Mark Pierce.

Un sorriso di Mary marcò la gelosia di McLuan.
– E poi a cosa ti serve un libro di fisica così difficile per un film su "capitan Hock".
– Be', anche capitan Hock ha i suoi problemi a usare il motore neutronico della sua astronave! No?
– Ok, ok... lasciamo al capitano i suoi problemi. Hai pagato piuttosto la rata della Mass?
– Sì, Jeff. Io mi ricordo sempre tutto. Anche se pagare questa assicurazione sulla tua vita mi fa sempre un strano effetto. Mi fa paura a volte. Non sarebbe male dimenticarsene ogni tanto. La odio!

– Morf stai attento. Devi dire la parola gatto. Abbiamo quasi finito, è la quarantasettesima.
– Gatto!

L'immagine sfocata di un vecchio peluche blu apparve su uno schermo collegato alla macchina di Pierce.

– Straordinario! disse Morpheus, con grande meraviglia.
– Avevo pensato proprio al vecchio Mixi, il gatto di peluche con cui giocavo da bambino.

La macchina di Pierce ricostruiva i pensieri di una persona come immagini, su uno schermo. Il test di Heisenberg, elaborato per Morpheus, consisteva nel fargli pronunciare cinquanta parole e verificare i pensieri nascosti dietro quei *semplici suoni* emessi da Morpheus.
– Morf, di' *donna*.
– Donna!

Sullo schermo apparve un'immagine molto più sfocata della precedente, era la figura di una donna, ma non ben definita, che se proprio avesse dovuto assomigliare a qualcuno, con ogni probabilità sarebbe stata Mary.
– Ma quella non è Margarette! – si stupì Morpheus.
– Sei sicuro che hai pensato a lei?
– Certo, la mia mogliettina, e chi se no?
– Una ricostruzione errata su cinquanta ci può anche stare, niente di troppo strano. Abbiamo finito. Il frigorifero è tutto tuo.

– Buona quest'anatra surgelata! L'hai fatta tu?
– Non è anatra, è tacchino. L'anatra comunque è una buona idea, Morf. Che ne pensi se domani ne preparassi una al forno, con un buon succo di arancia, e se invitassi, per esempio, Mary a cena? Il marito è fuori per l'ennesimo convegno, e così potrei testare la macchina su di lei.
– E se poi la macchina ti dà un risultato negativo, e distrugge tutti i tuoi cari sogni? Sei disposto ad accettarlo?

Pierce abbassò lo sguardo, poi con convinzione:
– Sì. Preferisco questo a una eterna indecisione. Sono troppe le persone intorno a me che non capisco. E tanto più le cerco, più queste incertezze mi fanno soffrire. Immaginerai quanto, con Mary.
– Ah! Ecco dove il nostro scienziato voleva arrivare. Anni di studio sulla meccanica quantistica. Un premio Nobel a trentotto anni. Un macchinario che forse rivoluzionerà il mondo. E tutto per capire l'amore di una donna.

– È squallido secondo te? – domandò Pierce, ormai alla mercé di Morpheus.
– No. Al contrario. Se vuoi ti aiuto a fare l'anatra!

Un aroma d'arancia, congiunto a un proteico sapore di carni, avvolgeva tutti gli ambienti della casa. Macchinari compresi. La scelta della musica adatta. La microtelecamera per la registrazione ben nascosta. Via la forfora dalla polo blu nuova. L'attesa del suono del campanello, modificato per produrre frequenze più melodiose.

Pierce aveva anche elaborato uno pseudo canovaccio, di finti argomenti, per portare Mary su discorsi funzionali al test. Aveva scritto domande precise, in modo che lei desse valutazioni sulla sua vita, sul suo lavoro, su suo marito. Per poi passare ai sogni, ma soprattutto alla loro *amicizia*. Un complotto psico-tecnologico per intrappolare la mente di quella donna. Il campanello suonò.

– Ciao Mark, hai intonato la polo al colore dei tuoi occhi?

Bastarono queste parole di saluto perché il canovaccio di Pierce saltasse del tutto. Riuscì a malapena a ricordarsi di attivare la registrazione, pigiando un pulsante sotto il tavolo della cucina.

– Quindi, signori colleghi, appaltare la costruzione dei nuovi space-laboratory alla Donaldson è vantaggioso sia dal punto di vista economico sia per il prestigio del partito, del governo e di tutta la nazione.

Così McLuan terminava il suo intervento. Un applauso fragoroso percorse la sala e la schiena di McLuan. Solo pochi, gli incerti. Il clan di Stanford. E un sorriso luciferino, propiziatore di eventi irreversibili, illuminò gli sguardi di quei detrattori.

Lui e lei di fronte. Un'indicibile attrazione. Si guardavano negli occhi, con sguardo ora diverso. La macchina, i sensori, i miei sensori. Era tutto un percepirla. Guardare le labbra, questo era il mio gioco. Scandire il movimento delle sue palpebre, vedere come le rotondità del suo seno donavano senso al suo respiro. Rosso sguardo fortemente malizioso.

Una serata di avvolgimenti non compartecipati. Un crescendo di sudorazioni acri e ripetute. Dove sei, Venere? Perché non mi difendi? Sono preda dell'irragionevolezza dell'essere. Un accomodarsi di sensi su sensi, senza uno sbocco a questo traffico di stimoli elettrici, di ormoni, di mani che si sfiorano, di paradisi rivelati in sogni bianchi, e scomparsi in risvegli palpitanti.

Paesi e colori, colori visti da dietro, ma rossi. Un delirio, un delirio meravigliosamente inutile.

Lei, amabile da corteggiare ma difficile da sedurre, equazione elettrostatica della vita, flusso gravitazionale di coscienza, e ancora, ancora verso quinte e seste forze universali, ma unificate. Geometrie non euclidee della sua ragione, essenza di marijuana, un tè nell'umido deserto dell'antica Etiopia, ancora colori. Mio Dio! Un mare nel cuore, un cuore di tenebra.

– Ecco la sua macchina signor McLuan.
– Grazie.
– Buona serata signor McLuan. Il suo albergo è proprio qui dietro l'angolo.

– Mark, sei una persona speciale. Lo sai? E non per il Nobel. Tu emani le tue riflessioni anche quando non parli. Sì, hai qualcosa di unico.
Questa frase circoscrisse il delirio di Pierce. Un crescendo di emozioni portò i due a fine serata. Erano sull'uscio. L'intensità dello sguardo di Mary divenne insopportabile per Pierce. Poteva liberarsene solo abbracciandola, baciandola, dando un senso al suo sentire.
Pierce prese la mano di Mary, una leggera trazione, e lei, fu avvolta tra le sue braccia, si conformò al corpo di lui.

Due colpi di pistola esplosero davanti il Palace Hotel. Un corpo insanguinato giacque davanti al motore ancora caldo di una Mercedes. McLuan.

La dolcezza dell'abbraccio fu interrotta da una strana sensazione. Mary provò panico. Il suo distacco da Pierce sancì la fine della serata.

– Scusa Mark, ma sento qualcosa di strano intorno a me. Non è piacevole. Scusa ancora, torno a casa.
– Senti Mary, ma io…
– Scusa, scusa, voglio andare via, buonanotte.

Rientrato, Pierce pensò al peggio. Sparecchiò malvolentieri la tavola, e si avvicinò, deluso, al suo capolavoro elettronico. Doveva interpretare i dati, ora. Ma c'erano dati da interpretare dopo quel finale?

Pierce lavorò tutta la notte per elaborare le registrazioni della macchina. Finalmente all'alba proiettò i pensieri di Mary sullo schermo: nella vita e nel futuro di Mary c'era lui. E il delirio riprese.

Ma era accaduto qualcosa di strano. La figura con cui Mary rappresentava Pierce era proprio l'immagine che lui aveva di sé. In quelle proiezioni Pierce compariva con una vecchia camicia di tanti anni prima, a cui era molto affezionato, ma che non metteva da tempo. Mary non avrebbe mai potuto immaginarselo così, non lo aveva mai visto con quell'indumento. Un altro errore della macchina, evidentemente.

Anche questo presunto errore non intaccò la confusione di Pierce. E poi, ora che la macchina confermava che il suo amore per Mary era corrisposto, un'aura di perfezione calò sul suo miracolo tecnologico.

Di questa perfezione furono convinti da subito anche quelli della polizia, che alcuni giorni prima ne avevano acquisiti i diritti.

Pierce non aveva potuto far nulla per difendere la sua creazione, per farla vivere e lavorare solo per la scienza e non anche per la polizia. I cui soldi non puzzavano all'olfatto del preside Rosberg.

– Ciao doc. Come stai oggi?
– Malissimo. È un mese che Mary è in carcere, e io qui a non far nulla. La mia deposizione non è servita. Quei maledetti sono convinti che sia colpevole.
– E quale sarebbe il movente?
– L'avrebbe ammazzato per riscuotere l'assicurazione sulla vita che McLuan aveva fatto tre anni fa. Ma Mary odiava quell'assicurazione.
– Dai doc, se c'è un altro colpevole ho le carte giuste per trovarlo. Noi giornalisti siamo più seguiti dei detective. Quindi potremmo…

– Domani le faranno il test di Heisenberg.
– Doc, e non sei contento? La tua macchina è infallibile.
– Mah! Ho uno strano presentimento. Forse dovevo migliorare la rappresentazione olografica, fare più test, aumentare il voltaggio del simulatore delle connessioni sinaptiche. Morf, mi stanno venendo mille dubbi. Ho paura e c'è poco tempo.
– Ehi! Tu non puoi avere dubbi, sei il grande Mark Pierce, ricordalo!

Pierce sorrise, e fu contento che Morpheus lo appoggiasse in quel modo.

– Amava suo marito?
– Certo, Jeff era tutto per me.
– Perché l'ha fatto ammazzare?
– Io non ho fatto ammazzare nessuno!
– Allora l'ha ammazzato lei?
– Non ho detto questo.
– L'assicurazione stipulata da suo marito prevedeva...?

Mary era caduta all'inferno. E quello era solo l'inizio. In quella camera, dieci agenti aspettavano solo di pronunciare la più tragica delle condanne. Tutti erano convinti della sua colpevolezza, dovevano solo capire i particolari, i dettagli dell'uccisione di McLuan

L'efficientismo di quel mondo ultra tecnologico elevava a principio etico la punizione. Un principio di condanna considerato ancor più giusto se dettato dalla freddezza di un'accozzaglia di transistor. La macchina di Pierce rappresentava in quel momento tutto l'orgoglio tecnologico di quel mondo e del suo progresso. La forza inarrestabile di un immaginario collettivo distorto calò su Mary, un avversario troppo debole, per un test troppo potente.

Il giorno dopo, l'analisi dei dati espresse i risultati sperati. Sperati dall'accusa, ovviamente. Più che altro, furono la rappresentazione dei pensieri di quei dieci agenti presenti in sala. E allora l'esito fu scontato. Colpevolezza.

La sentenza la condannò a morte. Furono mesi di indescrivibile dolore, quelli che la separarono da un finale assurdo. Perdeva di giorno in giorno contatto con la realtà.

Pierce si annullò in disarmanti sensi di colpa. Cercò di capire cosa non avesse funzionato nel test, se il sistema focalizzante della macchina era sbilanciato. Se i pensieri potevano essere fraintesi... Ma era lontano dai suoi errori. Rivedeva di continuo le immagini registrate della serata passata con Mary. Ma rimaneva incantato dai ricordi, e questi non erano fonte di soluzioni.

Intanto Morpheus continuava le indagini su un losco individuo, nemico di McLuan. Stanford. Una storia di certi affari. Appalti. Soldi a palate non sempre ben distribuiti. Ma le prove che Stanford fosse il mandante dell'omicidio erano poche, e soprattutto non richieste da chi aveva già un colpevole. L'ultima speranza era intercettare la telefonata giusta per incastrarlo. Ma quando arrivò era troppo tardi.

Entrò nel tunnel. Quarantasei passi la separavano dall'annichilatore. Occhi sbarrati, rivolti al nulla. Una lucida pazzia le faceva compagnia. Due guardie la sostenevano. Il tacco delle scarpe degli agenti scandiva il percorso. Ritmo di un evento ineluttabile.

Luci basse, neon scadenti, la mente svuotata di Mary. Osservava tutto con stupore e distacco, senza la consapevolezza di cosa stesse accadendo.
    Il dolore e la paura avevano prevalso. Un meccanismo di totale rimozione si attivò in lei, per difenderla. L'epilogo assurdo che la sua vita stava prendendo era insopportabile. Una follia analgesica fece il resto.
    Si avvicinò a una cabina, un'innocua doccia, all'apparenza. Il pubblico era lì, e tra gli altri anche Pierce.
    Gli scienziati spesso hanno studiato nei secoli situazioni estreme in natura, in cui si confrontavano con grandezze non definibili, infiniti, singolarità che annullavano i problemi, che svilivano le ragioni e il senso comune. Il dolore di Pierce era così, e sembrò esplodere come il più esemplare degli eventi astronomici.

In quel torpore allucinato lo sguardo di Mary incrociò per l'ultima volta quello di Pierce. Si aprì un canale tra i due. Mary fece il più banale dei pensieri.
– Mark, bella la tua camicia! Non l'avevo mai vista. La metti per le grandi occasioni, non è vero?
Pierce rimase impietrito. Tutto era chiaro.
Il focalizzatore aveva registrato i *suoi* pensieri la notte in cui aveva cenato con Mary. La vecchia camicia, che ora indossava, era la stessa apparsa nelle proiezioni di Mary. Lei però, non lo aveva mai visto vestito così, se non quel tragico giorno. La luce del fuoco di Prometeo era in quel momento così accecante, che quel dato strano gli passò inosservato davanti agli occhi di Pierce. La macchina non aveva sbagliato, ma rappresentava tutti pensieri in ordine di intensità, senza focalizzarsi su quelli prodotti dalla sorgente interessata, Mary. E in quella stanza durante il test, la convinzione che Mary avesse ucciso suo marito era troppo forte, rispetto a una verità che sarebbe emersa altrove.

Una speranza si accese, improvvisa.
– MARY, MARY!

Ma Pierce, gettatosi su di lei, fu fermato dalle guardie, e trascinato fuori.

Mary entrò nella cabina. Il voltaggio del disintegratore laser doveva solo raggiungere il livello "giusto". Un tenero sguardo da bambina attraversò la sala e, alle sei e trentacinque del sette maggio del 2030, Mary si disgregò in un mare di fotoni senza identità.

– Dai doc, è la notte di capodanno! Mangia qualcosa. Guarda quanta roba buona ha preparato Margarette!

In quegli ultimi mesi Pierce aveva *smesso* di vivere. Morpheus, in quel finto clima di *festa*, cercò ancora una volta di riportarlo con affetto a una realtà vivibile e dignitosa. Ma l'amico appariva ormai come un alieno consapevole, aveva un inquietante e silenzioso distacco dipinto sul viso. Con prolungati sorrisi di disinteresse Pierce preannunciò il fallimento di Morpheus.

L'amico d'infanzia tristemente si rese conto che, pur se spaventosa, la strada di Pierce doveva essere un'altra, e fece finta di nulla, come aveva sempre fatto.
– Doc, ieri siamo riusciti a intercettare una telefonata di Stanford, ormai è nelle nostre mani quel bastardo! Era contro il piano Donaldson, perciò ha fatto ammazzare McLuan. Ora la pagherà!
– Sì. Capisco. Grazie. – rispose Pierce.
Seguì poi il solito strano sorriso.

Passò tutta la serata in silenzio. Lui che era riuscito nell'impresa impossibile di pesare i pensieri e le parole, ora non aveva le parole giuste per soppesare la realtà. I suoi pensieri fluttuavano liberi e muti nella mente senza la codifica di alcun linguaggio.
I rumori di fondo delle parole di Morpheus e di Margarette si affievolirono. Nacque allora un'intuizione. Un'intuizione che era scelta e non disperazione. Si acquietò, alzò finalmente lo sguardo, prese cappotto e cappello e si avviò verso la porta.
Morpheus guardò Pierce, poi trattenne per il braccio Margarette che aveva cercato di alzarsi per fermarlo. Marito e moglie si fissarono per pochi istanti, e tutto fu subito chiaro tra loro. Mentre usciva dalla porta Pierce si voltò, questa volta aveva un sorriso di gratitudine, e dall'altra parte un sorriso mesto sancì la loro eterna amicizia.
Superò l'uscio della porta, lasciando entrare un vento freddo e cominciò a camminare verso il vecchio ponte Wheatstone stringendosi nel cappotto nero.

Giobbe

Dramma
per otto voci recitanti
e basso continuo

di **Giuseppe O. Longo**

Basso continuo

Nel torpore del pomeriggio il ronzio dei condizionatori sale unanime dalla città sterminata. Sulla veranda lo scirocco avvampato canta come una fisarmonica del demonio, girando intorno alla balaustra di legno, avventandosi contro i vetri polverosi. Il sole implacabile ferisce a distesa.

Voci recitanti

Il contadino

Dicevano che era stato il vitello, lei era entrata nella stalla per darci da mangiare, fuori c'era quel vento infocato, le figlie non c'erano volute andare, era troppo caldo, avevano detto, quel vento forte continuo non lo sopportavano, allora c'era andata lei, la Jolanda, col pancione gonfio, con la sottana tirata su sul davanti, la faccia congestionata, una bracciata di fieno per la mucca e un mezzo secchio di latte per il vitello, erano due giorni che nessuno ci dava da mangiare, la mucca non aveva più latte, quand'era entrata nella stalla il vitello aveva sentito l'odore del latte e si era avvicinato alla Jolanda, si era appoggiato col muso, cercando il latte, spingendo col muso sulla pancia, ci aveva dato delle testate forti, ci dovevano andare le figlie, nella stalla, quelle due cagne, ma avevano cominciato a litigare per il caldo, capite, allora c'era andata lei e il vitello ci aveva dato una musata forte, sapete come ci danno la musata i vitelli alle tette della mucca per fare uscire il latte, e lei aveva sentito uno squarcio dentro, un male, un male, una fitta che non finiva più, aveva urlato forte per il male e poi era caduta per terra, anche il secchio era caduto e il latte si era rovesciato per terra, la terra si beveva il latte e il vitello leccava quello che poteva, lei intanto se ne stava lì, per terra, bagnata di latte, a urlare dal male e il vitello leccava anche lei, l'aveva massacrata e adesso la leccava, ma non era colpa sua, che cosa può capire un vitello affamato, certo che quando le figlie andarono a prenderla, dopo due ore, capite, due ore, quelle due cagne, era più morta che viva e magari fosse morta, perché non sarebbe nato quel... quel... quella cosa... quella cosa che è nata non sarebbe nata, sarebbe morta dentro la sua pancia, invece venne il dottore da ** e la salvò, c'era andato un vicino a chiamarlo, il medico, io ero un bambino, allora, me lo raccontarono i miei compagni più grandi, che andavano con le sue figlie dietro l'argine a fare le porcherie, quelle due troie, la Jolanda stava male, la portarono in casa e il dottore stette un giorno intero, un giorno e metà della notte lì da lei, la fece partorire, e la salvò, ma tutti dicevano che una cosa del genere non doveva nascere, lei diceva che era suo figlio, ma quella testa, perdio, una testa così non l'avevamo mai vista, neanche a **, l'avevano vista, io lo vidi dopo due tre giorni, quel coso, una testa così, una testa che sembrava scoppiare tanto era grossa, ma più che grossa strana, a forma di... di... una di quelle zucche strane, coperta di vene grosse nere che pulsavano, che si torcevano come vermi grossi, gli occhi piccoli e mezzi chiusi, che poi gli sono rimasti così, piccoli e mezzi chiusi, tutti dicevano un mostro, il figlio del diavolo, lei diceva che era il figlio di Olindo, suo marito che era morto da tre mesi, era andato a finire sotto il trattore, Olindo, era stata colpa del vento anche quella volta, questo vento maledetto, lo sentite questo vento, sembra una fornace che ha spalancato la bocca, un vento dell'inferno, come dell'inferno era quella cosa che era uscita dalla pancia della Jolanda, me lo ricordo bene, sono passati... venti venticinque anni, ma me lo ricordo bene, anche il dottore era spaventato, si vedeva che aveva paura di quella cosa, quello era figlio del demonio, ve lo dico io... ma voi non avete caldo, così?

La levatrice

Sì, mi chiamarono verso le quattro del pomeriggio, io me l'aspettavo da un momento all'altro, ormai era a termine. Le figlie, sì, vennero tutte e due, diciassette e quindici anni, sporche e spettinate, come sempre, erano due... lasciamo perdere, erano sempre in disordine e mezze nude, anche per via del caldo, di quel vento tremendo, lei non si può immaginare che cos'era il vento, quell'estate, non smetteva più di tirare, non c'era mica modo di ripararsi... Anche adesso fa caldo, ma allora era un'altra cosa... Be', insomma, arrivano quelle due e mi dicono che la madre è caduta per terra nella stalla e sta per partorire, allora mi preparo, prendo la borsa, controllo tutto... Sì, sì... lo so, era strano che fosse rimasta incinta a quell'età, aveva più di quarant'anni, e poi dopo quindici anni dall'ultima volta... Infatti, in paese, tutti dicevano... Ma no, sono stupidaggini. Il marito? No, era morto tre quattro mesi prima, un incidente sul lavoro, sì, faceva il contadino... Non so, forse un incendio nel fienile, o il trattore, non ricordo, sono passati tanti anni... Quello che ricordo benissimo era il viso di lei, come si chiamava... Jolanda, ecco, Jolanda, un viso stravolto dal dolore, dalla paura, sembrava che dovesse morire da un momento all'altro, le figlie mi parlavano del vitello, io non capivo, poi me lo spiegarono qualche giorno dopo, era andata nella stalla per dar da mangiare alla mucca e al vitello, e il vitello l'aveva urtata nella pancia col muso, allora il bambino si era guastato, era venuto fuori tutto storto, con la testa enorme, lo disse anche il dottore, lo chiamarono da **, arrivò dopo tre ore, la strada è tanta, e quando arrivò la testa era già un po' fuori, si vedevano tutte quelle vene che battevano, lui disse si mette male, e io non la smettevo di scaldare acqua, perché sulle figlie non potevi mica farci assegnamento, se ne stavano in cucina a giocare, a cantare, secondo me erano un po' deficienti, e il medico faticò per una notte intera, e poi anche il giorno dopo, la Jolanda urlava come una pazza per il male, il medico diceva che sarebbe morta, che quella cosa l'avrebbe ammazzata, che avrebbe dovuto portarla a ** per farle il cesareo, invece no, non l'ammazzò, la Jolanda ce la fece, poi per due settimane stette tra la vita e la morte, la curai io, il medico veniva spesso, sì, ma ero io che mi occupavo di lei, e delle figlie, quelle due cretine, e tutto gratis, chi vuole che mi pagasse, lei non aveva un soldo, dopo la morte del marito viveva come poteva, vendeva un po' di ortaggi, ma quell'estate ortaggi non ce n'erano, quel vento aveva seccato tutto, non c'era acqua, solo polvere, polvere, polvere... Poi vennero altri dottori, dicevano che il figlio della Jolanda era un fenomeno, che dovevano studiarlo, che dovevano fare degli esperimenti, lo portavano via per qualche giorno, poi lo riportavano a casa. Lui? No, lui era abbastanza tranquillo, li guardava con quei suoi occhi rossi, perché aveva gli occhi rossi, senza ciglia, due occhi impressionanti, proprio da demonio, con tutte quelle vene che gli ricadevano sulla fronte come boccoli... Giobbe, lo chiamarono Giobbe, chissà perché, fu sua madre a insistere. Certo che parlava, dopo due settimane aveva già cominciato a parlare... Io penso proprio che fosse il figlio del diavolo... Mannò, ho detto così per dire, però in paese lo dicevano... No, no... sono tutte stupidaggini, figurarsi... Povera Jolanda... No, è ancora viva... vecchia, certo, più vecchia di me... No, non abita più qui... Le figlie si sono sposate, hanno trovato marito a **, no, qui non sono mai tornate, non volevano neanche vederlo, quel... fratello, se fratello era... E poi se rimanevano qui nessuno se le sposava, quelle due, con quello che combinavano coi contadini... Giobbe? No, dopo non ho saputo più niente, l'hanno portato via che aveva sui dieci anni, e non l'hanno più riportato indietro... La Jolanda se n'è fatta una ragione, le hanno dato dei soldi, dopo viveva bene, si permetteva certe piccole cose... No, questo non lo so... Ma lei, scusi, non ha caldo così?

Il medico

No, avevano fatto tutti gli esami, dopo, non era diverso dagli altri bambini, aveva solo la testa strana. Macrocefalo? Teratocefalo, piuttosto... testa mostruosa. Idrocefalo? No, nient'affatto. Il cervello sì, il cervello era enorme, la corteccia aveva dimensioni sproporzionate. Lo si vide dopo, quando cominciarono con le operazioni e gli aprirono il cranio. Era la corteccia che aveva dato alla testa quell'aspetto bizzarro. No, era nato a termine, la testata del vitello non aveva accelerato il parto, sarebbe nato lo stesso in quei giorni, ora più ora meno. Certo che con una testa così sarebbe dovuto nascere molto prima per non rischiare di uccidere la madre. Parto cesareo? No, però mi resi subito conto che c'erano delle complicazioni, il feto si presentava bene, aveva già impegnato il canale vaginale, ma quella testa era troppo grossa, io avrei voluto portarla all'ospedale di **. Certo, temevo che il feto l'avrebbe squarciata, a ** avremmo potuto fare un cesareo. Ma la Minguzzi, la Jolanda, non voleva, quando le doglie le davano un po' di requie le dicevo, adesso ti portiamo a **, all'ospedale, ma lei cominciava a urlare che non voleva muoversi di casa. Ero molto preoccupato, le dissi anche come vuoi, se muori non sarà colpa mia. Invece andò tutto bene. Comunque, anche volendo, non c'era la possibilità di un trasporto immediato, così mi arrangiai ed ebbi fortuna. Per modo di dire, perché... Mannò, come avrebbe potuto la testa diventare così grossa per colpa del vitello? Ma neanche per sogno, era già così, ma figurarsi... Figlio del diavolo? Ma mi faccia il piacere, superstizioni di contadini ignoranti. In queste pianure, d'estate, in mezzo al grano, lungo gli argini del fiume, la gente ha delle visioni, si fa delle idee strane... Era figlio di Olindo, il marito della Jolanda... No, era morto qualche mese prima in un incendio. Faceva un caldo fenomenale, quell'estate. E poi il vento... Lei non può ricordarselo, è troppo giovane, ma Le assicuro che... Come? Ah, sì, la testa... Forse la musata l'aveva deformata, questo sì, è possibile, era tutta sbilenca, pendeva da una parte, i muscoli del collo intorcigliati, le cartilagini accavallate, la fontanella, anche la fontanella, piena di vene violacee e pulsanti come lombrichi. No, non credo. Non era stata la meccanica dell'urto, no. Dissero che era successo qualcosa di genetico. No, io non me ne intendo, sa, io sono un internista, un medico generico, parlavano di cromosomi, di dna... sì erano venuti gli specialisti, ma non subito, dopo qualche settimana. Avevo dovuto mandare un rapporto al Ministero... Be', c'era una direttiva, sì, molto precisa, in caso di parti anomali, di feti abnormi, di creature mostruose... e se non era una creatura mostruosa quella lì... Io ci andavo quasi ogni settimana, volevo seguire la faccenda... Certo, anche per curiosità... Una cosa del genere non l'avevo mai vista... Dopo ce ne furono tanti, di quei casi, l'avrà saputo anche Lei... I giornali non ne parlavano, ma io avevo i miei canali, parlavo con gli specialisti del Ministero che venivano a casa della Minguzzi. No, lo trattava abbastanza bene, ma si capiva che aveva un po' d'imbarazzo, lo guardava in modo strano, come se ne avesse paura, o ribrezzo, forse più ribrezzo che paura... ma lo allattava, bisognava solo tenergli su la testa, ma le figlie, le sorelle, non volevano nemmeno toccarlo. Allora venne la mamma della Jolanda, era vecchia, ma non aveva paura di niente. Anche quando era morto Olindo avevano chiamato lei a dare una mano, mi dissero, la Jolanda era persa, girava qua e là con quel pancione enorme, per forza era enorme, con quello che c'era dentro... No, più tardi, non potevano mica operarlo subito, era troppo piccolo, però cresceva con una velocità sbalorditiva, a pochi mesi parlava già come un grande, lo studiavano, sì, ogni quindici giorni lo portavano all'ospedale, al Centro Medico di **, facevano i loro studi, lo pesavano, lo misuravano, ma di operarlo non si parlava. Solo più tardi, aveva già quattro o cinque anni, i medici dissero che bisognava operarlo. Gli aprirono il cranio per guardarci dentro. Come? Giobbe, l'avevano chiamato, Giobbe, come quel tale della Bibbia che gli toccavano tutte le disgrazie... Certo che era venuto, il prete, ma sulle prime non voleva battezzarlo, anche lui diceva che era una creatura del demonio... Io? A me non interessava niente, che lo battezzassero oppure no, per me era uguale. Io sono ateo. La cosa andò avanti per mesi e mesi. La Jolanda andava a messa e durante la predica si metteva a piangere, non voleva più uscire dalla chiesa, mi raccontarono che una volta si era buttata per terra davanti all'altare, e urlava. Il prete la tirò su e le disse che l'avrebbe battezzato... Sì, gliel'ho detto, il Ministero l'avvertii io, c'era stata una circolare due anni prima, me n'ero quasi dimenticato, poi quando vidi quella creatura me ne ricordai... Una cosa bizzarra. In caso di parto difficile, o se i prodotti del parto fossero stati in qualche modo anormali, o teratologici, o non vitali o poco vitali... insomma bisognava avvertire il Ministero... Lei però non mi dirà che ha freddo...

L'archivista

Scusi, mi sento un po' a disagio... non può... D'accordo, come vuole... Come? Ah, sì, dunque... Dicevo che l'ordine venne dall'alto, dal Ministero della Difesa... No, non della Sanità, della Difesa... Si erano subito interessati al caso. Li aveva informati il medico, c'era un ordine preciso. Avevano incaricato alcuni specialisti di studiare la cosa. Sì, anch'io facevo parte del gruppo, ma ero solo un impiegato, non avevo certo accesso... Quando la creatura era al Centro, ce la portavano circa ogni due settimane, facevano indagini molto approfondite. Poi lo rimandavano a casa, dalla madre. Sì, ogni mese passava una decina di giorni al Centro. Come? Ah, sì, il Centro Nazionale per la Genetica. Certo, erano interventi anche cruenti, ma non all'inizio, cominciarono a operarlo dopo qualche anno. No, le cicatrici non si vedevano, i chirurghi plastici erano molto bravi. Non so, dovrei consultare il mio archivio... La madre non si accorgeva di niente, vedeva solo che pian piano il bambino ridiventava normale. Era contenta. Certo che piangeva, ma tutti pensavano che fosse naturale che piangesse, i bambini piangono. Con quella testa, a quattro anni aveva ancora bisogno di un collare, un supporto di plastica, foderato di cotone idrofilo, i muscoli del collo non si sviluppavano abbastanza in fretta... Sì, certo, ginnastica speciale, un istruttore e due o tre terapisti. Tutto a spese dello Stato, si capisce. Ma non serviva a molto, la testa gli si piegava sempre di lato, poi strabuzzava gli occhi, si vedeva solo il bianco. L'iride? Azzurra, l'iride era azzurra, sembrava come annegata in tutto quel bianco, e lui lanciava un grido. Un grido che pareva venire da un altro mondo... Se parlava? Certo che parlava, non la smetteva mai, solo quando dormiva si chetava. Leggeva e scriveva, una fatica, con quella testa bislacca, ma imparava tutto con facilità irrisoria. Gli bastava leggere un libro una sola volta per saperlo a memoria. Un'intelligenza mostruosa... Com'era mostruoso lui. Però pian piano, con le operazioni, diventava più normale. Sembrava che con tutte quelle ricerche, quegli studi, quegli interventi, un po' alla volta gli togliessero le vene esterne e quel di più d'intelligenza... Perché i genetisti? Ma perché il fatto era stato interpretato come una mutazione, ecco perché se ne occupavano loro. Una mutazione per la quale si erano presentate condizioni favorevoli, dissero. Sì, lo so che le mutazioni sono casuali, questo lo so anch'io, ma voglio dire che una mutazione del genere avrebbe potuto portare a un aborto spontaneo precoce, o anche a una morte prematura del feto, almeno così avevo sentito dire. Invece lui stava bene, se non fosse stato per le difficoltà meccaniche e per le dimensioni della testa e per quelle vene grosse e per l'intelligenza spropositata lo si sarebbe potuto definire normale... Certo, fu proprio questo a preoccupare il Ministero della Difesa e poi anche il Ministero della Ricerca scientifica. Da anni era in corso un progetto per la costruzione di simbionti uomo-macchina superintelligenti, il progetto Talos, e qualcuno credette che quella creatura, Giobbe, fosse l'annuncio di una nuova specie o pseudospecie, prefigurava forse un nuovo stadio evolutivo dell'umanità. Tanto più che altri bambini come Giobbe cominciavano a nascere qua e là in giro per il mondo. L'evoluzione stava fabbricando gli esseri superintelligenti per via biologica, per via naturale. E questo metteva in crisi il progetto Talos: se ci pensava la natura a fare le intelligenze superiori, non c'era più bisogno degli androidi costruiti da noi... Ma no! Erano stati investiti milioni di euro, non si poteva mica buttare tutto all'aria, gettare sul lastrico centinaia di ricercatori, mettere in crisi le teorie che erano costate tanto sudore e tanto impegno accademico... No, Lei mi sembra molto ingenuo. Non c'era altra strada, creda a me. Bisognava bloccare i bambini come Giobbe. Se quella mutazione fosse stata favorita, se avesse portato davvero a una nuova razza di umani iperintelligenti, i simbionti del progetto Talos sarebbero stati condannati... Perché Talos? In realtà Talos vuol dire Trans-Androide Liminale Operativo Superintelligente, sa come sono bizzarri e forzati questi acronimi, ma secondo me Talos fu scelto per un motivo diverso. Stando alla leggenda, Talos era un gigante di bronzo costruito da Dedalo e messo a guardia di Creta per impedire a chiunque di sbarcarvi. Se nonostante tutto qualcuno riusciva a metter piede sull'isola, Talos si gettava nel fuoco per rendersi incandescente, poi catturava il disgraziato e lo stringeva in un abbraccio mortale. La cosa più curiosa è che i fluidi vitali di Talos erano racchiusi in un'unica vena che andava dalla testa alla caviglia, dov'era tappata da una vite. Ecco quindi che Talos rappresenta la macchina vivente, l'artificiale animato, il simbionte o l'androide, l'ibrido di uomo e macchina. È la metafora della creazione mediata dall'uomo. Ma come tutti i prodotti della tecnologia, anche questo era fragile, e questa fragilità era simboleggiata dal tappo che serrava la vena del gigante. Medea infatti uccise Talos aprendogli la vena e facendone colare a terra il sangue... Comunque sia bisognava scegliere fra il progetto Talos e l'evoluzione naturale, e ovviamente il Ministero scelse il proprio progetto... No, i particolari io non li conosco.

L'urologo

Una rete di informatori. Certo, in tutto il mondo. Le segnalazioni si moltiplicavano, segno che la mutazione trovava terreno favorevole nelle nuove condizioni in cui si era venuto a trovare il pianeta. Forse l'inquinamento, forse i cambiamenti climatici, forse la variazione di alcuni parametri del moto terrestre, l'inclinazione dell'asse sul piano dell'eclittica, oppure un'intensificazione dei raggi cosmici, o del vento solare, un'attività abnorme della corona, chissà, del resto io non me ne intendo molto di evoluzione... Fatto sta che dovunque nascevano bambini con la testa deforme, simili a... come si chiamava, il primo?... Ah, sì, Giobbe. Non dimentichiamo che Giobbe nacque circa venticinque anni fa. Poi cominciarono a nascere gli altri. Ne nascevano dappertutto, dalla Corea alla Patagonia. O meglio, non nascevano, tentavano di nascere, si presentavano alle soglie della vita in numero crescente, con quel loro cranio mostruoso, coperto di vene, completamente glabro, alcuni avevano le ossa così trasparenti che s'intravvedevano le circonvoluzioni dell'encefalo. Ma venivano respinti. Non si permetteva loro di vivere. Venivano estratti dall'utero col taglio cesareo e poi subito eliminati. Le sembro cinico? Lei mi ha chiesto i fatti e io Le riferisco i fatti... Certo, non subito, all'inizio queste creature venivano studiate. Poi, per qualche anno, furono sterilizzate. La decisione di sopprimerli fu presa in seguito, quando si capì che sterilizzarli non bastava... Certo, uno sviluppo ipertrofico della corteccia, accompagnato da un ispessimento delle meningi con parziale calcificazione, una vascolarizzazione estrema dell'encefalo e un'estroflessione cospicua delle arterie cerebrali. E, inoltre, un aumento sproporzionato delle gonadi e uno sviluppo sessuale precoce e violentissimo. Quei bambini, maschi e femmine, erano capaci di generare a sette anni, e nei maschi la produzione spermatica era abbondante quanto quella di uno stallone. Gliel'assicuro io. Siamo stati costretti a intervenire. Prima l'osservazione, poi gli interventi chirurgici normalizzatori, per così dire, come nel caso di Giobbe... poi la castrazione chimica, poi la castrazione meccanica, l'ablazione totale. Ricordo ancora lo sguardo carico di odio che lampeggiava negli occhi rossicci dei primi castrati quando si rendevano conto dell'operazione che stavano per subire. Certo, fui io il primo a castrare quei mostri. Può trovare una descrizione della mia tecnica in qualunque manuale di urologia infantile. Porta il mio nome... No, nessuna conseguenza importante... Certo, un affievolimento della libido, spesso fino alla scomparsa, un'attenuazione dell'aggressività, un ispessimento del pannicolo adiposo, un arrotondamento dei fianchi e un innalzamento del timbro della voce. A volte un principio di idiozia mite e comunque un calo marcato dell'intelligenza. Insomma tutte le caratteristiche di un normalissimo castrato. Poi, quando gli... eventi si moltiplicarono, capimmo che non era più il caso di andare tanto per il sottile. Non potevamo correre rischi, e dovemmo eliminarli alla nascita... Erode? Che c'entra Erode?... Ma quali campi di sterminio, non sia ridicolo! Se l'immagina se avessero cominciato a riprodursi? Avrebbero potuto coalizzarsi, con la loro intelligenza superiore ci avrebbero eliminato e avrebbero conquistato il mondo. *Homo sapiens* ha spodestato l'uomo di Neanderthal, e loro avrebbero spodestato noi. Agimmo prima che fosse troppo tardi... E adesso posso vederLa in faccia?

Il ricercatore

Dovevamo arrivare prima degli altri. Il Ministero ci aveva fornito attrezzature imponenti e fondi illimitati. No, non erano robot, si trattava di simbionti: una simbiosi uomo-macchina in senso lato. Un innesto cerebro-spinale, un'inserzione nanometrica di piastrine di arseniuro di gallio e silicio. Si prendeva un essere umano giovane e lo si impiantava, trasformandolo in una creatura ciborganica. Le funzioni intellettive erano potenziate al massimo, almeno in linea di principio. La componente intuitiva, spaziocettiva e sintetica dell'intelligenza umana si accoppiava, potenziandosi, con la capacità razionalcomputante dei nanoprocessori sintetici... D'accordo, non entrerò nei particolari tecnici. L'ibridazione avveniva nel corso di alcuni mesi, con una serie di interventi chirurgici. Voglio solo sottolineare che quanto è stato detto sulla sofferenza dei simbionti è del tutto infondato... Certo che vi erano conseguenze. Per esempio un senso di spaesamento psicologico, una dislocazione della coscienza, un disorientamento rispetto alla corporeità, o meglio un senso di diffusione o diluizione corporea nello spazio e nel tempo. Qualcuno ha parlato di ottundimento etico, ma secondo me sono esagerazioni... L'etica?... Con queste cose l'etica non c'entra nulla... Le emozioni? Non ce ne occupavamo noi, c'era una squadra di psicologi che... Le crisi? Non erano frequenti. Anzi, non parlerei nemmeno di crisi. Più che altro piangevano o restavano per giorni in uno stato di prostrazione catatonica. Ma questo capita anche a noi umani normali, voglio dire non ibridati... Suicidi? No, che io sappia, e poi avevamo i nostri... espedienti. Coercizione? Ma no, dopotutto erano volontari... Consenso informato? No, si limitavano a firmare un modulo... Ma dove vuole arrivare? Le piastrine? Sì, erano assolutamente inerti, tranne che per una componente virale che... Ma quale tortura! Non si permetta... Come? In tribunale? Ma... ma Lei è pazzo, non confermerò nulla di quanto ho detto. E poi, Lei chi è? Chi L'ha mandata qui? Si tolga quel coso dalla testa!

Lo storico

Mi limiterò a leggere una relazione che ho preparato per Lei quando ho saputo che mi voleva parlare: "Le condizioni ambientali in cui i computer dovevano operare con elevato affidamento erano spesso molto diverse da quelle ideali di un centro di calcolo. I disturbi indotti dalle variazioni ambientali nei circuiti o nelle unità di memoria non potevano essere tollerati. Viste le limitazioni intrinseche dei calcolatori tradizionali, fu quindi varato il progetto Talos, basato sulla teoria del calcolatore ibrido. Secondo questa teoria, il computer doveva essere costituito da due parti, una tradizionale, inorganica, e una organica o biologica. Era la robustezza e la tolleranza di quest'ultima alle variazioni delle condizioni ambientali che permetteva alla macchina di operare dove un calcolatore tradizionale avrebbe fallito. La resistenza della componente biologica, si era dimostrato sperimentalmente, diventava massima quando l'organismo in simbiosi era un essere umano. In alcune sale riservate del Museo centrale della Scienza e della Tecnica sono conservati dei prototipi, grotteschi e vagamente raccapriccianti, risalenti alla prima fase sperimentale. I futurologi si erano esercitati a fare previsioni sul possibile sviluppo di queste ricerche. Taluni sostenevano che l'assimilazione progressiva delle macchine agli uomini avrebbe comportato l'estensione a quelle del codice morale vigente per questi, basato a quei tempi sull'intrinseca dignità e rispettabilità in ogni circostanza della persona umana. In realtà il progressivo assottigliarsi delle differenze tra uomo e macchina comportò che azioni, atteggiamenti e condotte da sempre ritenuti leciti nei confronti delle macchine cominciassero a essere considerati leciti anche nei confronti degli uomini. In luogo, dunque, di un'assimilazione verso l'alto delle macchine all'uomo in dignità e rispetto, l'assimilazione si sviluppò verso il basso, all'insegna dell'indifferenza, dell'asservimento, della prevaricazione e, a volte, della brutalità. Questo svilimento della funzione dell'uomo veniva riecheggiato nelle elaborazioni teoriche dei genetisti, secondo i quali la parte che l'evoluzione aveva assegnato all'uomo poteva ritenersi esaurita con l'avvento dei calcolatori ibridi superintelligenti. Naturalmente non si era considerata la possibilità che l'evoluzione compisse quel salto che di fatto poi compì, portando alla nascita di creature come Giobbe. Questo salto evolutivo avrebbe messo in crisi tutto l'apparato del progetto Talos, perciò bisognava bloccare l'evoluzione e di fatto l'evoluzione fu bloccata con l'eliminazione sistematica dei mutanti. Il progetto ebbe via libera. Stabilito che l'organismo da ibridare doveva essere un essere umano, furono costruiti alcuni prototipi per verificare l'idoneità dei diversi tipi di impianto. Trovata la soluzione, si decise di passare alla produzione in serie, scegliendo gli uomini tra coloro che, giunti al diciottesimo anno, si erano rifiutati di pronunciare il giuramento di fedeltà al Governo, come prescriveva la Legge". Ho finito, signor... signor?...

La madre

Era mio figlio... Non lo so. Forse. Me lo portavano sempre via. Bello non era, no. Ma era mio figlio. Quelle due troie non volevano fare mai niente, non movevano un dito. Anche loro erano figlie mie, Dio mi perdoni... Quel giorno dovevano andarci loro, nella stalla, a dar da mangiare al vitello e alla mucca. Ma faceva troppo caldo. Voi, non so quanti anni avete, voi, con quel cappuccio non si capisce, comunque quell'anno c'era stata una siccità spaventosa, i campi erano tutti bruciati, il vento sollevava la polvere, quella polvere entrava negli occhi, nel naso, sotto i vestiti... No, loro se ne stavano in casa tutto il giorno, giravano qua e là, si guardavano allo specchio, più che altro stavano sul letto, sdraiate a... non so che cosa facevano, io stavo male, avevo sempre la nausea, fino all'ultimo... mio marito... era morto, sì, era stato schiacciato dal trattore... come no? Era figlio suo, che cosa state insinuando?... Io non me la facevo certo con gli altri, e poi chi mi avrebbe voluto... sono zoppa, vedete, già allora ero zoppa... così dissero che era figlio del diavolo... maledetti! Perché io ero zoppa... e lui, lui non poteva più difendermi, il povero Olindo... Il vitello? No, che c'entra... Sì, certo, mi aveva fatto un male tramendo, piangevo e mi lamentavo, là, per terra, da sola, e quelle due non mi sentivano... c'era troppo vento, quel giorno... No, il vitello non c'entra... Ormai era il momento... Forse, sì, forse il bambino si era guastato con la musata, chi lo sa... me l'aveva rovinato, il mio bambino... Comunque sì, il parto fu difficile, non era il primo, avevo già partorito quelle due troie, speravo di avere un aiuto da loro, specie dopo la morte del padre, invece era peggio di prima, non facevano neanche da mangiare... sì, il medico l'aveva detto, voleva portarmi a **, ma io mi ero ostinata, se dovevo morire volevo morire a casa mia... Me lo misero sulla pancia, dopo, io mi spaventai a vedere quella... quella cosa... mi guardava già con quegli occhi piccoli piccoli, azzurri, sembrava che capisse già tutto, dopo due settimane cominciò a parlare... ero, ero... spaventata, certo, ma era mio figlio... come si fa a dire che non lo volevo... lo allattavo, gli tenevo su la testa, non era un bel toccare, quella testa, con tutte quelle vene, come vene varicose, come emorroidi nere, avete mai visto le emorroidi?... era venuta la mia vecchia per aiutarmi... poi cominciarono a venire tutti quei dottori, lo studiavano, lo pesavano, lui li guardava con diffidenza, si vedeva che non gli piaceva, quella gente... poi... poi cominciarono a portarmelo via... per qualche giorno, poi di nuovo, sempre più spesso... gli tolsero quelle vene intorno alla fronte, quand'era nato sembrava che avesse la permanente... no, capelli niente... ma lui era cambiato, non era più lo stesso, piangeva, ma non come un bambino, piangeva come un grande... con la tristezza dentro, dopo qualche anno era diventato un bambino come gli altri... più o meno, solo che in quegli occhi azzurri, innocenti, non c'era più quella fiammella, dicevano che la sua intelligenza era ridiventata normale... normale... poi a dieci anni andò a studiare a ** e non lo vidi più, mi scriveva ogni tanto, io so leggere, sapete, ho fatto anch'io un po' di studi, ho letto tutta la Bibbia... Le mie figlie si erano sposate, erano tutte e due a **, ma il fratello non volevano vederlo. Per farmi consolare un po' andavo dal prete, quello che l'aveva battezzato, prima non voleva... ah, lo sapete... be', lui mi parlava, pregavamo insieme... No, non mi diceva niente di particolare, in quelle lettere... chissà dov'è adesso, il mio bambino... Giobbe, l'avevo voluto chiamare, perché con mia madre parlavamo sempre della pazienza di Giobbe, e con lui ci voleva una gran pazienza... sapete... ma era mio figlio... Che cosa avete? State bene? Volete un bicchier d'acqua?... Su, su... sdraiatevi qui... così. Posso?... Posso?...

Basso continuo

Ormai è sera. Il vento rinforza le sue folate, penetra nei vicoli della città vecchia ballando un osceno trescone, solleva nugoli di polvere, cartacce, foglie riarse. Qualcuno apre le finestre in cerca di frescura, ma la vampa dello scirocco gli mangia la faccia. Il vociare concorde dei televisori sale nel cielo, confondendosi con le tinte sanguinose del tramonto. Una pacata tristezza cola sopra i tetti, i balconi, i pinnacoli della città immensa.

Sguardi di ciascun giorno

La grande tela

di **Renzo Tomatis**

C'è stato un breve periodo della mia vita professionale nel quale ho avuto la tentazione di cedere all'allettamento di un impiego ben remunerato che, senza richiedere una particolare esperienza, sembrava offrire le prospettive di un facile guadagno. Un periodo che è durato poco più di una settimana, ma che è bastato per mettere un amico in pericolo di vita.

A due anni dalla laurea in medicina i tentativi di trovare uno sbocco professionale soddisfacente parevano destinati a sfociare inesorabilmente in un'amara delusione. Le borse di studio, oltre che rare, non fornivano necessariamente una garanzia di continuità o di una maggiore probabilità di inserimento, ed erano spesso all'origine di frustrazioni avvilienti. Nell'università degli anni 1950 non c'erano posti disponibili ai quali i comuni mortali potessero aspirare con un regolare concorso. Si sapeva con notevole anticipo chi sarebbe stato il candidato vincente per i posti che si liberavano di anno in anno con il contagocce e anche chi era stato designato come seconda scelta nel caso l'eletto rinunciasse, o che so io, morisse improvvisamente. La sola apertura era quella del volontariato, al quale ci si adattava nell'illusione di guadagnare qualche merito nei confronti di ipotetiche opportunità future. Si accettava così di assolvere gratuitamente impegni di lavoro precisi rispettando rigidamente un orario, con la sola contropartita di potersi dichiarare come universitari. Ci si consolava scherzando: in fondo è come se fossimo a bottega, dicevamo, come i giovani pittori di una volta, anche noi impariamo il mestiere, solo che le nostre tele nessuno le vuole.

La direzione verso la quale inevitabilmente molti laureati si orientavano, a lato di un impegno universitario non retribuito, era quella della mutua. Un posto fisso per pivelli come noi era ovviamente fuori discussione, ma era possibile immettersi nel giro delle sostituzioni: con qualche spintarella e qualche blandizia si poteva anche diventare sostituti stabili di più di un collega anziano, il che voleva dire che alcune ore ci venivano retribuite a livelli che a noi sembravano astronomici, in giorni distribuiti irregolarmente ogni mese o in una o due settimane complete in prossimità delle feste. C'erano naturalmente delle regole da rispettare: non contraddire in alcun modo i criteri diagnostici e terapeutici del titolare, mai comportarsi in maniera che i pazienti potessero preferire il sostituto al titolare. "Tu mi capisci, vero?", diceva il medico anziano al pivello. "Niente scherzi!" Se azzardavi la domanda, sofferta e allo stesso tempo ardita: "Nel caso saltassero fuori sintomi che indicano...", e avresti voluto continuare: "...indicano come la diagnosi iniziale fosse errata...", il collega ti fermava prima di poter completare la frase perchè non era permesso nemmeno l'accenno a un errore diagnostico. "Intendiamoci bene, tu vuoi o no fare il medico? Certe cose le sa il medico e solo lui. Il malato lo devi rassicurare e non mettere in agitazione. Ci siamo capiti?" Avremmo magari voluto approfittarne per farci un po' di quella preziosa esperienza pratica che il tirocinio degli studi non ci aveva elargito. Anche questa speranza si rivelava però velleitaria. I colleghi anziani avevano infatti una risposta quasi standardizzata alle ansie del pivello: "Tu non preoccuparti. Continua con le stesse medicine, tanto è solo questione di giorni, rinnovi le ricette e sei a posto".

A un diverso tipo di sbocco erano arrivati un paio di miei compagni di corso più disincantati. Si trattava di una sorta di affare concluso con uno e spesso due medici di qualche anno più anziani che da altre regioni intendevano stabilirsi a Torino. Per introdursi meglio in un ambiente che conoscevano male e che mostrava una certa diffidenza nei loro riguardi, era molto conveniente poter contare sull'appoggio di un nativo. Capacità ed esperienza non avevano alcun peso, ciò che contava era portare un cognome che certificasse chiaramente l'origine locale, e accettare che figurasse sulla targa di uno studio privato accanto a quello di uno o due colleghi che aspiravano a divenire torinesi. Se si insisteva a dire che non si aveva un'esperienza sufficiente per mettere su uno studio, rispondevano: "Non ti preoccupare, ai malati ci pensiamo noi, di pratica ne abbiamo già fatta quanto basta". Aggiungevano poi, venendoti più vicino e guardandoti negli occhi: "Il tornaconto per te non mancherà, su questo ci puoi contare, una percentuale degli incassi ti viene di diritto, basta che ci intendiamo".

Non me l'ero proprio sentita, ma in compenso avevo ceduto, sia pure temporaneamente, alle forbite offerte del dottor Martino Verolengo. Come gli fosse saltato in mente di pensare a me e come fosse riuscito a rintracciarmi era un mistero che le spiegazioni che mi diede in seguito chiarirono solo in parte. Fatto si è che un giorno trovai nella cassetta delle lettere un suo biglietto dove, sopra il suo nome, figurava una corona comitale, con il quale mi invitava a fargli visita nel suo istituto. Il termine "istituto", stimolava la mia curiosità e per di più l'indirizzo indicava che l'*istituto* si trovava nel tratto di corso Vittorio che aveva i portici, sia pure sul lato destro, scendendo verso il Po, che non era altrettanto elegante del lato sinistro, ma era pur sempre in una zona centrale.

In quel periodo mi trovavo spesso la sera dopo cena al Caffè Torino di Piazza San Carlo con Mino e Giovanni, che non mancavano mai, e un giro di critici d'arte o letterari e giornalisti che si univano al gruppo irregolarmente. Mino, che era pittore e scultore, si rivolgeva ai critici dicendo: "Facile fare il critico d'arte sulle opere di Giotto e Duccio, facile essere coraggiosi e andare contro certe opinioni generali sull'arte medievale o il barocco, ma avere il coraggio di farlo per le opere contemporanee, e farlo con onestà, è tutt'altra cosa". Delle buone ragioni per essere risentito Mino le aveva: benchè non fossero meno riuscite o meno originali di quelle che andavano per la maggiore e che i galleristi si disputavano per poi venderle a prezzi da capogiro, le sue opere di scultura venivano troppo spesso ignorate dai critici e accettate solo con gran difficoltà dai galleristi. "La connivenza fra critici e galleristi non è fra le più limpide che ci siano", aggiungeva Mino per rispondere alle domande di qualche giovane alle prime armi. "Cercate di starne lontano, e soprattutto cercate di rimanere indipendenti nei vostri giudizi".

Certe sere gli animi si riscaldavano, la discussione si infiammava e se non si arrivava proprio a litigare, si alzava la voce e accuse e rimproveri venivano scambiati con qualche impegno. Gianni, pur essendo sempre dalla parte di Mino, cercava di metter pace e Mino, in genere, lo ascoltava e si calmava. Aveva un grande rispetto per Gianni e proclamava: "Qualcuno se n'è già accorto, ma verrà pure il giorno che persino i critici più distratti si accorgeranno che Gianni è fra i più grandi scrittori del nostro ingrato paese". Gianni lo ascoltava e sorrideva bonario, non aveva fretta, non era invidioso, era totalmente immerso in quello che scriveva. Non aveva tempo per rimpianti e pretese.

In quell'estate molto calda il Caffè Torino aveva allargato per la prima volta il suo *dehors* verso la piazza, dove l'aria alla sera era un po' più mossa e fresca che non sotto la volta dei portici. Nel gruppo ero il solo a non essere un artista, o aspirante tale, o critico d'arte o letterario o giornalista. Sotto la protezione di Gianni e Mino ero tollerato benignamente, ma volente o notente ero un medico e, di tanto in tanto, qualcuno se ne ricordava e si rivolgeva a me per un consiglio, non riguardo a malattie serie o a sintomi preoccupanti, ma per fastidi dei quali con i veri medici, sempre indaffarati, non si ha mai modo di parlare. Oppure si trattava di domande su argomenti massimi: "Fa più vittime il cancro o il mal di cuore? Ma la lebbra, uno può ancora prendersela oggi?", o in cerca di risposte consolatrici: "Dimmi tu, che sei medico, se anche questa sigaretta, che fumo qui al caffè, chiacchierando con gli amici, può davvero far male?"

Mino era l'unico che, senza metterci un'enfasi particolare, mi chiedeva un vero aiuto. "Il mio problema è ben visibile", diceva, "sta qui". E allargando i lembi della giacca indicava l'addome prominente e lo pinzava fra le dita per metterne in evidenza lo spessore. "Vedi? Eppure non mangio neanche molto. Una volta forse, ma non più da anni. Non vuol andar giù, al contrario. Da qualche tempo poi mi fa anche venire il fiato corto. Tu dottore mi devi aiutare, sei giovane, datti da fare per un amico". L'ultima volta che Mino rinnovò la sua richiesta di aiuto avevo appena ricevuto l'invito del dottor Verolengo.

Era ancora relativamente presto, il sole era tramontato da poco e attorno al tavolo, fuori dai portici, eravamo solo Gianni, Mino e io. Mino era arrivato affranto con un grosso involto che teneva con fatica sotto il braccio. Lo appoggiò con delicatezza contro una gamba del tavolo e si lasciò andare sulla sedia con un gran sospiro. "Non farci stare in sospeso", lo incoraggiò Giovanni sorridendo, "mettici al corrente". "Una cosa non farò sicuramente più", proruppe Mino sudando e sbuffando: "Non crederò più alla parola di lestofanti come il commendator Cerreto". "Che di soldi però ne ha tanti", tentò di interloquire Giovanni, al quale piacevano gli epigrammi. "Mi ha fatto venire fino a casa sua, che è in capo al mondo, mi ha fatto aspettare un'ora e mezza e poi mi ha fatto dire che per il momento i quadri non lo interessavano. E ho dovuto riportarmeli indietro", e Mino accennò all'involto sotto la tavola.

"La prossima volta farai in modo che venga lui a vederli a casa tua e ti farai pregare prima di venderglieli", rise Gianni. "La prossima volta ti dirò cos'altro non farò più", sbuffò Mino che continuava a sudare. "Non farò più quadri di questa dimensione e non userò cornici così alte. Guarda," alzandosi in piedi tirò fuori l'involto da sotto il tavolo e lo rimise sottobraccio, "ti rendi conto? Anche se lo tengo dal lato più breve devo spingere più che posso sotto l'ascella perché mi stia, il che già fa male, e poi arrivo appena appena a tenerlo con la punta delle dita. Hai voglia a fare tutti quei chilometri, e sempre con la paura che mi cada e che le cornici si rompano". Mino era lì, con l'involto sotto il braccio e il sudore che ancora gli colava sulla fronte e sul collo e somigliava a un operaio edile già avanti negli anni alla fine di un turno di lavoro pesante, piuttosto che a un grande artista qual'era. "Il commendatore se ne frega, ha la macchina con autista, ma in quella zona così elegante non ci sono neppure i tram, non ne hanno bisogno con tutti i soldi che hanno".

Non avevamo ancora visto cosa c'era nell'involto. Gianni glielo tolse gentilmente da sotto il braccio, lo pose sul tavolo e cominciò a scartarlo. Guardò il primo quadro, lo prese con garbo e andò a metterlo su una sedia appoggiandolo allo schienale e lo stesso fece con il secondo. "Sono i miei posti", borbottava Mino mentre si asciugava il sudore con un fazzolettone. "Ho usato una tecnica della quale mi servo raramente, a penna e pennelli da miniature. Prende tempo e devi voler bene al soggetto che hai scelto, altrimenti non ce la fai". Nel primo gli alberi spogli erano sparsi sulla costa innevata e in un tratto fiancheggiavano un sentierino che si perdeva oltre la cresta della collina. Nell'altro quadro in un avvallamento un laghetto rifletteva il tripudio melanconico dei colori dell'autunno, dal giallo al rosso al verde chiaro, al marrone degli alberelli che vi si specchiavano. Guardavo le sue grosse mani che erano state capaci di costruire la gentile poesia di quelle colline, i suoi posti, come li aveva chiamati e cercavo di immaginare come quelle dita forti da contadino potessero stringersi delicatamente attorno a una penna o un pennellino per disegnare l'incanto degli alberi esili e sottili.

"Glieli avrei dati per poco, forse anche per niente", sospirò Mino. "Pur di non dover rifare quei chilometri portandoli sottobraccio". "Questa meraviglia il commendator Cerruto non se la sarebbe meritata", ribatté Gianni, poi rivolto a me mormorò: "Perché non li prendi tu?" Nel frattempo qualche passante che li aveva notati si era fermato a curiosare e Gianni si affrettò a reincartarli.

La grazia delicata dei due quadri mi aveva colpito, ma a quel tempo ero talmente a secco con i soldi che l'idea di acquistarli non mi aveva neppure sfiorato. "Perché non li dai a lui?" continuò Gianni che evidentemente se ne era convinto. "Ma io non ho i soldi", mi affannai subito a dire. Mino mi guardava incerto. "Di riportarmeli a casa sotto il braccio questa sera non me la sento proprio. Se li prendi mi fai un regalo". Cercai di schermirmi, ma non ci fu verso, i due si erano alleati e non accettavano un rifiuto. Oltrettutto Mino non aveva neanche accennato a una cifra e io ero incapace di dare un valore ai quadri, non avevo alcuna idea di quanto avrei dovuto sborsare. "Lascia perdere i soldi, che in questo momento proprio...", e Mino fece un gesto con la mano per scacciare l'argomento. "Mi basta che me li togli da sotto il braccio".

Alla fine della serata, poco prima di lasciarci, raccontai a Gianni e Mino dell'invito del dottor Martino Verolengo. Mino era il più interessato. "Certo che so dov'è quell'istituto, ci sono passato davanti tante volte, ha un'entrata dignitosa e c'è anche la scritta: cure dimagranti. Potresti trovare qualcosa che vada bene per me, forse è l'occasione buona". Gianni era più cauto, ma nel complesso anche lui mi incoraggiava, se non altro a verificare di che genere di istituto si trattasse. "Vedi almeno cosa ti propongono di fare e quanto ti offrono, magari ti pagano bene". Fino ad allora avevo solo cercato di immaginare cosa fosse quell'istituto e cosa potessi mai farci io come medico, e non l'avevo collegato alla possibilità di avere magari un buon stipendio, che mi avrebbe fra l'altro permesso di pagare i due quadri.

Una segretaria prese la mia chiamata, mi fece attendere qualche minuto, poi mi chiese: "Le andrebbe bene domani un po' sul tardi?" Quando borbottai che sì, mi andava, mi propose le sei e mezza, che era un'ora inconsueta per un normale appuntamento di lavoro."Il dottor Verolengo sarà lieto di incontrarla", aggiunse. La voce suadente e il tono professionale mi diedero l'impressione d'essere preso sul serio per la prima volta, lontano dal clima di sudditanza che stagnava sull'università all'ombra del cattedratico.

Il sole era ancora alto e illuminava in pieno il lato sinistro del corso Vittorio, quello elegante e meglio frequentato. Il lato destro aveva gli stessi portici maestosi, pavimentati con le stesse grandi lastre di pietra messe lì per durare eterne, ma i negozi erano più modesti come più modesta era la gente che si incontrava. Due, talora tre corriere stazionavano in permanenza di fronte a un'agenzia di viaggi regionali che aveva accanto un caffé osteria. Un via vai di gente con pacchi e borse che parlavano e scherzavano a voce alta creava un'atmosfera ben diversa da quella che regnava sull'altro lato, nei pressi del Caffé Platti, dove prendevano l'aperitivo le persone importanti del quartiere, o della pasticceria Cicogna dove le signore eleganti venivano ad acquistare i pasticcini. L'istituto però era quasi all'angolo con il corso re Umberto, abbastanza lontano dal caffè dei partenti e dalle corriere perché il trambusto che ne derivava si sentisse appena. Accanto alla porta c'era la targa in ottone lucidato "Istituto di Fisioterapia" con sotto la scritta "Cure dimagranti" che Mino ricordava, e sotto ancora il nome del titolare. Come in molti negozi, l'apertura della porta faceva suonare un campanellino. Una signora in camice mi chiese se avevo un appuntamento, mi fece accomodare in un salottino, ma neanche un minuto dopo si riaffacciò dicendo con sussiego: "Il dottore l'attende".

Lo studio dava su una corte interna abbastanza grande perché la parete vetrata di fondo, dietro la scrivania, fosse in pieno battuta di sole. Il dottor Verolengo, i capelli grigi lisci pettinati all'indietro e un camice immacolato, mi venne incontro sorridente a mano tesa. "Devi sapere che mia zia Cristina e tua nonna erano molto amiche", cominciò dopo avermi fatto accomodare su una poltroncina."Dicevano che vi fosse anche una lontana parentela. Purtroppo non possiamo più chiedere qualche dettaglio in più. Mia zia è morta l'anno scorso e tua nonna..." mi guardò con un'espressione compunta che mi mise a disagio. "È morta tre anni fa", gli risposi senza guardarlo. "Per questi legami che ci avvicinano, e anche per la mia età, spero che mi consentirai di darti del tu". A parte che già lo stava facendo, pensai che probabilmente non avrei avuto modo di verificare l'amicizia e la quasi parentela che per lui sembrava avere un'importanza particolare. "La zia Cristina parlava di tua nonna come di una persona staordinaria, la adorava. Capirai anche tu quindi quanto mi rallegri l'idea di poter perpetuare in qualche modo questo legame".

Mi spiegò che l'istituto aveva ormai vent'anni e che godeva di una solida reputazione, non si trattavano malattie gravi o complicate, la vocazione dell'istituto era di restituire ai clienti un benessere psico-fisico che avevano perduto. "Qui siamo in grado di essere veramente e concretamente utili al prossimo", continuò: "Il grosso del lavoro quotidiano lo fanno i fisioterapisti e l'infermiera, ma è essenziale che vi sia anche la presenza di un medico". Il suo assistente aveva ormai raggiunto l'età della pensione, era stanco, veniva al mattino, ma non se la sentiva più di venire anche il pomeriggio. "Per te si tratterebbe quindi in un primo tempo di un impegno al pomeriggio, e fra qualche mese anche al mattino".

Mi invitò a seguirlo alla visita dell'istituto che consisteva di sei locali. In due di questi era istallato una specie di scatolone largo poco più di un metro e lungo un metro e mezzo. "La nostra esperienza di cure dimagranti è di lunga data, ma questi li abbiamo da pochi giorni, sono il *non plus ultra* dell'efficacia". Il dottor Verolengo me li indicava senza nascondere il suo entusiasmo e spiegandomene il funzionamento. Il cliente, e di nuovo disse cliente invece di paziente, doveva fare una doccia tiepida, poi, dopo essersi asciugato con cura, gli si applicava un sottile strato di cera su gran parte del corpo e lo si faceva accomodare nello scatolone con solo la testa libera. Mi fece vedere il coperchio con l'apertura circolare che si poteva chiudere delicatamente attorno al collo. "La temperatura si alza gradualmente", spiegava Verolengo, "fino a 50 e talora 55 gradi, e il cliente comincia a sudare. Ci deve essere sempre qualcuno attorno per impedire che il sudore coli negli occhi. Si perdono fino a due chili in meno di un'ora, capirai che è un bello sforzo. Per questo è bene che ci sia anche un medico che possa rassicurare il cliente". Per mostrare un interesse professionale mi azzardai a chiedere: "La pressione alta è una controindicazione?" "C'è tutto un dossier, puoi guardartelo con calma. In Svizzera, dove fabbricano questi apparecchi, hanno fatto delle ricerche approfondite. Non ci sono controindicazioni e l'effetto è straordinario. Si perdono dei chili a ogni seduta, vedrai, sarà un vero successo". Nelle altre sale c'erano la marconiterapia e i cosiddetti forni Bier e altri apparecchi tradizionali.

Restammo intesi che mi sarei fatto vivo fra due giorni, avrei così avuto modo di riflettere su come conciliare l'impegno pomeridiano con i miei impegni esistenti e più in là nel tempo con una frequentazione anche al mattino. "Potrai sempre avere qualche ora libera nella giornata, se vorrai specializzarti o frequentare un corso, non sarà un problema trovare un accordo". Quando fui di nuovo sotto i portici con in mano la cartellina dei dati sugli scatoloni dimagranti mi resi conto che non si era neppure accennato a quali avrebbero dovuto essere i miei compiti e neanche a quanto avrei potuto guadagnare. Oltre agli obesi o a chi comunque volesse perdere peso, chi erano gli altri clienti dell'istituto? Stavo usando anch'io la parola "cliente" invece di paziente imitando il dottor Verolengo, che mi aveva anche ricordato, come facevano i colleghi della mutua, che compito del medico era di rassicurare.

Quando raccontai del mio incontro, Gianni mi prese in giro: "Si vede che sei nato per gli affari". Mino invece era molto interessato agli scatoloni dimagranti: "Se fosse vero che si perdono dei chili a ogni seduta! Guarda che io faccio conto su di te". Avevo letto la documentazione che veniva dalla Svizzera che descriveva e decantava i successi della cura, e che era molto più simile a una tirata pubblicitaria che a una relazione scientifica. "Il principio di base dovrebbe essere che, dopo aver fatto perdere l'eccesso d'acqua, si mette in moto un meccanismo di smaltimento del grasso". Mino non mi lasciò continuare: "Proprio di questo ho bisogno, perdere acqua e grasso". Cercai di mitigare il suo entusiasmo. "Quello che ho letto è più che altro una pubblicità…" "Voi medici siete tutti eguali, maestri del dubbio", sentenziò Mino. "Non si sa bene da che parte stiate, se volete davvero guarire il malato o solo occuparvi della malattia".

Quando tornai due giorni dopo ero convinto di sapere come mettere tutte le cose in chiaro. Martino Verolengo mi venne incontro come la prima volta con il camice immacolato e la mano tesa, ma anche un sussulto della spalla sinistra, una specie di tic che non avevo notato prima."La gente ha soprattutto bisogno di parlare e di sentirsi ascoltata. Il nostro ruolo è di facilitare i loro sfoghi. Oltrettutto si tratta di una clientela, tu capisci, piuttosto benestante, le nostre cure non sono particolarmente care, ma costano, operano una selezione, chi viene da noi si aspetta, giustamente, un ambiente riguardoso". Ecco, pensai, è venuto il momento, ora gli chiederò se avrò uno stipendio e raschiai in gola per prepararmi a parlare. "Quanto alla tua retribuzione", continuò Verolengo che sembrava aver intuito la mia domanda prima ancora che la formulassi:"Avrai uno stipendio che non è molto elevato, ma insieme a questo una percentuale per ogni cura portata a termine". Mi guardò con un sorriso incoraggiante. "Potrebbe diventare cospicua. Dipenderà anche da te, se saprai attirare nuovi clienti". Con un sussulto piu' pronunciato della spalla sinistra aggiunse: "Sono certo che piacerai. Detto fra noi, non è che tutti i nostri colleghi abbiano un aspetto molto distinto. Tu saresti piaciuto alla zia Cristina, ne sono certo, e piacerai alla nostra clientela". A casa avevo chiesto cosa si sapeva di questa fantomatica zia Cristina, ma né mio padre né mia madre ricordavano molto di più di un vago accenno che la nonna ne aveva fatto molti anni addietro.

"Ho un amico che vorrebbe fare una cura dimagrante, gli ho parlato del nuovo trattamento e ne sarebbe interessato", gli dissi a prova della mia buona volontà. "Eccellente, vedi? Hai già cominciato", esclamò Verolengo visibilmente soddisfatto. "Dai tempo ancora quarantotto ore per l'ultima messa a punto degli apparecchi e poi digli pure che può venire".

A quel tempo frequentavo come volontario il dipartimento di cardiologia, mi ero impegnato a essere presente tutte le mattine, e avevo il permesso di partecipare anche alla visita di controllo pomeridiana. Ne discussi con l'assistente in carica, che era il più giovane degli anziani."Con il primario è meglio che non parli, lo faresti solo infuriare e probabilmente ti faresti cacciare", si strinse nelle spalle."Tu prova per qualche tempo, la mattina puoi continuare a venire da noi. Qui, lo sai, di posti nuovi non se ne parlerà per diversi anni". Mi guardò dubbioso."Magari hai trovato modo di far soldi, perché qui caro mio, all'infuori del primario...", e fece un gesto eloquente con la mano a sottolineare che lì di soldi se ne facevano pochi.

Il primario godeva di un'ottima reputazione, era coscienzioso e metodico, aperto alle novità ma ancora fedele all'insegnamento tradizionale. Insisteva che i giovani per prima cosa imparassero a fare l'ascoltazione e la percussione in modo ineccepibile. A un certo punto del nostro apprendistato, per verificare il livello di esperienza che avevamo acquisito, richiedeva che, sulla base di ascoltazione e percussione, disegnassimo con un lapis sul torace di un paziente il perimetro del suo cuore. In genere ai pazienti piaceva divenire il centro dell'attenzione con tre o quattro allievi, un assistente e il primario attorno al letto a discutere il loro caso. Attendevano con pazienza il loro turno e quando arrivava lo sentivano quasi come un giorno di festa.

Avevo superato quell'esame fuori ordinanza da due mesi e da allora mi era consentito di imparare a interpretare gli elettrocardiogrammi. "Ricordatevelo bene", insisteva il primario: "Prima di guardare l'elettrocardiogramma dovete sempre fare un'ascoltazione accurata. Il cardiogramma mette in evidenza segnali che non è possibile ascoltare, ma ci sono dettagli importanti che un orecchio esperto percepisce anche meglio della macchina". L'invito di Verolengo era venuto a sconvolgere un certo equilibrio. Facevo progressi, stavo imparando a leggere i tracciati, il primario si era accorto della mia esistenza, stavo per entrare a far parte di un gruppo. Non ero sicuro che divenire un cardiologo fosse ormai la mia meta, ma quanto meno ero entrato in una filiera ordinata che alla lunga mi avrebbe potuto portare a una sistemazione accettabile. Per intanto, pensai, quel poco di cardiologia che avevo imparato e continuavo a imparare mi sarebbe stata utile anche all'istituto di Verolengo.

Quando ne parlai di nuovo, Mino non aveva perso il suo entusiasmo. "Prima mi libero di questo adipe e meglio è, mi fa venire il fiato corto". Gli spiegai che doveva attendere ancora due giorni prima di potersi sottomettere alla nuova cura dimagrante e che io avrei cominciato a lavorare nell'istituto al pomeriggio. "Peccato, perché io posso andarci solo al mattino, ma tu mi potrai almeno raccomandare". "Guarda che lo trattino bene", disse Giovanni. "Mino sta terminando una grande tela che è una meraviglia, e che non vendera' al commendatore". "Non sarà in vendita", ribatté con un sospiro Mino, che per la prima volta vidi stanco e invecchiato. "Sono i miei posti, la terra sotto la quale mi troverò presto a guardar la vigna cominciando dalle radici". "Basta non aver furia. Per intanto, se non ti spiace", propose Gianni, "domani veniamo a vedere come sta la vigna sulla tua tela".

Ci trovammo sotto il portone della casa senza ascensore a due isolati dal lungo Po dove Mino aveva lo studio e salimmo insieme i cinque piani che portavano al sottotetto, e che ne valevano almeno otto di una casa moderna. "Capirai", sibilò Gianni fra i denti dopo essere arrivati in cima, "a farlo anche una sola volta al giorno il grasso in più che ti porti addosso pesa il doppio". Lo studio consisteva in uno stanzone lungo una diecina di metri e largo quasi altrettanto, bello alto al centro e spiovente sui lati, fino ad arrivare a un metro dal pavimento. Il soffitto nella parte centrale era fatto di grandi lastre di vetro che rendevano lo stanzone molto luminoso, con la luce che si smorzava gradualmente sui lati. A metà dello stanzone montata su un cavalletto c'era la tela alla quale Mino stava lavorando.

I filari delle viti a schiera salivano dal fondo valle rastremandosi verso la cresta del bricco e cambiando i colori dal verde ancora vivo del fondo al giallo rosso e viola dei filari più alti. I tronchi neri e contorti di qualche vecchia vigna, alternati a quelli più esili delle giovani, sortivano da una terra dura e sassosa, e alzandosi si affinavano per poi aprirsi a divenire come gentili candelabri dai molti colori. Vista da lontano era come una finestra spalancata sulla campagna e man mano che ci si avvicinava affioravano i dettagli fissati con amorosa precisione e staordinaria maestria, una grande tela dipinta come una miniatura. "Ho ancora da terminare qui e qui", e indicava dei punti che sembravano già perfetti, "e anche laggiù…", e mostrava una foglia rossa e viola, leggermente arricciata. "È la cosa più bella che hai fatto da molto tempo", mormorò Gianni.

Verso il fondo dello stanzone c'erano tre sculture, una delle quali sembrava appena abbozzata; appoggiati alle pareti spioventi un gran numero di tele e tavole, una grossa cartella e, proprio in fondo, un divano sconquassato e un altro cavalletto. "Non verrò via con voi, voglio finire ancora un punto", Mino si lasciò andare di nuovo sullo sgabello le grandi mani sulle ginocchia. C'era un odore misto non troppo forte di colori e petrolio, in un vaso stavano diversi pennellini a testa in giù, uno così sottile da far meraviglia che potesse essere manovrato da quelle mani.

Scendendo le scale Gianni si aprì alle confidenze. "Lui non ne parlerà mai, ma se sua sorella non venisse ogni settimana da Moncalvo a portargli della roba dell'orto, farebbe fatica a tirare avanti. Il comune gli ha pagato una scultura dopo due anni e per un'altra chissà quanto ancora dovrà aspettare. Non si dà da fare per vendere i quadri e ha litigato con diversi galleristi che li vorrebbero e che rifiutano invece le sue sculture. Anche questa tela, dice che piuttosto la regala". "E io che non gli ho ancora pagato i due quadri". "Non se ne ricorda nemmeno, li pagherai quando potrai, non fa certo conto sui tuoi soldi. Mino vorrebbe che le sue sculture avessero il riconoscimento che meritano. Il suo momento verrà, ne sono certo". In quelle strade in leggera discesa verso la confluenza della Stura con il Po pareva sempre d'essere all'ombra della Mole, la ritrovavi snella e incombente a ogni angolo di strada. "Purché il suo momento non venga troppo tardi", mormorò ancora Gianni.

Il pomeriggio dopo la segretaria dell'istituto di Verolengo mi accolse con un pizzico di familiarità in più della prima volta. "Vedrà che si troverà bene con noi", bisbigliò con aria complice. Arrivarono due signore ingioiellate e la segretaria mentre le accompagnava alla sala delle stufe Bier disse, accennando a me: "Ecco, il dottore è da oggi il nostro medico assistente". Le signore mi squadrarono un istante senza smettere di parlar fitto fra loro e proseguirono ignorando il mio tentativo d'essere un po' più formale. Per circa tre ore con il mio camicino bianco e il fonendoscopio attorno al collo vagai da una stanza all'altra senza saper che fare. Ci fu solo un signore che in attesa di una seduta di marconiterapia si rivolse a me: "Visto che son qui, non potrebbe misurarmi la pressione?" Verolengo arrivò tardi, si chiuse nel suo studio e si fece vedere per un momento prima che me ne andassi per dirmi che si poteva ormai cominciare con la nuova cura dimagrante.

La sera al caffè passai l'informazione a Mino che disse di volerci andare l'indomani stesso. "Se vai al mattino non ci sarò", gli feci notare. "Lavoro meglio quando la luce comincia a addolcirsi, per questo cerco di sbrigare le altre faccende al mattino quando la luce è troppo cruda. Dirò comunque che sei tu a mandarmi". In quel momento sentii qualcosa di simile al rimorso, ma non dissi niente.

Quel pomeriggio arrivai tardi all'istituto di Verolengo che trovai affollato. "Capita sovente?", chiesi alla segretaria. Annuì aggrottando la fronte e aggiunse piano: "Io insisto sempre perché prendano un appuntamento telefonico, ma ce ne sono", e accennò a due madame in sala d'attesa, "che rifiutano anche solo l'idea di non poter venire come e quando vogliono". Verolengo passava da una stanza all'altra intrattenendosi con i clienti. Indossava il camice impeccabile leggermente inamidato, senza mettere in mostra il quasi simbolo della professione che è il fonendoscopio, sorrideva, parlava, stringeva mani. Un fisioterapista venne a dirmi che una sua cliente voleva sapere se la pressione andava bene. La misurazione della pressione sembrava essere l'unico atto medico che si compiva nell'istituto.

Da uno degli scatoloni emergeva il viso paonazzo di un signore che attendeva stoicamente che l'infermiere gli asciugasse il sudore sulla fronte e attorno agli occhi. Chiesi alla segretaria se esisteva uno schedario con i dati di ciascun cliente. "Sa, si tratta di dati confidenziali", rispose increspando le labbra. "Le signore, per esempio, la loro età..." Rinunciai a ricordarle che per un medico i dati personali sono per definizione confidenziali. "L'età va bene, ma un po' di storia clinica..." "Oh no", reagì come se avessi chiesto un'assurdità, "non siamo in un ospedale". "Questa mattina non è per caso venuto un signore a mio nome..." "Altro che se è venuto, abbiamo preso una paura. Lei dovrà stare attento a chi ci manda". Poiché insistevo mi spiegò di malavoglia che quel signore, che era poi Mino, dopo neanche un quarto d'ora nello scatolone, aveva voluto uscirne a tutti i costi e aveva sbraitato che nessuno si era presa la briga di verificare se lui quella cura la poteva fare. "Abbiamo faticato a tenerlo tranquillo, creda pure".

Verolengo che stava passando nel corridoio prese l'argomento al volo. "Quel tuo amico, sai, ha dato in escandescenze. Qui non ci siamo abituati". "Ma lei sa che si tratta di un grande artista?" Verolengo alzò le spalle. "Sarà, ma è anche un gran maleducato". Avrei voluto reagire, ma Verolengo si era già rivolto a una signora che ci stava osservando attraverso l'occhialino. "Che piacere vederla", le disse inchinandosi leggermente. "Qualcosa non va?" chiese la matrona con aria severa. "Argomenti medici, sa, ci si appassiona", e Verolengo mi fece cenno con la mano dietro la schiena di allontanarmi.

Uscii dall'istituto che era scuro. Con Verolengo non ero più riuscito a parlare, sempre occupato con i clienti o chiuso nel suo studio. Vagai a lungo cercando di metter ordine nei miei pensieri e di valutare se era il caso di metter fine a quell'esperienza che forse non avrei nemmeno dovuto cominciare.

Arrivai a Piazza San Carlo che era tardi. Gianni mi accolse a braccia aperte. "Ecco il dottore che ci spiegherà tutto", indicando Mino che se ne stava sdraiato su una *chaise-longue* saltata fuori chissà da dove per lui. "Ci spiegherai com'è che la tua cura l'ha ridotto così". Mino mi fece uno scherzoso segno di minaccia. Era pallido e respirava con affanno. "Hanno cercato di farmi fuori, ma per fortuna ho avuto la forza di reagire", disse fra un respiro e l'altro. "Tu però non mi avevi avvertito", e tornò a minacciarmi con il dito. Gli avevano chiesto nome cognome età e indirizzo e poi una bella sommetta per la cura, nient'altro. "Ho tentato di dirgli che ho la pressione alta e che il cuore ogni tanto va per le sue, ma nessuno ci ha badato. Dopo dieci minuti che ero in quella scatola non riuscivo più a respirare, non volevano aprirmi, mi sentivo soffocare, ho urlato con quel poco di energia che mi restava". Mino si fermò a prender fiato. "Il peggio è stato quando ho detto di voler indietro i soldi che avevo anticipato, dovevi sentirli".

Lo vedevo così pallido che osai prendergli il polso. Mino sorrise: "Mio cuore monello giocondo, come diceva il buon Guido". Era fortemente irregolare, con scariche veloci e pause troppo lunghe. Guardando la faccia che facevo Mino volle rassicurarmi. "Ho un vecchio medico dal quale vado ogni tanto. Mi ha detto che ho corso un bel rischio, ma che ora ho solo da star tranquillo". "E magari", disse Gianni, "magari non ti pagano neanche bene". Dentro di me avevo ormai chiuso con Verolengo. "Ho sbagliato a dargli retta, mi sono lasciato incantare, potrai perdonarmi?" Mino non mi lasciò continuare. "Sono io che devo farmi perdonare. Perdere l'occasione di fare un po' di soldi, di questi tempi, e per colpa mia". "Eccoli che si danno il turibolo sul naso", si intromise Gianni. "Digli invece cosa hai deciso per la tua grande tela".

Mino respirò a fondo un paio di volte e poi tirò fuori la sua proposta. "Quella tela non ho intenzione di venderla, ma non voglio tenerla nel mio studio e il posto migliore, se sei d'accordo naturalmente, è a casa tua". Fui io a rimanere senza fiato. "Ma come potrei io mai..." Gianni mi fermò subito. "Guarda che non si parla di soldi, ma di mettere quella tela da qualcuno che l'apprezza, la prenderei io, ma non ho una parete libera. Mino era convinto che ti piacesse, ma se non è così..." "A me pareva", si intromise Mino, "che potesse stare bene insieme ai due quadri che hai già." "Ma se neppure quelli sono ancora riuscito a pagare, come potrei ora?" Con fatica stavo mettendo da parte i risparmi, senza sapere bene che valore attribuire ai due quadri. L'idea di avere dei debiti mi ossessionava, da sempre a casa avevo sentito che i debiti sono una vergogna che si deve evitare a ogni costo, ma che se ti capita bisogna cancellare il più presto possibile.

Mino sembrò riprendere forze arrabbiandosi. "Di denaro non voglio più parlare. Altrimenti dovrei anch'io ripagarti per averti messo in difficoltà in un posto dove avresti potuto probabilmente guadagnare molto". E continuò abbassando la voce: "Se ci restavo stamattina in quella maledetta scatola, la mia collina sarebbe magari andata a un gallerista disonesto." "Su via, domani troverò io il modo di portartela", esclamò Gianni, e rivolto a Mino: "Chiudiamo la pagina della cura dimagrante, altrimenti comincerò a chiamarti Mino-en-croute".

L'indomani trovai Gianni sotto casa che mi attendeva. Aveva chiesto l'aiuto di un falegname suo amico che aveva una giardinetta dalla quale, appena mi videro, cominciarono a estrarre con gran cautela la grande tela. Poiché ripresi a manifestare i miei scrupoli e la mia esitazione, Gianni tagliò corto: "Non ti metterai a far storie proprio adesso, invece di rallegrarti per la fortuna che ti capita". Mino non era venuto, sul trabiccolo del falegname, non ci sarebbe stato posto per lui. "Ha detto che verrà a vederla un giorno o l'altro, se lo inviterai naturalmente", disse Gianni mentre con il falegname cercava sulla parete l'altezza migliore per il quadro. Tornavo da un incontro con Verolengo al quale avevo partecipato la mia intenzione di non venire più al suo istituto. Lui, molto sulle sue, aveva risposto che forse si era sbagliato nei miei confronti, forse non ero adatto a quel posto e ci lasciammo così, senza una stretta di mano, con la segretaria lì accanto talmente presa da quel che faceva che neppure si accorse della mia presenza.

"Ti va bene qui? A me pare la luce giusta", chiese Gianni. Avevano fatto tutto loro due, ero rimasto imbambolato a guardarli senza muovere un dito. Quando mi trovai solo con Gianni gli confidai il mio tormento. "Vorrei tenere la tela di Mino, ma non posso accettare di aver un debito. Hai un bel dirmi che non fa conto sui miei soldi, sarà una mania, ma sento ancora mio padre dire e ridire: quello che hai devi prima essertelo guadagnato, mai chiedere un prestito, mai fare un debito". "Evidentemente intendeva prestito di denaro. Puoi sentirti in obbligo di ripagare anche un regalo, ma anche tuo padre riconoscerebbe che è una situazione ben diversa". Mio padre, l'unico al quale avrei voluto chiedere consiglio, non c'era più, c'erano solo le sue parole e il suo insegnamento che intendevo rispettare. "L'unica cosa che Mino ti potrebbe chiedere e di non cederla mai a un gallerista. Vedrai che da domani ti sarai abituato a vederla e non potrai più staccacartene". Chinai il capo senza rispondere perché a quella meravigliosa collina che appena vista avevo tanto ammirato si era ormai sovrapposta l'intollerabile idea del debito. Per tacito accordo nelle serate seguenti non parlammo della grande tela. Mino sembrava essersi rimesso in forze, aveva anzi ripreso a lavorare alla scultura che avevo visto abbozzata nel suo studio.

Fu in quei giorni che seppi di aver vinto una borsa di studio di un anno in una clinica universitaria londinese. Il primario di cardiologia, che aveva appoggiato la mia domanda, congratulandosi della riuscita mi assicurò che era disposto a riprendermi allo scadere della borsa, senza garanzia di un posto stabile, sia ben chiaro, ma rimanendo comunque ben accetto nel suo dipartimento. All'improvviso si era quindi dischiusa un'opportunità nella quale da tempo non osavo più sperare. Al caffè mi fecero una gran festa. "Chissà poi se tornerai, scoprirai che si lavora tanto meglio a Londra, o ti innamorerai di un'inglesina", diceva Gianni, ma Mino si dichiarava sicuro che sarei tornato. "È qui che devi lavorare, ne abbiamo bisogno, non ci tradirai".

La questione della grande tela che avevamo tenuto in sordina per qualche tempo, tornò alla ribalta con prepotenza. Ero fermamente convinto di non poter partire lasciando in sospeso la proprietà della tela. L'avevo avuta in prestito da Mino e prima di partire era mio dovere restituirgliela. Per me la questione era chiara: non avrei potuto accettarla neppure in regalo perché non ero in grado di ripagarlo in egual misura. Cercai di spiegarlo nel modo più semplice possibile sperando che non la prendesse troppo male. Mino chinò il capo e rimase a lungo in silenzio. Gianni non nascose il suo disappunto. "Scusa se te lo dico, ma l'onestà spinta a questo estremo diventa assurda". "Mi ero fatto una certa idea", mormorò Mino. "Ma chissà, forse un giorno capirai".

Mi misi d'accordo con il mio portinaio che aveva un camioncino, avvertii Gianni e un tardo pomeriggio di ottobre arrivai sotto la casa non lontana dal Po con la grande tela. Al fondo della strada si ergeva la collina con i dolci colori dell'autunno. Mino stava lavorando alla scultura in fondo allo stanzone e aveva lasciato aperta la porta dello studio. "Poggiatela dove volete, solo non sul cavalletto", disse senza neanche voltare la testa. Avrei voluto parlargli e cercare di farmi perdonare, ma Gianni mi fece cenno di andare. "Sta lavorando", mi disse quando fummo sul pianerottolo. "Erano mesi che non toccava più quella scultura. Se vuoi saperlo", e mi guardò soprappensiero: "Credo che sia stata proprio la delusione che gli hai dato a fargli rinascere la voglia di scolpire".

Tutto preso dai preparativi della partenza trovai raramente il tempo di passare al caffè e Mino dal canto suo, per via del suo lavoro alla scultura, era spesso troppo stanco per uscire la sera e far tardi. Lo vidi un sola volta ancora prima di partire. Malgrado l'aria affaticata era vivace e combattivo, visibilmente soddisfatto del suo lavoro. "Quelli del comune non potranno lamentarsi, avranno la mia scultura al tempo concordato. La vogliono mettere proprio davanti all'ufficio del sindaco"."Te li immagini a confronto con una scultura astratta?", disse Gianni.

Ero da poco più di un mese a Londra, quando Gianni mi informò che la scultura era stata collocata in Municipio, c'era stata una bella cerimonia, solo in pochi l'avevano contestata. Mino era soddisfatto, ma terribilmente stanco, la caduta di tensione dopo la consegna della sua opera si era fatta sentire, per diversi giorni non si era neppur mosso di casa. Seppi più tardi da altre fonti che Gianni stava ottenendo un grande successo con un suo nuovo romanzo. La corrispondenza fra di noi, quasi regolare agli inizi, era andata dirandandosi con il tempo. Quando gli scrissi per complimetarmi, mi rispose che stava già lavorando a un pezzo teatrale e che non si faceva molte illusioni. "Mi lodano adesso e sono già pronti a darmi addosso alla prossima occasione". Mi raccontava che Mino era sempre più stanco. Si ostinava a lavorare nel suo studio dove faceva un gran freddo, temeva per lui.

Mi ero accorto presto che l'apparente noncuranza con la quale i colleghi inglesi esibivano le loro conoscenze e la capacità di risolvere situazioni critiche, non era frutto di snobismo, non soltanto almeno, era piuttosto il risultato di una loro applicazione intensa e concentrata e di uno sforzo che non veniva mai messo in mostra. Cercavo così di imitarli lavorando molto evitando di darlo troppo a vedere. Arrivò un'altra missiva da Gianni. Mino aveva avuto grossi problemi respiratori e si era dovuto portarlo d'urgenza all'ospedale, era grave. Tornando la settimana seguente da un congresso a Edinburgo, il primo al quale partecipavo con una mia comunicazione, trovai il messaggio di Gianni che Mino era morto. Il funerale, secondo i suoi voleri, era stato fatto in forma strettamente privata. Sui giornali la notizia era arrivata, ma neanche in quell'occasione i critici si erano degnati di fare ammenda del loro lungo silenzio, e talora ostilità aperta, nei confronti di Mino. "Il suo gran momento verrà, ne sono certo". Gianni continuava a esserne convinto. In una lettera successiva alluse ai problemi che erano sorti intorno alle opere che Mino aveva lasciato in gran disordine nel suo studio, ma non fece alcun accenno alla grande tela.

Il mio soggiorno londinese si prolungò per tre anni e da Londra mi trasferii a Edimburgo dove mi era stato offerto un posto stabile. Da lì partii per uno dei tanti congressi vacanza che venivano organizzati in località turistiche, quella volta in Val d'Aosta, in un grande albergo vicino al casinò. Non ero divenuto improvvisamente famoso, ma figuravo nel programma con una comunicazione a mio nome. Ritrovando il primario e i miei colleghi torinesi ci fu un primo imbarazzo anche per via del fatto che, com'era logico, parlavo ormai l'inglese con maggior disinvoltura di loro e potevo conversare amichevolmente con alcuni luminari che neppure il primario aveva mai avvicinato. Passato quel primo momento ci trovammo però da buoni colleghi e amici.

Il caso volle che nei giorni in più che mi presi per rivedere Torino, l'editore torinese di Gianni avesse organizzato una conferenza dibattito in suo onore. Andai quindi ad ascoltarlo e alla fine del dibattito ci incontrammo. Gianni riuscì a defilarsi e uscimmo alla chetichella.

"L'editore si arrabbierà, ma non me ne importa. Tanto, per quel che mi paga..." Di comune accordo ci avviammo al Caffè Torino con l'idea di sederci come un tempo a un tavolino fuori dai portici. Gianni si fermò d'un tratto. "Ti dispiacerebbe se facessimo una piccola deviazione?", mi chiese. Prendemmo per via Maria Vittoria e dopo un paio di isolati Gianni rallentò il passo. "Siamo arrivati. Tu vai ora a guardare quella vetrina". Oltre il vetro, piazzata su di un cavalletto, bene in vista e illuminata, rividi la grande tela, la stupenda e melanconica collina di Mino.

Tornammo sui nostri passi senza parlare finché non fummo seduti a uno dei tavolini attorno ai quali ci si sedeva insieme a Mino. "Non so quanto tu guadagni ora, ma quella tela ha ora un prezzo spropositato. Dopo la morte di Mino è successo il pandemonio. Oltre alla sorella la quale, poverina, non sapeva bene cosa fare, sono saltati fuori dei cugini, sia veri che falsi, liti e litigi, tanto che i galleristi hanno potuto approfittarsene e comprare i quadri per un pezzo di pane". Avevo davvero avuto torto a seguire alla lettera gli insegnamenti di mio padre? Gianni a suo tempo mi aveva fatto notare che la rigidità eccessiva nuoceva anche all'onestà. Gianni, che interpretò a modo suo il mio silenzio, aggiunse ancora: "Mino aveva un debole per te. L'hai deluso, ma ha continuato a volerti bene".

Dopo che ci lasciammo ripassai davanti alla vetrina che era rimasta illuminata. Mino si guardava ormai la vigna, come aveva detto lui, a cominciare dalle radici. Senza approfittarne, evitando anzi di rattristarlo, la grande tela avrebbe potuto trovarsi ora a casa mia, e invece, come Mino aveva previsto, ero solo riuscito a favorire un gallerista. Se mio padre e Mino avessero mai avuto la ventura di incontrarsi, pensai, tutti e due testardi e generosi, un accordo l'avrebbero trovato facilmente e avrebbero riso del mio comportamento rigido e impettito. A me non rimaneva ormai che il rimpianto.

Il flusso di Ricci

di **Marco Abate**

La porta è ancora chiusa. Il corridoio è vuoto. Solo un numero sulla porta, nessun nome. Niente foglietti volanti, o altre indicazioni di utilizzo della stanza. Nessun sospetto che sia abitata. Un ufficio vuoto in un dipartimento universitario italiano. Non è possibile, non con l'usuale cronica carenza di spazi. Dall'ufficio a sinistra, musica attutita. Da quello a destra, accenni di conversazione. Da questo, nulla. Sara prende coraggio, prova la maniglia. Niente. Spinge, con delicatezza: niente. Prova a tirare; nulla. Sara ignora la sensazione di essere ridicola e appoggia l'orecchio al piano della porta: silenzio. Il sergente Garcia scuote l'addome per darsi un contegno, e prova a infilarsi nella porta chiusa. Per un attimo la pancia sembra entrare, ma è solo un attimo. Un tentativo di sedere non sortisce migliori risultati. È sorpreso, dispiaciuto. Non sa, non capisce, spiega gesticolando muto. Una stanza è una stanza è una stanza, ammesso che sia una stanza. La zeta di Zorro gli si forma al volo sull'uniforme, e Sara lo richiama all'ordine. Passi in fondo al corridoio, ora di andare.

Sara si alza da tavola, Alberto continua a parlare.

"...incompetente, lui e quelli che l'hanno messo in cattedra, non riconoscerebbe un anacoluto neppure se gli venisse presentato con tanto di biglietto da visita..."

Woody, occhi spalancati da cartoon, si copre le guance con le mani costernato.

"E il Preside poi! Noi letterati non avremo la precisione di voi scienziati, ma certe cose non si possono far passare come nulla fosse!"

Woody scuote più volte la testa, dietro le spalle di Alberto, preoccupato e partecipe. Sarà l'espressività da cartone animato, ma le ricorda Harpo, anche senza parrucca. Harpo. Non appare da tempo, ormai, nonostante Sara abbia provato a chiamarlo, ogni tanto. Ha bisogno di lui. Non vorrebbe, Harpo non si limita a osservare e fare boccacce.

Alberto si alza, la abbraccia da dietro, un bacio sul collo.

"Mi sembri distratta, stasera..."

Sara s'irrigidisce. Woody, un occhio a cuoricino e l'altro da cui spuntano stiletti. Lei allontana Alberto dolcemente, Alberto non capisce.

Pomeriggio tardi. Uno come tanti, forse. No. Sara ancora non si è abituata al nuovo dipartimento, il trasferimento è troppo recente. Forse tra un anno sarà un pomeriggio come tanti. La porta è ancora chiusa.

"Tutte le nostre risorse sono a tua disposizione! Sentiti pure come se fossi nel tuo dipartimento! Del resto, ormai lo è..."

La battuta non è delle più riuscite, e la benevolenza del direttore di dipartimento troppo forzata per apparire naturale.

"In questo periodo di scarsità di risorse, siamo veramente orgogliosi di essere riusciti ad andare controcorrente, reclutando numerosi giovani provenienti persino da altre università, e sicuramente di ottimo livello".

Leggi: numerosi uguale due. Leggi: in cambio hanno promosso il suo allievo, a scapito di altri. Leggi: se Alberto non fosse stato amico d'infanzia del preside di Scienze, lui certo non si sarebbe scomodato. Ma c'è riuscito, e non era semplice.

"Se ti serve qualcosa non fare complimenti: il mio ufficio è sempre aperto".

Virile stretta di mano, invito a uscire e non tornare troppo spesso.

Tenere Woody fuori dalla camera da letto è difficile. Se potesse parlare, non riuscirebbe a resistere, una battuta sul guardarsi dai desideri realizzati sarebbe inevitabile. Sara non è Hannah, Alberto decisamente non è Woody (la sola idea...), e tutto sommato la loro relazione non c'entra molto col film, ma un tempo con lei e Alberto c'era Harpo, non Woody, o il sergente Garcia, o Han Solo. Vivere (finalmente?) insieme, giorno per giorno, non ha aiutato. Sara si volta dall'altra parte, invocando un mal di testa incipiente e vergognandosi profondamente per il sotterfugio.

I corsi non sono ancora iniziati, gli studenti ancora non la conoscono, il suo studio è pietosamente tranquillo, ideale per lavorare. L'articolo sul flusso di Ricci dei due cinesi da leggere, la congettura di Poincaré finalmente dimostrata. È un segno dei tempi. L'idea iniziale in America, Hamilton; lo sviluppo, potente e ammirevole, in Russia, Perelman; la conclusione finale in Cina. Deve memorizzare i nomi dei matematici cinesi, non sono tutti uguali, e saranno citati sempre più spesso.

Il flusso di Ricci. Le hanno chiesto di tenere un seminario sull'argomento, diretto a un pubblico di non specialisti. Uno dei pochi colpi di fortuna della sua vita: un articolo sul flusso di Ricci, da lei scritto quando ancora non era un argomento caldo ma solo una delle possibili vie verso la dimostrazione della congettura, citato pubblicamente da Hamilton come una delle possibili fonti di ispirazione di Perelman. Colleghi che non l'avevano degnata di un'occhiata improvvisamente la invitano a tenere seminari nelle loro università. L'aprirsi del posto a trasferimento (troppo tardi?) nell'ateneo di Alberto. Sara ha conosciuto Hamilton, e le è sembrato sincero nella stima per l'articolo.

Sara non ha mai incontrato Perelman, e non sa cosa lui ne pensi. Di chi era stata l'idea per l'articolo? Han? No, Han all'epoca non c'era ancora. Harpo.

I due cinesi. Sara deve impararne il nome, prima del seminario.

"Hello, stranger! Welcome in my life!"

La stretta di mano sincera e il sorriso aperto fanno perdonare la mano sulla spalla e l'inglese affettato. Han aggrotta la fronte, sospende il giudizio.

"Te l'avranno già detto in tanti, e magari non tutti sinceri, ma io sono davvero felice che tu abbia avuto il posto qui. E non solo perché il tuo sorriso illumina questo tristo dipartimento; ho un problema da porti, e confido che la tua esperienza potrà essermi utile".

Ci sta provando? Paolo arriva dalla geometria differenziale, Sara dall'analisi reale, il flusso di Ricci un punto d'incontro plausibile.

"Sto studiando una versione modificata del flusso di Ricci, meno generale ma che potrebbe chiarire alcuni aspetti della geometrizzazione di Thurston, aspetti che secondo me quei due cinesi... ma tu ti ricordi come si chiamano? Giuro che ci sto provando, e mi vergogno molto ad ammetterlo, ma proprio non riesco a imparare i loro nomi! Del resto, non sono mai riuscito a distinguere Siu da Yau, e da quando insegnano entrambi a Harvard per me è un disastro..."

Sara sorride, e risponde.

"Ecco, loro due. Secondo me hanno sottovalutato alcuni aspetti, e ho cercato di procedere in quella direzione, ma sono andato a sbattere su alcuni problemi di analisi che proprio non so come affrontare. Da quel poco che capisco, mi sembrano simili a quelli che hai studiato nel tuo articolo sugli *Annalen*..."

Ha letto l'articolo sugli *Annalen*! Non si è limitato al solito articolo citato da Hamilton, come tutti! Han nasconde bene la sorpresa, meno bene il bisogno di parlare con qualcuno che finalmente capisca, e sia interessato.

"Oggi pomeriggio ho ancora esami, ma domani sono libero. Passo da te verso le dieci, ok *pardner*?"

Han si sfrega le mani pronto a mettersi al lavoro. Paolo non porta la fede.

L'imitazione di Zorro del sergente Garcia è francamente pietosa, ma la pistola laser di Han non ottiene migliori risultati. La porta rimane chiusa, la maniglia immobile, lo stipite inviolato. Occorre altro, per entrare. Occorre altro, per sublimarsi nella singolarità.

Seduti alla scrivania dello studio di lei, ancora non completamente ricoperta di carte, Paolo e Sara lavorano. Lui le spiega il suo problema, lei avanza delle idee, lui risponde e rilancia. Riflettono in silenzio, scribacchiando su fogli di carta usati solo da un lato. Il sergente Garcia porta il caffè. Paolo si alza e illustra una possibilità disegnando alla lavagna. Sara lo corregge, e modificando il disegno si trovano spalla a spalla. Han annuisce soddisfatto. L'ora di pranzo li sorprende a rileggere un articolo di Perelman, che Sara vagamente ricorda potrebbe contenere un'osservazione applicabile al loro problema. Paolo suggerisce di recuperare un vecchio lavoro di Yau, e con una breve ricerca in rete riescono a scaricarlo senza bisogno di andare in biblioteca. La lavagna contiene quattro possibili rappresentazioni della situazione; due funzionano, due sono da escludere. Nella discussione, Paolo mette una mano sul braccio di Sara, senza che lei lo sposti. Il sergente Garcia porta un altro caffè. Sara raccoglie in due pile ordinate i fogli che hanno riempito, meglio non perderli. Nulla è ancora certo, ma potrebbe funzionare. Han annuisce soddisfatto.

Woody è nervoso. Si è già annodato due volte gli occhiali. Seduto fra Sara e Alberto, sul divano di fronte allo schermo televisivo, vorrebbe essere altrove. Non può, non dipende da lui. Il vecchio film non ha l'effetto sperato, Woody si sente colpevole per l'eccessivo ottimismo di *Hannah*. La routine dello specchio mancante gli ricorda un fantasma assente. Alberto si distrae, la mano corre al giornale poggiato di fianco. Forse vorrebbe accarezzare Sara, ma lei è impegnata col lavoro a maglia. Mai che riescano a vedere un film davvero insieme, lei ha sempre qualcosa da fare, se non è la maglia si mette a stirare. Se andassero al cinema, si porterebbe il ferro da stiro. Non che si riesca ad andare al cinema, troppo stanchi la sera, non sono più giovani. Adesso che si vedono ogni sera, parlano forse meno di prima. Quand'è stata l'ultima volta che sono andati a ballare? A proposito:
"Sara, giovedì prossimo sarò fuori a cena con alcuni ospiti, invitati dal Preside. Ne farei volentieri a meno, ma mi tocca. Cercherò di rientrare presto, ma non prometto niente".
Musica d'arpa dallo schermo.

"Come tutti sapete, abbiamo la fortuna di avere tra noi uno dei maggiori esperti a livello mondiale" (Han alza gli occhi al cielo, il sergente Garcia si gratta la testa perplesso) "sul flusso di Ricci e la sua applicazione alla congettura di Poincaré, che ha gentilmente accettato di spiegare a noi comuni mortali" (il direttore lancia un sorriso smagliante a Sara) "almeno le idee generali dell'approccio ideato da Hamilton e concretizzato da Perelman e, recentemente, da Xin e Zhang" (no, non sono questi i nomi, il direttore se li è sicuramente inventati sul momento) "e mi sembra un ottimo modo per cominciare quest'anno i colloqui di dipartimento, iniziativa da me fortemente voluta, che, benché di istituzione solo recente, già contraddistingue positivamente il nostro dipartimento, e a cui sono certo vorrete fattivamente contribuire personalmente o con efficaci suggerimenti di conferenzieri adatti..."

Sara avrebbe voluto avere con sé anche Woody, ma lui non esce mai di casa. Questa è una trappola. Il direttore l'ha messa nella fossa dei leoni. Vuole dimostrare a tutti che è stato un errore chiamarla, che è stato solo un favore ad Alberto, che lei non meritava lo sforzo... Il sergente Garcia le sorride incoraggiante, la invita a incominciare, si sistema comodamente la pancia per ascoltarla globalmente. Non ha idea della situazione, delle insidie che la aspettano. Han inizia a essere impaziente, non deve perdere tempo, tuffarsi e via. Sara scorre gli appunti che ha preparato. Come sempre, ha memorizzato la frase iniziale. Han non è Harpo, non riesce a darle lo stesso sostegno.

Si tuffa. Si lascia trascinare dal discorso, dalla logica dell'argomento, dalla bellezza dell'idea. È come seguire il flusso di Ricci stesso, modificando il volume delle sue parole spingendole fin verso la singolarità finale, liberandosi lungo la strada degli orpelli inutili e rivelando così la geometria sottostante. La terminologia stessa invita alla metafora, l'uso della chirurgia per tagliare ciò che già si conosce, lasciando libero il volume di svilupparsi verso la maturità definitiva della sua geometria intrinseca.

Deve aver detto qualcosa di sbagliato. Teste che stavano lentamente scivolando verso un sonno ristoratore a un tratto si scuotono, come sorprese da un suono improvviso. Ma non sembrano disturbate da lei. Il sergente Garcia russa, sommessamente.

Il fascino della singolarità. Il volume corre veloce seguendo il flusso verso l'apoteosi finale, ma Perelman lo arresta, un attimo prima che perda la sua unicità. La scelta dell'attimo è essenziale. L'equilibrio fra l'essenza e l'individuo. Avvolto nella singolarità, il volume sublima nel paradigma iperbolico o sferico, diventa una categoria, una classe, un modello. Ma fermiamolo un attimo prima, freniamo la sua impazienza, concediamo a Perelman di osservarlo con cura, di estrarne all'ultimo istante possibile l'individualità, permettiamo a Yin e Yang di scavare la profonda correlazione fra la sua unicità e il paradigma della singolarità a cui tende, e solo dopo averne ricavato tutte le informazioni necessarie concediamogli di concludere ciò che Hamilton ha iniziato, l'apoteosi della singolarità, la geometrizzazione ultima.

Lasciarsi andare lungo il proprio flusso di Ricci, tagliare chirurgicamente le appendici inutili che hanno già dato quanto potevano, fluire insensibili senza soste fino all'abbraccio della singolarità definitiva. Niente Perelman, niente Zung e Ping, solo la spinta di Hamilton, fino in fondo. Ha già dato tutto, lasciatela andare oltre.

Il sergente Garcia batte le mani freneticamente. Han ha una smorfia di soddisfazione. Il direttore impassibile. Paolo sorride, altri applaudono di cortesia. Sara crede di sentire musica d'arpa in lontananza, ma sicuramente si sbaglia.

Sara accenna al seminario, Alberto non domanda nulla.

La porta è ancora chiusa. Sara vi appoggia la fronte, chiude gli occhi. Sembra calda, morbida. Un calore vivente. La mano sfiora, un sospetto di peluria, riccia, rossa. Un ticchettio continuo, come di tastiere mute.

Paolo. Non l'ha mai vista aperta, la porta. Dovrebbe essere un ripostiglio, dice, ma non l'ha mai vista aperta. Dovrebbe essere il deposito dei computer obsoleti, macchine perfettamente funzionanti abbandonate perché sostituite da modelli più giovani. Rinchiuse in uno sgabuzzino perché incapaci di rispondere a esigenze sempre più eccessive di velocità e memoria. Chirurgicamente dimenticate come oggetti inutili. Un ticchettio continuo, propositi di vendetta. Messaggi d'addio, richiami d'aiuto, *o programmatore perché mi hai abbandonato*, si accumulano oltre la porta sempre chiusa, accalcandosi e bruciando dolore, abbandono, solitudine, in attesa della singolarità finale, il crash-down definitivo che mai avverrà.

La porta si raffredda. Forse Sara ha raggiunto la temperatura condivisa, l'empatia con i computer abbandonati; è il momento del richiamo, del distacco. Apre gli occhi, lentamente.

"Vieni qui".

Sara è distratta. Woody non si vede. Sara si sente sola.

"Su, lasciati andare... vuoi che spenga la luce?"

Sara scuote la testa, negando non sa neanche lei cosa. Alberto la bacia sul collo, prima delicatamente, poi più forte. La stringe. Sara si guarda intorno. Woody non c'è. Perché?

"Sara..."

Alberto le accarezza il viso, il seno, si ferma. La osserva, e poi si lascia cadere all'indietro sul letto, rinunciando.

"E ci risiamo. Sarai stanca, capisco, ma un minimo di partecipazione... Sono stanco anch'io, sai, con tutte le grane in facoltà, avrò pure diritto a un po' di svago..."

Alberto si gira di fianco, appoggiandosi su un gomito. Un'ombra di preoccupazione gli si addensa sul viso. Un rumore fastidioso, non se ne percepisce l'origine. Come un ronzio d'insetto, o forse uno starnazzare d'anatre in lontananza.

"Non è che ci stai ricadendo, eh? Di nuovo come due anni fa? Ne avevamo parlato, avevamo convenuto che era lo stress per il continuo pendolare, che col trasferimento tutto sarebbe passato. Ho dovuto vendere l'anima per ottenere il tuo trasferimento, lo sai! L'ho fatto per te, per noi! E non chiedo molto in cambio, solo un po' d'attenzione..."

Sara scuote di nuovo la testa. Dov'è Woody? Perché non è qui? Si alza dal letto, lascia le coperte addosso ad Alberto.

"Ehi! Dove pensi di andare? Sto parlando con te, sai?"

Alberto tenta di afferrarla, non riesce. Il rumore è più forte, più definito, ma è come se non ci fosse, come non passasse tramite l'udito. Anatre, non insetti. È bagnato per terra. Sara si china, tocca con due dita, assaggia. Salato. Woody!

"Sara torna qui! Oh merda merda merda..."

In corridoio, in un angolo, un paio di occhiali, montatura nera pesante da cartone animato, parzialmente liquefatta, gocciolante salamoia.

Il lavoro con Paolo si protrae per tutto il pomeriggio. Hanno trovato la strada giusta. Sara si sente trasportare dal flusso delle idee, Paolo risponde aggiustando la navigazione. L'approdo è in vista, la risoluzione della singolarità aggirata brillantemente, con un'idea tanto semplice quanto efficace. Han è nervoso, non crede basti così poco. Paolo suggerisce una verifica alternativa, Sara lo segue. Seduti sulla sedia, braccia dietro la testa, sguardo perso in aria. Alla lavagna, un diagramma supera il precedente. Han è nervoso. Sara spiega, Paolo le è accanto, ascolta intento, le sfiora una spalla. Un ostacolo imprevisto, una possibilità non ancora considerata. Il sergente Garcia porta il caffè, ma è freddo. Paolo impreca, c'eravamo così vicini, Sara insiste, proviamo ancora un'altra via. La decomposizione spessa/fine, con quel lemma secondario di Zhu e Cao di cui non capivamo l'utilità... Il sergente Garcia riporta via il caffè, Han è nervoso. Ripetono il ragionamento, trovano un'alternativa, vedono dove conduce. Confrontano il risultato nuovo con il precedente, devono dire la stessa cosa in due formulazioni diverse, ma perché possano dire la stessa cosa occorre che il flusso di Ricci... Paolo e Sara si guardano, giunti insieme alla stessa conclusione. Funziona... funziona! Paolo, euforico, abbraccia Sara e la bacia, prima d'impulso, poi più convinto. Poi si ferma, improvvisamente irresoluto, la guarda. Sara non risponde. Paolo ha un lungo capello rosso, riccio, sulla camicia.

Alle loro spalle, un *oink* di peretta, anatra artificiale. Han, un urlo impossibile, immerso in grafite congelata.

Sara è a letto, al buio, immobile. Tenta di dormire. Non sa che ora sia. Si sente sola. Il sergente Garcia a casa non viene.

Un rumore nell'altra stanza. Alberto è tornato. Cammina silenzioso, inciampa, impreca, si zittisce da solo con un risolino instabile. Si spoglia, entra a letto, accanto a lei, al buio. Odore di alcol, la cena col Preside. C'è un altro odore, sotto l'alcol. Profumo, forse. Frustrazione.

Alberto è nudo, le si accosta, le preme addosso. La guancia sulla sua spalla, lieve sfregare di barba non rasata, forse riccia, forse rossa. Una mano sul suo seno, le accarezza il capezzolo attraverso la sottile camicia da notte. È sudato, e non è solo alcol. Inizia a muoversi, si strofina contro di lei e contro il materasso. L'altra mano si insinua fra le gambe, sale fino al pube, preme e poi apre bruscamente. Alberto le sale sopra.

Sara sente il suo pene non completamente rigido fra le cosce, che tenta di spingere. Sara accende la luce. Alberto s'immobilizza. L'alito d'alcol, l'occhio iniettato di sangue. Profumo non suo, forse avance non riuscita. Un modello più giovane. Ma non solo. Frustrazione. Si è di nuovo dovuto piegare, ha concesso, ha perso. Prova a spingere di nuovo, una, due volte, senza convinzione, il pene arretra, torna flaccido, si spegne. È finita.

Alberto indossa una enorme parrucca riccia, rossa.

Nei corridoi del dipartimento. Sara sa cosa l'aspetta. La sua singolarità è vicina. L'apoteosi l'attende. Non c'è Perelman a fermarla. Paolo la cerca, ma non capisce. Le dice che ha saputo del litigio con Alberto, ma non ha visto il sergente Garcia. Le dice che gli dispiace, se può fare qualcosa, ma non ha visto il sergente crocifisso, un'incisione ad acca da cui sgorgano sangue e intestini, un bastone a peretta posato di fianco. Le chiede di fermarsi, le offre un pranzo, un caffé, un bicchiere d'acqua qualcosa, ma non sente il fluire del flusso di Ricci che la trascina, amputando chirurgicamente le appendici inutili. Le ricorda il suo, il loro lavoro, ma lei ricorda la parrucca rossa riccia. Harpo. Harpo è tornato, e l'aspetta.

Harpo è tornato, e l'aspetta vicino alla porta. Il bastone a peretta ancora insanguinato, un solo *oink* di anatra accompagna il suo sorriso. Si prendono per mano, Harpo e Sara. Aprono la porta, Harpo e Sara, ed entrano.

Una piccola differenza

di **Elena Ioli**

Aveva fatto un sogno. Era con suo fratello a teatro. Lei era proprio lei. Suo fratello, invece, era un poco diverso. Gli occhi *non* erano *proprio* i suoi occhi, la forma del naso, la piega sottile delle labbra non proprio le sue. Si era svegliata con l'immagine nitida dei loro due volti in primo piano, e quella serie di minute differenze nel volto dell'altro.

Era l'alba di una mattina di inizio estate e il sole abbracciava il mare e il cielo. Dalla finestra della sua stanza, vedeva uno scorcio di acqua piatta di un verde profondo. Alla sua destra, oltre la massa fucsia delle buganvillee, sbucava il profilo cintato dell'isola vecchia, brulla e rocciosa, senza pini marittimi, né cespugli di timo, rosmarino, erbaspada, senza gerani arrampicati su per i muri delle case dei pescatori.

Guardò il porto laggiù, vicino alla spiaggia bianca. Francesco – lo riconobbe dal cappello di paglia e dalle braccia ossute e lunghe rispetto alla corporatura – armeggiava intorno alla sua piccola barca, lustrava il motore, arrotolava le funi. La barca si chiamava Caterina, come la moglie morta da quasi vent'anni, l'inverno prima che lei lo conoscesse.

Si vestì in fretta, con un pensiero in testa, lo stesso pensiero da quando, poche sere prima, aveva fatto il bagno in una cala al riparo dal vento e dagli uomini.

Sfiora l'acqua con il palmo della mano, e si immerge, piano. Il freddo dell'acqua le punge la pelle. Tira un respiro, e piega le gambe, l'acqua raggiunge il petto, poi il collo, la bocca, gli occhi. Ora è completamente circondata – acqua sopra, sotto, a destra, a sinistra. Si sente priva di spessore, accoglie le vibrazioni sommerse, e le rimanda indietro con morbidi rimbalzi. Sotto la superficie, tutto sembra più statico. Sta trattenendo il respiro, ha gli occhi chiusi. Si sta rilassando, il corpo è abbandonato dalla tensione iniziale. Nonostante il freddo, la sua pelle è tiepida. Continua a rimanere immobile sott'acqua, brevi istanti – piccole apnee. "Essere come tronco nel fiume", immobilità dinamica.

D'improvviso, aveva visto un guizzo e due occhi neri sbucare fuori dall'acqua. Al tramonto, l'acqua del mare diventa scura, non c'è più la luce del giorno da riflettere, o da far entrare per svelare i colori dei fondali, il rosso dei pomodori di mare, l'occhieggiare dei ricci avvinghiati alla roccia. Solo quei due occhi neri e lucidi, nel mezzo di un viso di bambino, che l'avevano guardata, appena sopra la superficie del mare, poi più niente. Aveva nuotato in quella direzione, per raggiungere non sapeva bene cosa, ma quasi subito l'acqua era tornata piatta. La scogliera ospitava in quel punto un anfratto che aveva l'aria di essere molto profondo.

Scese la gradinata che portava alla banchina del porto. Appena Francesco la vide, le fece un cenno lento con la mano, per salutarla. Le sembrò vecchio, la schiena curva sotto il peso di una fune grossa. Gli chiese di accompagnarla con la sua barca alla grotta sul lato occidentale dell'isola. Il vecchio pescatore le disse che la grotta per quasi cinquanta metri si spingeva dentro la roccia, graffiandola. Andiamoci subito, pensò lei.

Il sole era ancora basso sull'orizzonte, e la massa poderosa dell'isola teneva sotto la sua ombra quel tratto di scogliera. L'acqua era scura, e all'imboccatura della grotta sembrava diventare densa, quasi fangosa. Chiese di fermare la barca e si immerse lentamente, vincendo un brivido.

Un tempo ...

Sa già nuotare, poi disimparerà. Da sola, si muove, nuota, a piedi larghi. Tocca l'acqua con un dito, ed ecco una capriola, sfiora la parete del suo imbuto e subito rimbalza indietro. Sa muoversi da sola, nutrirsi, bere, respirare. Sa aprire e chiudere le mani, toccarsi la testa. Percepisce i rumori. Sobbalza agli starnuti. Dal resto del mondo la divide uno strato di tessuto, una rete di vasi sanguigni attraverso i quali scorre il suo legame con la vita. Con le mani, i piedi, i gomiti, le ginocchia sente l'abbraccio che la contiene. Non vede il sole. Che buio!
Poi dimentica tutto, per imparare di nuovo. Avrà tempo per apprendere ancora. Ma all'inizio, fa della sua corporeità la sua scoperta di un mondo.

Si avvicinò piano alla grotta. Nuotava sotto la superficie e risaliva solo per riprendere fiato. Se chiudeva gli occhi non c'era più alto, né basso, né avanti né indietro. In mare riconquistava l'accesso naturale a quella, delle tre dimensioni, che a terra percorreva solo con l'aiuto di scale, ascensori, motori. In mare bastava una spinta dei muscoli per salire o scendere, come Icaro in fuga dal labirinto, con ali posticce "riunite per mezzo di fango e cera".

Era arrivata all'imboccatura della grotta. L'acqua appena mossa rifletteva bagliori e stille di luce. Fu allora che rivide quegli occhi luminosi di bambino, *così* umani. Fu un attimo… Occhi che nella penombra erano come quelli di un bambino, ma *non proprio*. Allora capì, pensò al sogno, al fratello che non vedeva da anni. Bastò un movimento laterale degli arti posteriori e, con una manovra agile e aggraziata, la foca monaca si girò e si inabissò. La immaginò nuotare rapida, là sotto, da qualche parte, spostarsi in tutte le direzioni, occupare tutto lo spazio, dirigersi dove l'istinto la guida. Forse in cerca di una grotta per sostare a riposarsi, o per far nascere un cucciolo, partita dalle isole greche del mar Ionio, a poche decine di miglia nautiche verso oriente. Da quelle parti, le avevano detto, di foche monache se ne vedono ormai rarissimi esemplari, individui nomadi che lambiscono i bassi fondali in prossimità della costa, per poi ripartire verso luoghi più discreti e indisturbati.

Francesco la chiamò. "Va tutto bene", rispose e si allontanò dalla grotta, per tornare verso la barca. "Ho visto un *bambino di mare*", gli disse. "L'avevo già incontrato qualche giorno fa, mentre nuotavo in questo tratto di mare". Il pescatore capì, e sorrise. "Da piccolo ho desiderato per anni di poter vedere una foca monaca, un *vecchio di mare* come tutti l'hanno sempre chiamata da queste parti."

Ora il vecchio è tornato bambino, pensò.

Voi non ci riuscirete mai!

di **Guido Pegna**

> *Ma non sazio costui della già spenta vita d'Ettorre, al carro il lega, e morto pur dintorno alla tomba lo strascina dell'amico.*
>
> Omero, Iliade, Canto XXXIII

"Malvolti è morto". La voce al telefono era quella del mio amico e collega Silvestri. "L'ha trovato il tuo laureando quando è entrato in laboratorio questa mattina", continuava. "Era steso per terra bocconi, lungo tirato come un baccalà. Sono già arrivati il medico e la polizia e stanno frugando dappertutto". Data la complessione robusta del morto il paragone con il baccalà non mi sembrò appropriato. E aveva aggiunto: "Ucciso dall'invidia". Mi precipitai. Trovai il mio laboratorio pieno di gente. Qualcuno scattava foto con il flash. Gli schermi dei computer erano ancora accesi e mostravano l'evolvere dei dati dell'esperimento che avevamo in corso; tutti gli apparecchi, le pompe, i generatori erano in funzione, come al solito. Ma rovesciato per terra, al fianco del cadavere, vi era anche il contenitore Dewar da 200 litri, che avevo rifornito la sera prima di azoto liquido a 190 gradi sotto zero, ora vuoto; sulla mia scrivania tutti i fogli, i quaderni di appunti, le strisce di carta dei registratori erano in gran confusione.

Fui pregato di uscire, nell'attesa che il signor procuratore mi rivolgesse alcune domande.

Poco dopo mi fecero entrare. Il magistrato era seduto alla mia scrivania, e il cancelliere nella sedia di fronte. Dopo i soliti avvertimenti di rito, in *conspectu corporis* cominciarono le domande. "Quando l'ha visto l'ultima volta?", chiese girando il mento verso il corpaccio steso sul pavimento. Risposi che lo avevo visto il pomeriggio precedente. Ero andato a trovarlo nel suo studio per mostrargli la lettera di una società di fisica europea che annunciava la mia designazione a vincitore di un premio molto ambito per i risultati ottenuti con il mio esperimento. Mi chiese se la porta del laboratorio la sera prima fosse chiusa a chiave; risposi che di solito lo era. Quante persone avevano quella chiave? Il qui presente defunto l'aveva? Le chiavi di riserva di tutti i locali del Dipartimento dove venivano conservate? E infine la domanda che più temevo: il Dewar la sera prima era pieno? Era vero che l'enorme quantità di azoto gassoso che si era liberata a seguito del suo rovesciamento avrebbe causato a chiunque si fosse trovato nel locale la morte per asfissia in tre o quattro minuti? E che dopo qualche ora l'aria del laboratorio sarebbe tornata del tutto normale per il naturale ricambio causato dagli spifferi? "Di conseguenza, se qualcuno avesse raddrizzato il Dewar per tempo, la causa mortis, ovvero l'arma del delitto, se questo era il caso, sarebbero sparite per sempre", concluse ammiccando verso il cancelliere.

La terribile storia comincia alcuni anni prima quando, in occasione del centenario della scoperta dell'elettrone, avevo pensato di ripetere con i miei studenti del quarto anno una delle esperienze fondamentali della fisica moderna: quella che portò Robert Millikan, con un lavoro durato dal 1909 fino al 1913, alla determinazione diretta della carica dell'elettrone, lavoro che gli valse l'attribuzione del premio Nobel nel 1923.

In quell'esperimento venivano spruzzate delle microscopiche goccioline di olio fra due piastre metalliche orizzontali, tra le quali poteva essere applicata una differenza di potenziale. Le goccioline di olio trasportano in genere poche cariche elettriche elementari, cioè alcuni elettroni. Quando una di queste goccioline si trova nello spazio fra le due piastre, può accadere che, se il suo peso è contrastato dalle forze elettriche verso l'alto esercitate dal campo elettrico, allora la sua velocità di caduta diminuisce, e si può arrivare fino a farla levitare. Così, osservando una di queste goccioline con un microscopio, e misurandone la velocità di caduta, prima senza e poi con il campo elettrico, è possibile ricavare la sua carica. Ripetendo l'esperimento su molte goccioline, si scopre che la loro carica è sempre multipla di un determinato valore; valore che non può essere che quello della più piccola quantità di elettricità che può esistere isolata. Questa è l'esperienza di Millikan, considerata delicata, difficile e non alla portata degli studenti. È anche faticosa: stare a lungo a osservare un puntino poco luminoso su fondo nero attraverso un oculare è un impegno intenso e poco piacevole.

Con i miei due studenti iniziammo la costruzione del sistema delle due piastre. Le esigenze da rispettare erano molteplici: le piastre dovevano essere ben piane, parallele e orizzontali, piuttosto vicine per non dover usare tensioni troppo alte, contenute in un ambiente ermeticamente chiuso per evitare le turbolenze dell'aria, e tali che fosse possibile guardarci in mezzo con un microscopio. Le piastre che facemmo fare nell'officina del Dipartimento erano di alluminio, quadrate, con il lato di 6 centimetri, perfettamente piane e ben lucide. Venivano tenute distanziate con due listelli di plexiglass di 6 millimetri di spessore. Al centro della piastra superiore fu praticato un forellino da mezzo millimetro di diametro. Una camera cilindrica di plexiglass fu fissata sopra la piastra superiore per fornire un ambiente tranquillo alle goccioline microscopiche dell'olio spruzzato in nebbia sottile durante la loro caduta. Le poche che avessero imboccato il forellino erano quelle che avremmo dovuto vedere al microscopio.

Quando tutto fu pronto, iniziammo a provare. E qui cominciarono i guai. Non si vedeva nulla, e si continuò a non vedere nulla per un mese. Provammo vari tipi di illuminazione: laterale, a vari angoli, con luce parallela o con luce concentrata nel centro con delle lenti. Provammo vari tipi di spruzzatore: spruzzatori da profumo con peretta di gomma, spruzzatori da aerosol, vaporizzatori. Provammo molti tipi di olio: fluido per macchine da cucire, da motori, d'oliva, di vaselina. Gli studenti lavoravano in laboratorio per otto ore al giorno, pieni di buona volontà. Trovare la combinazione giusta fra tutte quelle variabili appariva un'impresa disperante.

Allora i miei due studenti fecero una cosa che secondo le rigide regole del mondo accademico è inconcepibile: andarono a chiedere consiglio a un professore mio collega. Nelle facoltà con pochissimi studenti, fra questi e i professori si stabiliscono dei rapporti come quelli che esistono fra gli adepti e il maestro di una setta esoterica. Vige perciò la seguente regola non scritta:

Gli studenti sono proprietà spirituale esclusiva del professore.

Dalla quale discendono i corollari: 1) gli studenti sono tenuti ad avere fiducia completa nel loro maestro-padrone, fino alla più totale abnegazione; 2) gli studenti devono conservare il segreto su eventuali errori, insuccessi, incidenti che accadano durante il lavoro; e per estensione, su tutto il lavoro in generale.

Ma ora è necessario aprire una parentesi e tornare indietro di una trentina d'anni. L'Istituto di Fisica dell'Università della nostra città è a quel tempo una lunga teoria di corridoi e di stanze buie, semivuote, nelle quali scivolano come larve pallide tre o quattro assistenti impauriti. Domina quel regno delle tenebre e dell'incertezza il Direttore, unico Professore Ordinario, e perciò Padrone delle larve pallide, arbitro della loro permanenza o del loro licenziamento. Assunzioni e licenziamenti sono nel Suo completo potere, diritto e indiscutibile arbitrio. Il Direttore è invisibile: se ne sta sempre chiuso nella Sua stanza, dalla quale non esce che due o tre volte l'anno per entrare inferocito in qualche laboratorio e investire l'assistente, di fronte agli studenti, con sfuriate accusatorie umilianti che durano ore. Chi entra da Lui per chiedere qualcosa, ne emerge tremante e disfatto dopo cinque o sei ore trascorse in piedi ad ascoltare discorsi vaghi, allusivi, metaforicamente minacciosi, e una volta uscito tacerà per sempre su ciò che gli è stato detto, annientato da un innominabile senso di colpa. Gli articoli scientifici, pochi, che venivano compilati dalle larve dovevano essere conferiti a Lui per l'approvazione alla pubblicazione. Venivano subito riposti nel primo cassetto in alto a destra della Sua scrivania e lì giacevano per sempre. Alla sua morte, quando quel cassetto fu aperto, ritrovai un mio articolo su uno studio Raman di un particolare cristallo liquido scritto così bene che non mi parve nemmeno mio. Perfino nel 1968 il Professore continuò a dominare l'Istituto, e resistette allo sgretolamento del mondo accademico in atto intorno a lui. Non deflesse per un attimo dalle sue abitudini. Arrivava come sempre alle nove in punto, con l'Unità che sporgeva orgogliosamente dalla tasca destra della giacca. Percorreva lentamente i corridoi dell'Istituto occupato attraversando i bivacchi degli studenti e si chiudeva nel Suo studio. Si vantava di essere stato uno degli unici nove professori universitari che in Italia, nel '36, si erano rifiutati di ubbidire all'ordine di iscriversi al P.N.F.

Un giorno entrò da Lui, senza bussare, uno studente molto fuori corso, leader del movimento studentesco, tale Roberto Rosso, con in testa il berretto in similpelle degli studenti cinesi.

"Io sarei uno studente lavoratore, democraticamente eletto..."

"No. Lei è un fesso", lo interruppe il Professore e con una sventola gli fece volare via il berretto. Poi suonò per il bidello, lo prese per un orecchio e glielo consegnò perché lo buttasse fuori.

Ma torniamo agli anni prima della rivoluzione. Gli studenti sono tre o quattro per anno; i laureandi, che arrivano a quello stato dopo otto, dieci anni di patimenti, non sono mai più di uno o due per volta, e sono già ridotti allo stesso stato larvale degli assistenti. Negli antri bui del seminterrato vi sono le officine, dalle quali non emergono mai verso la luce i due addetti senza nome in camice nero, uno dei quali completamente sordo. Trascorrono la loro vita in costruzioni ripetitive di minuscoli oggetti metallici tutti uguali e inutili, decise da Lui al solo scopo di tenerli occupati, e, loro sospettano, anche per punizione. Di colpe passate? Future?

In siffatto Istituto accadde un giorno che uno studente con i capelli rossi, gli occhiali e il viso paffuto di nome Malvolti, molto sveglio e vivace, evidentemente dotato di anticorpi naturali contro il Terrore, e assai disinvolto nel districarsi fra le misteriose norme che regolavano l'accesso ai laboratori e alle officine, riuscisse a far costruire in quelle stesse un apparecchio di Millikan su suo disegno. Ne venne fuori, per povertà di mezzi e per insipienza del progettista, una cosa rozza, macchinosa e con alcuni importanti errori di progetto. Le piastre erano grandi come dischi da 33 giri, malamente sostenute da tre o quattro listelli di legno; l'intero oggetto era chiuso in una specie di gabbia fatta con una rete da pollaio. Malvolti non perse tempo in inutili quisquilie: con l'audacia dell'ingenuo, dopo essersi fatto preannunciare dal bidello, osò presentarsi nel Sacrario per esibirlo a un Lui meravigliato e perplesso, starnazzando con giovanile entusiasmo di gocce d'olio piccolissime, di misure riuscite, di funzionamento perfetto. E qui la storia, come si suol dire, si divide in due tronconi che si ricongiungeranno solo alla fine con il ramo principale della vicenda che qui è narrata.

Primo troncone. Quell'apparecchio percorse una carriera che non meritava. Il Professore volle che venisse inserito fra le esercitazioni di laboratorio per i poveri studenti del quarto anno, molte generazioni dei quali dovettero da quel momento cimentarsi contro quel mostro. In laboratorio gli studenti devono eseguire le rilevazioni di dati dall'esperimento; poi devono elaborare quei dati e consegnare una relazione. La realtà era la seguente: il mio amico Silvestri, che frequentò in quegli anni, mi ha testimoniato che né lui, né alcuno degli altri che lui conobbe provò mai il piacere e l'emozione di vedere una sola gocciolina, malgrado avessero tentato di tutto con pazienza infinita e tutta la cura di cui erano capaci.

Ma gli studenti sono pieni di risorse. Cominciarono quasi subito a circolare copie segrete di una relazione falsa sull'esperimento di Millikan, ma sufficientemente ben costruita da passare per frutto di un lavoro autentico. Secondo alcuni era una copia dell'opera originale – e condotta su dati inventati – dello stesso Malvolti. I valori riportati per le velocità di caduta delle goccioline erano plausibili; in verità a un'analisi più approfondita appaiono piuttosto coincidenti con quelli riportati nel libro del Millikan del 1924. Quella relazione venne ricopiata e riconsegnata sempre identica all'originale per almeno vent'anni. Tutti erano al corrente dell'imbroglio, ma tacevano per quieto vivere e per la paura di Lui.

Alla fine nel mondo della scienza la verità trionfa sempre. Così quella mostruosità cadde in disuso e venne abbandonata. Ai nostri giorni se ne è perso ogni ricordo: giace coperta di polvere sullo scaffale più alto di un armadio sempre chiuso, e nessuno sa cosa sia. Resta il sospetto che Lui conoscesse la verità e che avesse imposto agli studenti quel calvario a scopo di punizione e di espiazione. Delle loro colpe passate? Future?

Il secondo troncone è più impressionante. Il Professore, Lui, il Direttore e Padrone Unico rimase molto colpito da ciò che era andato a mostrargli il giovane Malvolti sfidando il Terrore che effluiva come un gas mefitico dal Sacrario della Direzione, da sempre inaccessibile agli studenti. Invecchiava, immalinconiva nella solitudine del potere e non intravedeva il profilarsi all'orizzonte di un possibile erede. Gli assistenti erano degli smidollati pusillanimi e senza spina dorsale. Così, lentamente si ritrovò a pensare sempre più spesso a quella concreta possibilità. Quel ragazzo sveglio e pieno di iniziativa sembrava mandato dal cielo. Il fatto che quell'apparecchio di Millikan fosse una porcheria impresentabile era addirittura un ulteriore elemento a vantaggio del ragazzo: i tempi sono cambiati, non si possono perdere mesi e anni in perfezionismi come facevano gli assistenti; bisogna americanizzarsi, sono arrivati i tempi della fisica usa e getta. Bisogna anche essere disinvolti, se è necessario anche essere capaci di darla a bere. Sempre più quello che conta non sono le cose veramente fatte, ma quelle che si è capaci di far apparire. Così pensava Lui. E agì.

Il ragazzo si laureò velocemente. Poi attraversò come un fulmine tutti i gradi della carriera universitaria senza mai trovare intoppi nei successivi concorsi e senza farsi distrarre dalle fisime del '68: assistente incaricato, assistente di ruolo, professore incaricato, libero docente, professore ordinario. Fu il più giovane vincitore di cattedra di tutti i tempi, a eccezione di Enrico Fermi, e con un numero straordinariamente esiguo di titoli. Ma si sapeva che sarebbe rimasto in una università piccola e periferica e che non avrebbe dato fastidio a nessuno. Dopo questo capolavoro il vecchio Padrone si ammalò e morì in pace. La Sua missione era compiuta, la successione era salva, l'Istituto lasciato in mani abili.

Arrivato così velocemente in alto, Malvolti a partire da quel momento si disinteressò della fisica e si dedicò alla scalata delle gerarchie istituzionali, ritenendosi non indegno perfino delle massime. In rapida successione fu coordinatore del Corso di Laurea, direttore dell'Istituto, membro del Senato Accademico, preside della Facoltà, membro del Consiglio di Amministrazione, prorettore. Aveva la presunzione di ritenersi grande manovratore di cose e persone. Implacabile applicatore di leggi e regolamenti sempre interpretati nel modo più sfavorevole per l'utente, andò costruendo di sé l'immagine di un possibile futuro rettore rigoroso e imparziale, ma garante e conservatore dei meccanismi occulti che da sempre agiscono all'interno del sistema. Giudicò necessaria, a tale scopo, la sua affiliazione alla massoneria. Si insediò alla presidenza di influenti commissioni accademiche e ne divenne padrone inamovibile. Malgrado tutto il rettorato, che era la sua più grande ambizione, non trovò mai soddisfazione per certe piccole magagne famigliari, a tutti note in una città piccola come la nostra. Intanto si era trasformato in un tarchiato signore dai capelli grigi, la deambulazione lenta e il viso severo, molto somigliante al Professore suo Signore.

Ricordate i miei due studenti che molto sconvenientemente erano andati a chiedere consiglio sull'esperienza di Millikan a un mio collega? Bene. Per una di quelle concatenazioni di eventi altamente improbabili che pure così di frequente si verificano, quel collega era proprio il professor Malvolti. Egli ascoltò i due facendo vibrare nervosamente su e giù una gamba sotto la scrivania. Poi si alzò, si diresse a lunghe falcate verso il fondo di un corridoio buio, aprì quell'armadio chiuso da un quarto di secolo, si alzò in punta di piedi e allungando un braccio ne estrasse quella porcheria. Il volto, normalmente accigliato, gli si distese in una espressione di grande tenerezza. Soffiò, e la polvere si sparse in una nuvoletta tutt'intorno. Tornò tossendo nel suo studio, lo stesso che era stato del Professore, dove i due ragazzi lo stavano aspettando, recando in alto fra le mani, come fosse la pisside, l'oggetto che era stato all'origine della sua fortuna. Spostò con un gomito dal centro della scrivania il Giua, un fascio di Gazzette Ufficiali, la cartella dei verbali del Consiglio di Amministrazione e vi appoggiò la Cosa. Si sedette, si pulì gli occhiali; poi prese a illustrare quelli che secondo lui erano i dettagli più intelligenti dell'apparecchio, parlò della estrema difficoltà di costruirne un altro simile. Alla fine, facendo capire che non aveva ulteriore tempo da perdere, licenziò bruscamente i due sprovveduti con queste testuali parole:

"*Voi non ci riuscirete mai!*", includendo certamente anche me nel pronostico.

Dopo che i ragazzi mi ebbero raccontato l'accaduto, ci guardammo in silenzio. Erano consci della *gaffe* e si sentivano in colpa nei miei confronti. Ma da quel momento eravamo accomunati dalla sfida che ci era stata lanciata e questo ci univa fortemente. Avevamo ora un arrogante nemico da battere. Si buttarono di nuovo nell'esperimento con abnegazione e puntiglio e i risultati non tardarono. Dopo pochi giorni avevamo trovato tutte le condizioni per riprodurre l'esperimento originale di Millikan, e per fare ottime misure. Ma intanto il nostro obiettivo era mutato: volevamo molto di più. Volevamo trasformare un esperimento, che restava pur sempre difficile e delicato, in qualcosa di clamorosamente facile, da poter presentare al pubblico in maniera spettacolare. Cambiammo completamente prospettiva. Al posto del microscopio nel quale poteva guardare una sola persona per volta, e faticosamente, introducemmo una telecamera e le immagini poterono essere proiettate su un grande schermo. Questo rese necessario cambiare il sistema di illuminazione: usammo un laser al posto dei vecchi illuminatori con lampade e filtri anticalore. Scoprimmo che esisteva un particolare angolo di illuminazione per il quale le goccioline diventavano luminosissime. Ciò permise di operare in piena luce. Dato il fortissimo ingrandimento, si rese necessaria una struttura particolarmente rigida per le varie parti dell'apparecchiatura: ne creammo una molto semplice. Ma non ci accontentammo. Ci venne l'idea che potevamo far fare tutto l'esperimento a un computer: dare tensione, misurare la velocità di salita della gocciolina, togliere tensione, misurare la velocità di caduta, fare subito i calcoli, ripetere tutto il ciclo e fare la media con i valori precedenti e così via, per ore e per giorni, sempre sulla stessa gocciolina, incrementando all'infinito la precisione dei risultati.

Dove si vede che all'origine del progresso scientifico vi è talvolta la rivalsa nei confronti di un arrogante.

Restava un ultimo dettaglio che non era cambiato rispetto all'esperimento storico e alla orrenda versione Malvolti: l'uso dell'olio e degli spruzzatori. L'olio era sempre stato fonte di fastidi: l'apparecchio dopo un po' era completamente unto, l'olio gocciolava dappertutto, ogni tanto si doveva smontare la camera per pulirla. E qui avvenne il miracolo. Un giorno mi ricordai, all'improvviso, di un amico che una diecina di anni prima stava costruendo un aereo nel salotto di casa sua; questi mi aveva regalato una cucchiaiata di una misteriosa polvere bianca molto leggera e fluida, che conservavo in camera mia in un bicchiere di carta. Era fatta di microscopiche sfere di quarzo, internamente vuote, leggerissime e del diametro fra i dieci e i quindici millesimi di millimetro.

Quello che era nato come un progetto nell'ambito di un corso di laboratorio si era trasformato in un esperimento importante, applicabile a un'intera classe di fenomeni interessanti. La possibilità di sperimentare su una particella microscopica levitata in atmosfera controllata e di osservarla a lungo trovò, inaspettatamente, fondamentali applicazioni nella ricerca biologica. Fu oggetto di pubblicazioni, ottenne straordinari apprezzamenti in congressi internazionali, diventando in seguito la base dell'esperimento ELM2 per la ricerca della elusiva carica frazionaria.

Ma non c'è riparo all'infelicità umana. Quando la notizia del nostro successo cominciò a diffondersi, per il professor Malvolti non ci fu più pace. Cominciò contro di me una persecuzione cattiva, maligna, senza quartiere. Spiava di nascosto ciò che avveniva nel nostro laboratorio. Di notte si aggirava nel dipartimento e frugava in segreteria fra le lettere in partenza e le fatture da pagare. Apriva le cassette delle lettere e leggeva la nostra posta. Mise in giro voci che i nostri dati erano truccati. Nelle sedi di decisione sulle attribuzioni dei fondi fu pervicacemente contro di noi. I laureandi e i dottorandi smisero di unirsi al nostro gruppo. Ingrassò, divenne gobbo, perse i capelli. Il suo viso si trasformò: ai due lati di un naso a vela divenuto pallido e cartilaginoso, quasi trasparente, i due solchi violacei delle occhiaie denotavano cattiva digestione e fegato sofferente. Camminava con le mani dietro la schiena, la testa piegata in avanti e lo sguardo fisso davanti a sé, ad altezza d'uomo, ma senza salutare nessuno. Fece in modo che il mio corso di insegnamento fosse cambiato in uno di minima importanza e che io fossi escluso dalla scuola di dottorato. Dovetti traslocare il laboratorio in un locale umido dello scantinato. Per proseguire nelle ricerche fui costretto orgogliosamente ad acquistare strumenti e materiali con il mio stipendio. In breve dovetti ricorrere ai risparmi e vendere le proprietà. La mia famiglia andò in rovina.

"Malvolti è morto. Ucciso dall'invidia". Così mi aveva detto il mio collega quella domenica mattina. L'autopsia stabilì che la causa immediata della morte era stata l'asfissia: la sua emoglobina era del tutto priva di ossigeno. Tuttavia, il professore aveva la pressione alta e il cuore in disordine: una probabile successione di piccoli infarti, di cui vi era qualche traccia, poteva essere stata la causa scatenante degli eventi successivi: colto da malore, il professore si era afferrato al Dewar e l'aveva trascinato con sé nella caduta. Forse quando il Dewar si era rovesciato era già moribondo. Ma l'accusa aveva presentato una diversa e circostanziata ricostruzione dei fatti, ugualmente plausibile. L'assassino, cioè io, mentre il professore era chiuso a chiave dentro il laboratorio avrebbe potuto rovesciare il Dewar dall'esterno, tirandolo con un cordino predisposto in precedenza, avvolto attorno al collo del recipiente e fatto passare dalla fessura sotto la porta. Cordino che poi avrebbe potuto ricuperare e far sparire senza entrare nel locale. Una perizia di parte aveva rivelato la presenza di due o tre minuscole fibre di nylon rimaste attaccate sotto il battente fisso della porta del laboratorio; tuttavia il controinterrogatorio della difesa aveva costretto il perito ad ammettere che anche sotto altre porte del Dipartimento erano state trovate delle fibre simili…

Non era forse vero che un odio insanabile esisteva da sempre fra me e la povera vittima? E che quest'ultima, a detta di tutti i testimoni, da anni aveva fatto di tutto per ostacolarmi e ridicolizzare i miei risultati? Sapevo che stava scrivendo una lettera alla Società che mi premiava, la cui bozza era stata trovata nel famoso primo cassetto a destra della sua scrivania, nella quale mi denunciava come un imbroglione e affermava che tutti i dati dell'esperimento erano falsi? Ne era stato possibile ricostruire con certezza l'ora della morte. Infatti il cadavere doveva essere stato per un certo tempo a bagno nell'azoto liquido, raffreddandosi a tal punto che le normali procedure di determinazione fallivano. Tenuto conto di questo, l'ora della morte poteva essere spostata molto in avanti, forse di primo mattino invece che fra le ventuno e le ventidue della sera precedente, come era stato in un primo momento ipotizzato; a un'ora cioè per la quale io non avevo un alibi: a quell'ora ero a casa mia, e mi sarebbe stato possibile uscire e ritornare senza che nessuno mi vedesse.

Al processo il pubblico ministero mi aveva chiesto: "A sua conoscenza, la vittima era penetrata altre volte di nascosto nel suo laboratorio?" Domanda alla quale non avevo potuto fare altro che rispondere affermativamente, dal momento che anche la guardia notturna, interrogata in precedenza, aveva confermato la stessa circostanza: durante i suoi giri aveva qualche volta visto delle luci alle finestre del mio laboratorio, aggiungendo che io gli avevo chiesto, nei mesi precedenti, di telefonarmi se la cosa si fosse ripetuta. E subito dopo: "È normale che un suo laureando acceda al laboratorio di domenica?" Non era normale. Non doveva succedere. Nei giorni di festa il dipartimento è chiuso. Ma gli studenti sono pieni di risorse.

Vi fu chi sostenne che la ricostruzione dell'accusa era cervellotica e improbabile. Perché il povero professore non aveva raddrizzato il Dewar finché era in tempo? Perché, nel caso si fosse accorto che non ci riusciva non si era precipitato fuori dal laboratorio? Oppure, perché non aveva spalancato una delle finestre? Il fiume di liquido criogenico provoca certamente ustioni dolorosissime, ma non annulla istantaneamente la capacità di reagire.

Vi era una ulteriore possibilità. Quella che l'invidioso professore fosse penetrato nel mio laboratorio con l'intenzione di alterare i dati dell'esperimento, o di danneggiare gli apparecchi, ma in modo da non lasciare traccia, e che per fare questo avesse pensato di usare l'azoto liquido. Infatti, se ne avesse versato un po' su certi delicatissimi componenti elettronici, o su certi rivelatori, avrebbe potuto alterarne per sempre la risposta senza che ce ne accorgessimo. Maneggiando maldestramente il liquido, ne era rimasto vittima.

Il caso appariva chiaro: infatti sulla causa della morte non c'erano dubbi, e non mancava un forte movente, se di delitto si trattava; così non furono condotte ulteriori indagini. Ma in realtà chiunque fra i miei colleghi avrebbe potuto uccidere il professore. Egli era molto odiato. L'assassino poteva avere preso la chiave in segreteria, se già non ne era venuto in possesso prima. Entrato in laboratorio e imitando la mia voce aveva telefonato alla vittima pregandola di raggiungerlo. Quando il professore era arrivato l'aveva ucciso soffocandolo. Poi aveva inscenato l'incidente rovesciando l'azoto liquido e richiudendo la porta. Rimessa la chiave al suo posto si era potuto allontanare non visto dal dipartimento.

Da allora sono passati alcuni anni. Di recente, mentre eravamo seduti in un bar davanti a un bicchiere di birra, Silvestri mi chiese: "Allora, come si svolsero veramente i fatti?".

"Cosa vuoi che ti dica… Io sono l'unico che dovrebbe sapere cosa successe quella notte, ma il mio ricordo si smarrisce fra tutte le verità possibili… L'umano giudizio ha bisogno che vi sia un colpevole, così somministrai non la più vera, ma la più credibile delle verità, quella che appariva la più logica e che rendeva facile impartire un castigo mite. Che è la seguente. Avvertito verso la mezzanotte dalla guardia notturna, andai immediatamente in dipartimento. Aprii la porta del laboratorio con la mia chiave. Il professore teneva in mano un lungo cacciavite, e stava trafficando con i miei apparecchi. Avvenne un diverbio e ne nacque una colluttazione, durante la quale egli tentò di ferirmi con il cacciavite. Nel difendermi lo colpii con un pugno in pieno viso. Nella caduta trascinò con sé il Dewar, che si rovesciò. In uno stato di grande confusione, non feci altro che rimettere istintivamente a posto il cacciavite, richiudere il laboratorio e andare via."

"Furono trovate le impronte digitali di Malvolti sul cacciavite?"
"No, perché io, nel maneggiarlo, le avevo cancellate".

Sugli avvenimenti che accaddero, sulle conseguenze della prima, clamorosa e bruciante sconfitta nell'intera vita felice del professor Malvolti, che segnò la sua fine, e poi anche la mia rovina, totale e definitiva, abbiamo riferito. Quegli avvenimenti assurgono al ruolo di paradigma. Del fatto che malgrado le delusioni e le sconfitte, malgrado l'insolenza dei potenti e lo scherno che il merito paziente riceve dai mediocri, malgrado il trionfo della malignità sulla buona volontà, malgrado il successo che arride ai furbi, malgrado tutto, accade ogni tanto che giustizia spontaneamente si compia, a riequilibrare le cose del mondo.

Poiché anche la mia prima colpa – che era quella stessa del brillante ufficiale del dragamine Caine nei confronti dell'anziano comandante (Humphrey Bogart), la mancanza di compassione per il vinto, terribile fra tutte – non ammette condono.

Avvertenza

Certo sarebbe stato opportuno e anche prudente poter dichiarare, secondo la formula d'uso: "I fatti e i riferimenti a cose e persone che qui sono narrati sono puramente immaginari", ma non è questo il caso. Ne è possibile affermare che tutto ciò che è narrato corrisponde a verità. Come sempre in questi casi, si è realizzato un inestricabile intreccio fra eventi accaduti, eventi che avrebbero potuto accadere, elementi fantastici, procedimenti di estensione al limite. La verità o meno delle cose descritte è una questione futile, poiché è il linguaggio a generare verità. Le cose *diventano* così come sono narrate.

A ogni modo, se gli accademici non vengono trattati bene in questo racconto, la colpa è tutta loro. Non mi sarebbe stato possibile figurarmi quei fatti senza l'aiuto di alcuni valorosi che hanno conservato, malgrado una lunga permanenza in quel mondo, coraggio e indipendenza di pensiero; i quali perciò ne sono usciti sconfitti. Compagni ai quali va il mio rispetto e la mia ammirazione.

Costellazioni perdute

di **Giangiacomo Gandolfi**

I miei ricordi di Satoko non riescono a prescindere dallo scintillante sfondo della volta celeste. Vedo i suoi bei capelli scuri e fluenti nella Chioma di Berenice, i suoi occhi vispi e intelligenti in Castore e Polluce, l'arco sensuale della bocca nella Corona Boreale. Può sembrare cattiva poesia, ma questa visione è per me la pura verità, il riflesso della sua natura celestiale. Tutto si condensa nell'immagine della sua lunga mano affusolata, di quel colore pallido e indefinibile delle mani giapponesi, la sua mano che sfoglia una *Uranometria* di Bayer in edizione originale, le pagine pesanti erose dal tempo che esalano un odore pungente di muffa e carta antica. La sua mano tiepida che accarezzava i fogli preziosi come accarezzava la mia pelle nell'oscurità della camera da letto. La mano così caratteristicamente lieve e silenziosa, specchio del suo volto quieto, radiante allo stesso tempo malizia controllata e severa serenità nipponica.

La conobbi casualmente in una libraria antiquaria, quella mano, mentre sfogliava diligente vecchi testi di astronomia, e il corpo che la muoveva sembrava altrove, distaccato. Ostentava curiosità superficiale, un poco distratta. Mi avvicinai cautamente, spiando con gesto casuale il libro che reggeva con una postura di sorprendente eleganza. Inutile dire che quella ragazza orientale mi colpì e, come avrebbe continuato a fare per tutto il tempo che durò la nostra relazione, mi sorprese per quella collocazione un poco incongrua, per quella naturalezza discreta che traspariva in ogni gesto, come se sfogliare un manuale celeste dell'Ottocento in una città italiana di provincia fosse per lei la cosa più naturale del mondo.

"Interessata all'Astronomia?", le chiesi galantemente, evitando con accuratezza di scivolare in un tu o un lei. È bene che lo anticipi, anche se sarà evidente nel seguito: non sono mai stato un buon seduttore. Troppe esitazioni, troppa timidezza nei momenti sbagliati, scarso senso del tempo ed eccessiva tendenza a razionalizzare le mie mosse, cosa che rende pateticamente artificiosa anche l'osservazione più banale.

Lei alzò lo sguardo e mi sorrise (Dio che bel sorriso). Posò il libro e rimase silenziosa, lasciando lievitare il mio imbarazzo. "Tangenzialmente", disse alla fine in perfetto italiano, solo un'ombra lontana di accento esotico. "Sei astronomo?"

Ora, dire che rimasi allibito è dire poco: il cielo solo sa come poteva anche semplicemente averlo intuito. Avrei potuto essere uno di quegli astrofili petulanti e invadenti, o magari un Don Giovanni in caccia dalle vaghe pretese intellettuali. Farfugliai un sì molto confuso, cercando di risollevare la mandibola colpita da stupefazione fulminante. Mi presentai goffamente mentre lei non smetteva di sorridere. Potrei giurare che la divertivo, ma in quel momento ero totalmente sopraffatto dalla sua acutezza semitelepatica, oltre che dall'improvvisa consapevolezza di quanto gradevole fosse il suo aspetto. Bene o male cominciammo a chiacchierare, ma era una fatica inaudita. Lei era molto presente, ma tendenzialmente taciturna, e questo non era esattamente di stimolo irresistibile al mio eloquio. Uscimmo e cominciammo a passeggiare nei dintorni. Lì venni a sapere che era in Italia da sei anni e che aveva un contratto non ben definito con l'Università, a cui era giunta per strade traverse talmente intricate che faticavo a seguirne le vicende. Oltretutto ero troppo attento ad assorbire ogni suo gesto e – lo ammetto – ogni dettaglio del suo corpo per prestare il cento per cento della mia attenzione alle sue parole.

Non so come trovai la spavalderia di proporle un incontro a cena: sembrava interessata al mio lavoro, ai miei interessi saltellanti e incredibilmente seguiva i miei balzi di argomento schizofrenici con la solita sorprendente naturalezza. Non che si dilungasse nei commenti, ma qualcosa di molto epidermico e allo stesso tempo molto profondo mi dava la sensazione che avessimo ingranato. Quella sensazione inesplicabile, che tutti conosciamo, di avere incontrato al momento giusto la persona giusta nella situazione giusta. In breve, ero già praticamente cotto, come solo un uomo può esserlo, irretito da qualche casuale corrispondenza intellettuale e dai consueti dettagli sessualmente rilevanti: occhi, capelli, la linea del naso, le mani appunto, le caviglie squisitamente modellate.

Quella sera scoprii finalmente che si occupava di storia della scienza, e l'informazione mi appassionò a tal punto che mi lanciai in una serie di commenti allusivi su una serie di passaggi di *La rivoluzione Copernicana* di Kuhn e su *La notte di Keplero*, il bel romanzo di John Banville. Era un tentativo di sondare i suoi interessi specifici, ma lei rimase piuttosto enigmatica, pur dimostrando una prevedibile ampiezza di vedute e riferimenti. Mentre parlavamo disponeva con cura delle piccole molliche di pane alla destra del bicchiere, in una configurazione apparentemente casuale. Inizialmente non ci feci caso, poi cominciai a seguire le sue mosse con una sorta di distratto interesse, pensando che fosse una specie di gesto rituale tipico giapponese, equivalente a un origami da antipasto. "Cosa ci vedi?" disse a un tratto, senza preavviso. Imprevedibile, ma cominciavo ad adorare quel suo falso candore spiazzante. "Non saprei", risposi. "Forse due elefanti che fanno l'amore in un club per uomini soli". La citazione di Woody Allen suonò incredibilmente goffa e fuori posto,

"Sul serio", disse. "Il Rorschach nasconde questioni di psicologia cognitiva rivelanti per l'astronomia. Se ne sono accorti anche Schiaparelli e Lowell. Quello che mi interessa sapere è se vedi un'unica figura a rete oppure vari soggetti".

Sorrisi. "Un'unica figura". In un certo senso era ovvio: ero innamorato e da un certo istante in poi i dettagli passano in secondo piano. Compravo tutto, nella sua interezza, anche il gesto delizioso con cui aveva disposto le diciotto mollichine.

"È buffo". Sospirò come se avesse avuto la conferma di un enigma incomprensibile. "Voi occidentali siete così analitici e poi, in un Rorschach, tendete a raggruppare più che a dividere. Le vostre costellazioni sono enormi, uno sproposito. Viceversa il cielo cinese è molto poco taoista. Brulica di figurine. Ma qual è la vera origine della mappa? Siamo partiti dall'alto per dividere o dal basso per raggruppare?"

Il mio volto dovette illuminarsi. "Dai per scontato che l'origine sia comune e che ci sia stata una biforcazione di strade. Non mi pare così scontato. Che il tutto affondi nel Neolitico o prima mi sembra probabile comunque, il pan-babilonismo è fuori moda da qualche decennio. Mi viene da pensare che la scelta *top-down* o *down-top* sia un problema cruciale anche nella cosmologia contemporanea. La formazione delle strutture: prima le stelle o le galassie?". Parlavo come un libro stampato, ma l'unica problematica che mi ossessionava in quel momento era un genere differente di top-down, senza implicazioni violente, anzi. Proseguii senza pause: "Ti va che ti illustri un po' le nostre costellazioni? Fa freddo, ma sono certo che le troverai interessanti".

Satoko fece un cenno affermativo rapido col capo, sgranando gli occhi. La gestualità dei giapponesi ha qualcosa di sottilmente alieno a volte.

Dopo cena salimmo sulla mia auto e ci allontanammo dalle luci della città, senza una meta vera e propria: volevo solo lasciarmi alle spalle quel fastidioso candore lattescente che abbiamo ormai l'ardire di chiamare cielo notturno, rinnegando millenni di contemplazione affascinate. Era ormai autunno avanzato e dovetti tenere chiusi i finestrini, ma nuvolette di vapore si formavano davanti al nostro volto ogni volta che parlavamo. Satoko infilò i guanti, nascondendo alla mia vista avida le mani sottili ed eleganti: per un attimo fui tentato di fermarle, di stringerle per comunicare calore e assorbire emozioni, ma scartai immediatamente l'idea e controllai l'istinto.

Mi fermai dopo qualche chilometro e imboccai una stradina deserta. Tra gli alberi fitti ai bordi del sentiero – era divenuto un percorso stretto e sterrato – si intravedeva lo scintillio di Aldebaran, le Pleiadi che salivano sempre più, Sirio che splendeva come una gemma su velluto nero. Alla prima radura in posizione panoramica parcheggiai e scendemmo. Il cielo brillava immoto, trasmettendomi come sempre una sensazione di pace e benessere, e lo stesso doveva essere per lei, che osservava in silenzio, muovendo la testa in lentissimi, estatici movimenti oscillatori.

Mi preparavo a sfoderare il consueto repertorio, come un attore consumato: intravedevo addirittura la possibilità di divagare più in profondità, visto che il mio pubblico doveva essere inevitabilmente preparato. Ecco, sì, a essere sinceri non dominava il narcisismo, ero davvero contento di scambiare conoscenze con lei, la consideravo già una donna di brillante intelligenza, e vicina ai miei interessi, alla mia sensibilità. E così, grazie a Dio, scartai fin dall'inizio il taglio didattico, le storie facili dalla presa sicura. Forse – dico solo forse – non mi comportai come un seduttore adolescente su una spiaggia sabbiosa una notte d'estate.

Commentai su Orione, il Toro, l'Auriga; cercai nella memoria riferimenti letterari, qua e là feci intravedere cosa nascondessero quelle distese celesti in termini di oggetti astrofisici. Lei mi seguiva e, miracolosamente, mi si avvicinava passo a passo, quasi in cerca di tepore umano. Parlava poco come sempre, ma le sue osservazioni erano straordinariamente consapevoli e calzanti.

"Il Cane Minore è una costellazione che ha sempre stimolato la mia curiosità. Lo vedo così esiguo, sperduto, quasi intimorito dal fratello più in basso a ovest..." Cominciavo a scivolare disgustosamente sul melenso. "Lo vedi? Quello è Procione, e poco sopra a fianco Gomeisa, un po' azzurrina..."

Lei emise uno strano risolino, che mi parve incongruo. Poi mi diede un ennesimo saggio di quanto la sua discrezione celasse abissi stupefacenti di cultura, umiliandomi quasi con casualità.

"Zeta, teta, pi greco e omicron, quelle stelline al limite della percezione a occhio nudo poco sotto, mi sono molto care. Sono l'asterisma cinese Shwuy Wey, il Luogo dell'Acqua. Mi hanno sempre dato un'impressione di zona di riposo, un'oasi frondosa sul lembo del fiume argenteo della Via Lattea, Tien Ho".

Mi spiò con occhi furbi: nella quasi completa oscurità sembravano riflettere le stelle.

"Ma torniamo a Occidente", proseguì. "Sono un'ospite".

Mi offrì un sorriso irresistibile, i denti che rischiaravano l'ombra sul suo volto.

Io ero comprensibilmente ammutolito, e tacevo. Allora riprese a parlare.

"Sapevi che poco a Est del Cane Maggiore, di Sirio per la precisione... Lì, in corrispondenza dell'estremità della Poppa... Be', Bode aveva tracciato una costellazione assurda quanto improbabile: l'Officina Tipografica. Compare solo sul suo Atlante e sul planisfero del 1878 di Padre Secchi. Da allora... puff... scomparsa, perduta, cancellata dalla memoria degli osservatori. Non lo trovi... come dite? Bizzarro?"

Il mio silenzio perdurava e confesso che fu per un breve istante venato da una profonda irritazione. Satoko, a tutti gli effetti, ne sapeva molto più di me. Appariva terribilmente chiaro. Inevitabile che sulle prime mi sentissi un po' preso in giro, anche se nelle sue parole non c'era traccia di vanto o provocazione, per quanto mi sforzassi di coglierne almeno un sentore nell'eco in spegnimento della frase.

Lei doveva averlo capito perché non la smetteva di sorridere, molto gentilmente, senza ombra di superiorità o ironia. Mi si fece vicinissima, tanto che potevo sentire il calore del suo corpo profumato, e la sua mano sfiorò la mia, con un meraviglioso accenno di esitazione.

Ero inebetito, imbarazzato, in preda a sentimenti contrastanti.

"Adoro le costellazioni perdute. Mi affascinano, sono un pezzo di memoria che affonda nel lago della nostra coscienza senza lasciare spazi vuoti. Nel passato il cielo mutava, subiva metamorfosi, era come un lago, sì, ma ondoso. Oppure come quei parchi che crescono incolti e di tanto in tanto vengono potati da un giardiniere di buona volontà, sempre nuovi, sempre diversi, e allo stesso tempo garantiti nella loro solida antichità dalla quercia centenaria, dalla fontana seicentesca, da uno scooter parcheggiato casualmente. Ecco, l'officina tipografica è un po' quello scooter. Ora qualcuno l'ha portato via, ma al suo posto sono fioriti gli asfodeli".

La sua mano stringeva ora, e io sentivo un calore diffuso in tutto il corpo. L'irritazione era evaporata e aveva lasciato il posto a un languore sensuale.

"Guarda quella zona povera di stelle tra il Toro e l'Eridano, per esempio...", aveva ripreso con eccitazione malcelata. "Lì giace dimenticato il Salterio, o Arpa di Re Giorgio, in onore di Giorgio II di Inghilterra. Una volta deve aver vibrato al suono della musica delle sfere, ma ora chi la ricorda? E laggiù, a Ovest della Lepre, sotto l'ansa del Fiume, ecco lo scettro di Brandeburgo, testimone di glorie tramontate da tempo..."

Non riuscì a terminare la frase perché le mie labbra già aderivano alle sue e il suo respiro si mischiava al mio e le mie mani non cessavano di cercare le sue e il suo seno spingeva morbidamente sul mio petto e i miei occhi affondavano nei suoi, semichiusi. Lei rispose rilassandosi e ricambiò il mio bacio con dolcezza appassionata.

Di giorno in giorno scoprivo qualcosa in più sulle sue ricerche. Per descriverle e sintetizzarle avevo coniato il neologismo "asterismologia comparata", che le era piaciuto immensamente. Per quanto riguarda l'Occidente prendeva le mosse dal panbabilonismo di Winckler (per criticarlo severamente), dalle teorie diffusioniste, dal lavoro di Giorgio de Santillana. Si diceva turbata dal determinismo feroce delle teorie sulla "zona vuota", quella regione di cielo priva di costellazioni all'interno della sfera greca, la cui esistenza permetteva a gente come Maunder di inferire una data specifica e una latitudine ben definita per la creazione della mappa mitica sulla volta celeste. Ma allo stesso tempo guardava con certo sospetto al gradualismo "stratificato" di Gurshtein, anche se ne apprezzava l'ampio contesto storiografico e le innovative tecniche di ricerca. Da quel che mi raccontava vedevo bene che i suoi progetti erano immensamente ambiziosi: scavava in egual misura nei testi iranici, nella tradizione cinese, nel labirinto dei Rig Veda, nel folklore delle comunità tribali più incontaminate della fascia tropicale. Sempre alla ricerca di mutazioni di figure primordiali, di archetipi sopravvissuti allo scorrere dei secoli. Notoriamente, questo è un tipo di lavoro che ti conduce o alla follia disperata per assenza di senso o a sindromi paranoiche in cui tutto si lega e tutto si giustifica, dalla costellazione del Topo in Birmania a quella del Gatto nella tradizione Navajo. A sfociare invariabilmente tra le rovine di Stonehenge, la piramide di Cheope e il continente sommerso di Mu popolato da bipedi anfibi provenienti da Sirio. Satoko invece manteneva una calma olimpica, un equilibrio ammirevole, un senso della misura rigoroso. Temperava tutto con una lieve e saggia ironia orientale, che non sapevi mai se rivolta alle proprie speculazioni o all'insieme delle teorie rivali.

Aveva pubblicato molto ed era in contatto con storici e antropologi di mezzo mondo, in un ambiente in cui la figura media più ricorrente era il professore lunatico in pensione, affetto da turbe sessuofobiche e incapace di accettare un giovane ricercatore di sesso femminile con vaste competenze sull'argomento. Eppure era estremamente benvoluta, la sua corrispondenza era un modello di cortesia rispettosa e di acute osservazioni che illuminavano spesso angoli trascurati e confusi del dibattito scientifico.

In Italia stava indagando sui residui della Sfera Barbarica nella letteratura latina e medioevale, quell'insieme di costellazioni – naturalmente del tutto perdute o quasi – che preesistevano al modello greco e provenivano dal mondo detto appunto "barbaro", a indicare l'estraneità all'ambiente ellenico o romano degli asterismi sumero-babilonesi, egiziani, persiani, perfino anglo-sassoni. Spilluccava tra i frammenti neo-pitagorici di Nigidio Figulo e le allusioni dei testi ermetici con grazia ineguagliabile, mostrando, tra l'altro, una conoscenza del latino e del greco invidiabile.

La nostra relazione ribolliva di discussioni, sorprese filologiche, analogie e metafore. Di incontri carnali caldi e allo stesso tempo sapienti e rilassati.

Del suo passato sapevo poco, poco emergeva, mentre lei sapeva tutto, ero una specie di libro aperto, di vetro trasparente. Sempre più innamorato, sempre più coinvolto.

Passarono i mesi e Satoko venne a vivere a casa mia. Viaggiavamo spesso, tutti e due, ma c'era una grande armonia, un grande rispetto reciproco.

Ricordo un'estate in cui lei era sdraiata sul letto, quasi completamente nuda, la mano – farfalla armata di matita che sottolineava passi della *Sphaera* di Franz Boll. A un tratto mi guardò fissamente, assorta in qualche idea che l'aveva colpita particolarmente.

"*Lectus et in eo mulier accumbens*" disse. "Questa costellazione mi appartiene. È associata ai primi tre gradi della Bilancia, una donna distesa che Teucro identifica nel pantheon greco con Arianna"

"L'equilibrio della stadera", le feci eco con un cenno affermativo. "E allo stesso tempo Arianna che possiede il filo unificatore delle cose. Cose celesti, in questo caso".

Era bellissima, i suoi seni esotici mi abbagliavano e non avrebbero sfigurato in una statua ellenistica, mollemente adagiata sul triclinio come una Paolina Borghese dagli occhi a mandorla.

"Posso essere il tuo Teseo?", scherzai seguendo il filo del mio buonumore.

Lei restava molto seria.

"Verrà il tempo in cui anch'io sarò una costellazione perduta", disse. Un velo di tristezza le appannava lo sguardo intenso. "È nell'ordine delle cose, forse".

Mi affrettai a tranquillizzarla con tono gioviale: non le conoscevo quel lato malinconico.

"Ma se sei anche su un libro. Non ti credevo così famosa..."

"Quante persone credi che abbiano mai sentito parlare di questa costellazione? Quante persone credi che conoscano la Renna, i Flautisti, il Decapitato, il Maiale? Oppure il Fenicottero, la Macchina Elettrica, il Monte Menalo? Soprattutto: quante persone credi siano disposte a ricordare?"

Per la prima volta mi resi conto di quanto fosse per lei centrale il tema della memoria. Ma c'era di più, molto di più. Un presagio indistinto.

Satoko, allora, era per me come il giovane Antinoo per l'imperatore Adriano, un amore etereo e carnale meritevole di catasterisma, di trasformazione in astro luminoso.

Non sapevo che le maree della vita ci avrebbero diviso, sciogliendo la nostra relazione, dissolvendo i contatti, portandoci su lidi amaramente lontani.

Il gelo cominciò a insinuarsi molto lentamente nei nostri rapporti, nel corso dei mesi, addirittura degli anni. Lo vedo molto bene ora, retrospettivamente, ma vivendolo era un processo impercettibile. Lei si trasferì negli Stati Uniti per un lungo periodo, e più volte viaggiò in Giappone. Ogni volta che tornava l'atmosfera si riaccendeva, le carezze riprendevano ansiose, ma tutto si consumava più rapidamente. Passava il tempo e la normalità e la routine non soffocavano l'affetto, ma spegnevano certamente la passione. Colpevolmente trascurai le sue ricerche. Persi il filo dei suoi ragionamenti.

Di quel periodo ricordo che era eccitata da molte tracce, da molti indizi. Dal confronto dettagliato tra folklore siberiano e costellazioni dell'Alaska per esempio: Owen Gingerich dell'Università di Harvard aveva da tempo sottolineato un'origine comune della figura dell'Orsa, il più antico ed enigmatico tra tutti gli asterismi. Un culto risalente addirittura all'alto

Paleolitico e diffuso attraverso lo Stretto di Bering? Satoko approfondiva, ma tutto si faceva nebuloso. Ricordo vagamente una discussione appassionata e confusa sul numero sette come matrice sacra derivante dalla divisione del mese lunare, forse trasposta in cielo come unità di misura dei raggruppamenti stellari. E certe speculazioni sulle costellazioni della Polinesia come filiazione complessa della volta celeste asiatica. Andava sempre più indietro nel tempo, come se si sforzasse di ritrovare un'unità dimenticata, combattendo il processo entropico dell'oblio. Fuggendo anche sentimentalmente nel conforto del nostro primo incontro, nell'origine di tutto. Mi mandava segnali, certo, e io non li coglievo.

L'Orsa Maggiore ruotava solitaria intorno al Polo, senza mai raggiungerlo, inseguendo inutilmente la sua compagna minore. I ghiacci dello Stretto di Bering rendevano sempre più impraticabile il passaggio. Lo scambio di emozioni.

Non voglio rievocare le ultime convulsioni della nostra relazione. Sarebbe troppo penoso. Devo ammettere che mi sento responsabile del naufragio: lasciai che il cielo si cristallizzasse per sciocco egocentrismo, miopia affettiva. E non feci molto per salvare la situazione. "Salvare i fenomeni", dicevano i tolemaici: neanche quello.

Ci separammo progressivamente come due iceberg alla deriva e nessuno dei due ritrovò più l'energia per ricostruire, per saldare ciò che il tempo e una lunga serie di errori e piccolezze avevano spezzato. Ora so, tristemente, che alla primavera in cui la volta celeste germoglia di significati, in cui nuove interpretazioni umane dei gruppi stellari sbocciano e appassiscono ciclicamente come asfodeli, segue l'inverno, una immota distesa ghiacciata e senza vita. O forse meglio dire una distesa arida e essiccata: il terreno crepato solidifica in zolle, i confini delle costellazioni come li ha fissati l'Unione Astronomica Internazionale. Nulla si muove più. Il rigoglio dei tempi andati è dimenticato. La creatività esoterica degli antichi, il furore bigotto di Schiller che trasformava il cielo in simboli cristiani, la modernizzazione di Lacaille che inseriva macchine pneumatiche, ottanti, microscopi e reticoli, i nostri baci appassionati, le parole romantiche, i progetti entusiastici sullo sfondo della volta stellata: solo una memoria pulsante di calore ed energia immaginativa. Si può tentare di ricordare, come ho cercato di fare, ma solo all'ombra di emozioni e sensazioni scomparse, impallidite. Satoko è tramontata all'orizzonte del mio cielo, tenera, anacronistica, dolce costellazione perduta.

Sezione numero 8

di **Robert Ghattas**

Se quattrocentoventuno più trecentosettantadue non facesse settecentonovantatre si sarebbero salutati da almeno tre ore. Ma la somma di votanti maschili e votanti femminili deve coincidere con il numero totale di schede, senza *circa* e *be', dai*. Lo dice il buon senso, lo dice il libretto distribuito dal Ministero degli Interni, lo dice Paolo Giacobazzi, presidente di seggio: i conti devono tornare.

Ma a questo punto né il buon senso né il Ministero aggiungono altro. Giacobazzi invece si cura ogni volta di proseguire: "I conti devono tornare; i baroni pos*sh*ono anche rimanere dove *sh*ono". La sua es*sh*e scappa dall'angolo destro della bocca, mentre da sotto le sopracciglia circonflesse sbuca un'occhiata di soddisfazione per la propria *vis comica*. Capo per un giorno solo, il suo spirito non raccoglie le risate dei subordinati.

Yuri però ha riso ieri quando davanti ai quattro scrutatori e al segretario dell'appena costituita sezione elettorale numero 8 Giacobazzi ha esclamato con orgoglio "Io ques*h*ta s*h*cuola la conos*h*co come le mie tas*h*che: *sh*ono s*h*tato preside qui per ventidue anni!" Per carità, non che essere il preside della Luigi Mercantini sia di per sé comico. Ma incontrare qualcuno dopo aver riso per quasi trent'anni alla sua imitazione, questo sì che è comico. Quasi quanto lo è il padre di Yuri quando arcua lo sguardo, accorcia collo e petto – Giacobazzi è più basso di lui almeno di una spanna – e urla "s*h*iamo mica alla Pas*h*coli!" Da quasi cinquant'anni la reincarnazione del suo preside delle medie è il commento a ogni situazione che non gli piace: la pasta scotta, un autogol della nazionale, "Buongiorno sono Simona della Fastphone…"

La macchinetta delle bevande già dal primo pomeriggio fa l'occhiolino rosso a fianco della scritta *caffè espresso*. Di per sé vuol dire bevanda non disponibile; nel pomeriggio voleva dire pausa caffè senza caffè. Ora, a notte fonda e con tutte le altre sezioni chiuse da un pezzo, vuol dire soprattutto nomi di preferenza sui registri elettorali che si scambiano posto, colore, partito a ogni battito di palpebre. E che quattrocentoventuno più trecentosettantadue non fa settecentonovantatre. "Controllate con attenzione ché fors*h*e qualche mas*h*chio s*h*porcaccione è andato nel regis*h*tro delle femmine!" Ma non vuol dire che il presidente faccia ridere. Anzi.

A metà pomeriggio Giacobazzi è andato a votare nella sezione numero 4, insediata in IIIC, "Faccio pres*h*to: noi presidi s*h*iamo bravi*ss*himi a dare i voti". Yuri ne ha approfittato per donare agli altri s*h*chiavi la sua imitazione dell'imitazione di suo padre del preside Giacobazzi. Non avendo mai visto il maestro, ai loro occhi il "s*h*iamo mica alla Pas*h*coli!" dell'allievo è parso perfetto. Certo, la risata di quei tre là, il segaligno sebaceo che fa il segretario, la mamma Tommaso-mio-come-stai-la-mamma-sta-bene-fai-il-bravo-con-la-nonna e lo studente che s'è portato da bere il Gatorade, vale zero. Il sorriso di Xenia no.

"Eran s*h*ettecentonovantatré, eran giovani e forti, e s*h*ono morti. E infatti tutte ques*h*te crocette sui regis*h*tri, va' là che camposhanto!" Che bella che è lei. È bella anche se non ride alle battute del presidente, è bella anche se ha sonno, è bella anche quando paga l'affitto. Evidentemente entro il cinque del mese, ha concluso Yuri da tempo. Perché dopo un po' di incontri casuali da quasi un anno lui ha anticipato di giorno il suo di pagamento – che scadrebbe il sei – sperando di vederla all'ufficio postale. E lei puntuale c'è, con il suo bollettino. Altrove non c'è modo di incontrarla. Per il corso, al cinema, sull'autobus, al supermercato, sul lungomare: niente. Solo ufficio postale, il cinque di ogni mese. E da ieri anche alla Mercantini. Quando Yuri l'ha vista all'insediamento del seggio il suo pensiero numero due è stato "allora esiste anche fuori dall'ufficio postale". Il suo pensiero numero uno è stato "botta di fortuna". Il suo pensiero numero zero è stato "che bella che è".

Un giorno intero fianco a fianco con lei. O meglio, faccia a faccia con lei, visto che il presidente Giacobazzi ha deciso e imposto che i maschi – cioè Yuri e Gatorade – tengano il registro delle elettrici, mentre le femmine – cioè Lei e Tommaso-mi-raccomando-mangia – quello degli elettori. "Così magari trovate l'amore della vos*h*tra vita". Così Yuri ha trovato solo che Maria Annunziata Basconi vedova Fabbretti ha compiuto novantasette anni a novembre ed è l'elettrice più anziana della loro sezione elettorale. E una grande idea.

Oggi è il diciannove, che dista dal cinque esattamente troppo. E il troppo va compensato con il poco. Settecentonovantadue è il vicino di sinistra del settecentonovantatre, ma per delle schede elettorali gli è già troppo distante. A questo punto il calcolo è facile: cinque del mese meno diciannove che è oggi più settecentonovantatre schede rosa meno una scheda rosa nascosta in tasca uguale almeno tre ore in più con Lei.

Ecco perché nella sezione numero 8 lo scrutinio va avanti, perché solo in IIA i neon sono ancora accesi, perché quattrocentoventuno più trecentosettantadue non riesce a fare settecentonovantatre. Ecco perché Yuri crede di essere un genio, anche se sotto sotto si fa un po' pena. Perché l'unico modo che ha trovato per rimanere un poco di più con Xenia per ora funziona, e che bella che è lei. E però se è finito il caffè Yuri non c'entra a niente.

"S*h*colari! Dovete s*h*covare ques*h*te due s*h*chede altrimenti vi metto in cas*h*tigo! S*h*iamo mica alla Pas*h*coli!" Finalmente i subordinati ridono a una battuta dell'ex preside. Giacobazzi gusta il tardivo successo con un giro trionfale di sguardo. Ma Yuri no, non ride, perché d'un tratto vede il suo impeccabile esercizio di aritmetica criminal-amorosa sfigurato da un grosso segno a matita blu. Nella sua tasca ce n'è una sola, di scheda – quella da tre ore in più con Xenia – mentre Giacobazzi ha ben detto "ques*h*te *due* s*h*chede". Due: ne manca un'altra.

Gatorade è stato mandato a casa non appena si è capito che il suo silenzio e la sua immobilità – seppur in postura perfettamente composta – erano dovuti al fatto che dormiva; Tommaso-però-finito-il-film-vai-a-nanna maledice i due carabinieri di vigilanza che stamattina hanno bevuto almeno sei caffè a testa dice lei; il segretario ha da poco slacciato il bottone al colletto della camicia, e così si riesce perfino a ipotizzare che abbia anche lui un metabolismo, seppur da stamattina non sia andato nemmeno una volta in bagno.

E Xenia sorride. È bella, quando sorride. Yuri, crollata l'impalcatura del suo finissimo calcolo, cade nei suoi occhi. Lei sorride – che bella che è – tenendo gli occhi in quelli di Yuri, fermi incastrati nel pensiero zero. Anche gli occhi di lei paiono incastrati, tanto da costringerla a far vagare a vuoto la mano sotto la sedia prima di trovare e afferrare la borsa. Xenia ne discosta i lembi e mostra a lui, solo a lui, un pezzo di carta rosa ripiegato.

Ecco perché tra poco i neon si spegneranno anche in IIA, perché "S*h*ettecentonovantuno s*h*ettecentonovantadue e s*h*ettecentonovantatre! I conti s*h*ono tornati!", perché Yuri capisce che il genio non è lui, perché Yuri non si fa più pena e anzi è felicissimo. Perché Xenia ha capito tutto, e sorride. Che bella che è.

Quando domani sulla cattedra della IIA qualcuno troverà scritto con la matita copiativa $x+y$ nulla saprà di aritmetiche rosa, di tasche e borse, di biciclette nel vento, di notte dolce di gelsomino e acacia e stelle.

Non saprà nemmeno che da questa notte tutti i numeri sono uguali a cinque.

Talenti

di **Andrea Sgarro**

Se ho un talento, è quello di riconoscere il talento altrui. Anche stavolta – ampio e anonimo salone d'albergo, ma con una splendida terrazza sul Mediterraneo – è bastato il cocktail serale e ho subito fiutato il mio uomo (i primi due giorni del congresso me li sono persi, ma come facevo a mancare alla riunione con i *manager* della *Technogene* – e con i soldi della *Technogene*). Non so se "fiutato" sia la parola giusta, a dire il vero non so che cosa succeda nella rete neuronale che mi sta nel cervello, e non credo che neppure i miei colleghi di neuroscienze possano spiegarlo. Diciamo che è un istinto, ma mi rendo conto di quanto sfuggente sia anche questa parola: *istinto*. Stava a un paio di tavoli di distanza, appena a portata del mio orecchio, e mi è bastato sentire tre o quattro frasi per individuarlo: questo è un giovane di talento, da abbordare al più presto. Forse non erano solo le frasi, era anche l'aspetto, il tono, che mi avevano colpito. "Sai chi sia?" ho chiesto alla dottoressa Gyuli, indicandolo discretamente con un cenno del mento – sono presbite ormai, e decifrare la targhetta col nome del congressista è diventato per me un esercizio assai sgradevole. "Il ragazzotto magro che discetta animatamente", e stavo per aggiungere: quello che ha l'inconfondibile aria da matematico svagato, vestito di una maglietta bianca a righine azzurre stile marinaretto sovietico, con i calzoni sbragati e i sandali da frate ... peggio! con i sandali da frate e le calze di lana color caffelatte. Io la giacca ce l'ho addosso, anche se la cravatta la tirerò fuori solo al banchetto di domani sera – la Gyuli stasera ha un paio di sandali elegantissimi con i tacchi alti, e il suo vestito di color lilla (credo sia lilla, io di colori non mi intendo) è sproporzionato all'entità della sua borsa *post-doc*, per tacere del ruolo piuttosto modesto che ha nel nostro gruppo di ricerca. Se poi gliela rinnoveremo, la borsa – anzi, se gliela rinnovo, sono io che di fatto decido."Dell'Università di Praga, si chiama Milan, sì, Milan Fischer, è un combinatorico, è da poco che si interessa di proteomica computazionale. L'ho incrociato a Linz, al *workshop* di aprile, c'eravamo io e Vasile, lei professore aveva quella riunione con i rettori". Un combinatorico, me lo sentivo! Un duro e puro della matematica, adesso è rimasto senza finanziamenti ed è dovuto scendere a compromessi, si deve sporcare le mani con le applicazioni alla proteomica... perfetto, uno così me lo mangio in un boccone. Se c'è un problema che il mio gruppo di ricerca non conosce, sono i finanziamenti – se hai il "metatalento" di fiutare i talenti è chiaro che sei anche bravo a rastrellar soldi. Rastrellarli e permettere a chi il talento ce l'ha, ai Mozart della scienza, di lavorare senza preoccupazioni, e di rendere al massimo. È come la pensione che davano a Sibelius, lui componeva, e qualcun altro in Finlandia sgobbava per farlo comporre in pace. Io sono quello che sgobba, e Dio sa quanto sgobbo, io individuo i Sibelius, o perfino i Mozart, e li faccio lavorare bene, senza arcivescovi di Salisburgo che li tormentino – confesso di non sapere chi tormentasse Sibelius quando il governo finlandese decise di dargli la sua famosa pensione vitalizia, magari non lo tormentava nessuno, la Finlandia è la Finlandia, non può permettersi il lusso di bruciare i suoi pochi Sibelius. Ai Mozart e ai Sibelius io permetto di lavorare protetti dalle miserie del mondo, in una nicchia ecologica che non conosce inquinamento. Se ripenso ai miei inizi, a come mi hanno trattato, meno male che uno come me non molla ... Finanziamenti, laboratori e le indicazioni di una persona esperta, che sarei io, e che si accontenta di comparire fra gli autori degli articoli in ordine alfabetico, e dunque quasi invariabilmente per ultimo, visto che il mio cognome comincia con la Z – anche se qualche volta penso proprio che dovrei essere io il primo, perché il collante sono io, loro sono solo i pezzi del *puzzle*, io li incastro uno nell'altro... In fondo, che cosa sarebbe stato Mozart senza suo padre a guidarlo e a lanciarlo:

ecco, io sono Leopold Mozart. Lasciamo perdere Sibelius e restiamo ai Mozart, anche Leopold ha un posto imprescindibile nella storia della scienza, *pardon*! della musica ... Anna sembra inquieta – mi piace il nome della dottoressa Gyuli, Anna – che stia subodorando qualcosa sul rinnovo della borsa *post-doc*? Non credo che il suo si possa chiamare talento, anche se qualche surrogato del talento ce l'ha, se no la borsa non gliel'avrei data. Ma insomma... diciamo che la Gyuli mi fa da "segretaria scientifica". Da quando c'è lei (ed è quasi un anno, un anno che è passato assai presto) non perdo più un colpo, non mi sfugge più un *workshop* o un articolo – e la nostra produttività scientifica ne trae vantaggio, è una pignola, quello che scriviamo, da quando c'è lei, è più chiaro, più conseguente... ma insomma, è solo artigianato, è una specie di Salieri dal cuore buono, altro che Mozart. Adesso mi torna: Leopold Mozart (io), Milan Amadeus Mozart (spero di non sbagliarmi, sarebbe la prima volta) e Anna Gyuli-Salieri formeranno un trio ben accordato, *ein wohl temperierter*... sto correndo, devo restare con i piedi per terra, magari stavolta il mio intuito mi ha giocato uno scherzo, o magari mi hanno preceduto: Matoz è in agguato, *monsieur le professeur* ... nel frattempo ho avvicinato la mia mano al vassoio delle tartine giusto nello stesso momento in cui Milan si è girato verso di me (e adesso, strizzando gli occhi, posso leggere il suo nome sul *badge* del congresso, si scrive Fišer) ... stiamo già parlando, il pesce ha abboccato all'amo ... sono io il pescatore, in barba al suo cognome ... dopo pochi minuti non ho più dubbi, anche stavolta ho imbroccato: professor Zega, sei un asso! Oltretutto il problema su cui lavora Fišer è molto vicino al nostro, ne è un caso particolare ma significativo – lo risolveremo assieme, ho sempre saputo che la combinatorica dei *finite design* era la strada giusta, ha proprio ragione. Il lavoro sarà a due nomi, Fišer Zega, o forse Fišer Gyuli Zega, vedremo, credo che per la Gyuli basti un *acknowledgment*... *thanks are due to dr Anna Gyuli* per aver fatto quel che ha potuto, senza di lei lo stile di questo lavoro non sarebbe stato lo stesso, ma i risultati sì, quelli ci sarebbero stati tutti. Karl e Vasile stavolta li lascerei fuori, tre nomi bastano... e poi stanno a un altro congresso a Bristol, vedremo se hanno imparato dal loro maestro, ossia da me, spero che non tornino a mani vuote... potrei aggiungere anche i loro nomi, ma solo se mi portano un *paper* da Bristol già in cantiere, pronto per il varo. Karl e Vasile stanno andando bene, specie Vasile, fra poco voleranno oltre oceano pure loro, quando io li lascerò uscire dal nido, si capisce. Il mondo è pieno di miei allievi, Stati Uniti, Australia, Francia, Scozia, Igor sta in Giappone, e continuano a citarmi, ho un ottimo *citation index*, e questo mi aiuta con i *grant*, sono i lavori che abbiamo scritto assieme prima che i miei ragazzi prendessero il volo (i miei gioielli, lo posso ben dire), sfioro i trenta coautori, io... Domani mi rivedo con Milan Fišer... la Gyuli mi sta parlando, ma non la riesco a seguire, sono sfinito dalle due ultime giornate. Siamo seduti alla terrazza a mare, fra un paio di settimane qui arriva il turismo di massa. Ho ancora in mente Fišer e quello che mi ha raccontato sulle matrici della Lévy... ma certo, ci vogliono i *finite design*... il tempo si sta guastando, la luna è scomparsa dietro quelli che si intuiscono essere grossi nuvoloni neri. Meglio, si lavorerà più volentieri, aborro il turismo scientifico, io qui ci sto per lavorare. La Gyuli ha smesso di parlare, e mi sta fissando con un sorrisetto... forse per lei sono io Wolfgang Amadeus Mozart... ma io sono preso da Fišer. Ci passano vicino quegli idioti di Tolosa, Matoz ammicca con un'espressione complice, che vorrebbe essere simpatica, immagino, per lui sarà evidente che la Gyuli non è solo una mia collaboratrice – del resto il sorriso devoto con cui Anna mi guarda e il modo in cui si veste paiono fatti apposta per mettere la gente fuori strada (qui in terrazza i tacchi sembrano cresciuti di altri due centimetri). Si sbagliano, non ho nessuna intenzione di svendere la proteomica computazionale, figurarsi! sto niente a non rinnovarle la borsa, tacchi o non tacchi – non è certo per i tacchi alti che gliel'ho data un anno fa, piuttosto mi prendo Milan o quel moldavo di cui mi aveva parlato Vasile. Scrive un po' pochino la dottoressa Gyuli, bene ma un po' poco, vuol dire che rinuncerò alla correzione delle bozze in cui lei eccelle... mi sta venendo sonno, e questa si è rimessa a parlare e a sorridermi, è un'entusiasta, ma l'entusiasmo non basta per fare la ricerca scientifica... ci ripassa davanti Matoz, e continua a fare le smorfie... Tolosa è un bel posto, les *Jacobins* e la Garonna, ma se pensi che rischi di incrociarci per strada Matoz... ho interrotto la Gyuli, mi guarda sorpresa e forse perfino delusa. Vuole modificare qualcosa nel nostro intervento di domani, abbiamo venti minuti con le domande... non voglio gelare il suo entusiasmo, ci ripensiamo la prossima volta, le dico, c'è Palo Alto agli inizi di luglio, se vuole le concedo venti secondi tutti suoi, ma il *talk* resta come l'abbiamo concordato prima di partire. Basta, vado a dormire, con quei tacchi la Gyuli non resterà da sola, la stanno già puntando... sono ragazzi e ai congressi scientifici le donne sono sempre in minoranza, non è questo che mi secca, che si divertano pure – e qualcuna poi, metti la Lévy, quella delle matrici, è una donna? Fišer, invece, ha proprio l'aria di essere un puritano, si sarà accorto che la Gyuli è femmina? Ma che sciocchezze mi vengono in testa, si vede proprio che sto cascando dal sonno, in questi ultimi tempi ho esagerato, troppi *meeting*. Stanotte rinfresco il mio sistema neuronale e domani ci si rimette al lavoro, voglio proprio capire che modifiche abbia in mente la Anna Gyuli – devo essere ancora gentile con lei. Ma le borse *post-doc* non si regalano... niente scorrettezze scientifiche per un paio di tacchi, almeno finché il professor Zega è direttore di ricerca!

Il colloquio con il dottor Fišer mi ha convinto: ancora una volta avevo visto giusto, di talento ne ha da vendere. Durante il *coffee break* il tempo si è guastato del tutto e si è alzato un venticello freddo, dalla terrazza siamo rientrati nella *hall*. Per poco tempo, purtroppo: la mattinata non è affatto andata bene, anzi... Subito dopo il *talk* la dottoressa Gyuli è salita in camera sua e non la si è vista al *coffee break*, non sta bene, mi par di capire – sembrano spariti anche i tolosani, se la saranno svignata per fare i turisti, stamattina per fortuna non hanno fatto le solite domande che fanno alla fine di ogni intervento di cui sono gelosi, ma forse non erano gelosi. La cattedrale me la guarderò domani sera (stasera in centro c'è il banchetto sociale del congresso), ne farei anche a meno (della cattedrale), ma purtroppo sembra che sia una delle più belle chiese romaniche di tutta la Spagna, e poi in ufficio mi rimprovererebbero, figuratevi la segretaria, la vera segretaria, la diligentissima e fedelissima Franck, non la Gyuli: professore non si sciupi, lei non fa mai un *break*... (già la parola mi infastidisce, *break*, io conosco solo il *coffee break*, quello dei congressi e dei *workshop*, e poi mi infastidisce che continui a darmi del lei dopo vent'anni, e a chiamarmi professore con un tal sussiego che si capisce subito che la pi di professore si scrive maiuscola – io dai miei *post-doc* mi faccio dare del tu appena mi convinco che scientificamente funzionano). Alla cattedrale ci andrò, ma non di giorno, se fai ricerca scientifica devi stare in permanenza con gli occhi aperti, i giri turistici possono aspettare. Domani sera ci andremo in gruppo... ma sto divagando. Quando il colloquio con Fišer stava diventando concreto, al nostro secondo caffè (ero teso come un camaleonte prima che gli schizzi la lingua), mi è suonato il telefonino. Ho fatto l'errore fatale di rispondere, maledizione, e Fišer si è subito allontanato col pretesto di andare a trovare qualcuno in camera. Si sono ammalati tutti, oggi, o fingono e fanno i turisti, turisti con l'ombrello però, fra poco pioverà. "Non se ne parla neppure, rinnovare una borsa *post-doc* non è automatico, almeno finché sono io il direttore di ricerca", al telefonino stavo quasi gridando, ma ero davvero fuori di me per il *timing* della telefonata, che più inopportuna di così non si poteva neanche a volerlo. Mi dispiace per la Gyuli, lo dico sinceramente, ma da quando siamo qui non ne imbrocca una – che sia indisposta perché avverte che qualcosa non sta andando per il verso giusto? Il suo *talk* di stamattina mi ha messo in imbarazzo (io faccio parlare i giovani e me ne sto seduto fra il pubblico, così capisco meglio l'aria che tira). È un'entusiasta, e questo mi va benissimo, ma il suo è un entusiasmo un po' puerile, non fa che ripetere *this is a basic problem, fundamental, of paramount importance*... e un po' di senso critico, dico io, dove lo mettiamo. Tanto più che il nostro lavoro era ancora interlocutorio, era più che altro un elenco di problemi aperti, certo ben motivati, in questo la Gyuli è brava, ma poi ha farfugliato qualcosa su una possibile modifica alle *Lévy matrices*, i tempi di calcolo crollerebbero... aspetta e spera, se la sua idea era questa siamo fritti. Ho avuto la netta sensazione che in sala siano rimasti perplessi, delusi – non ci sono state domande, pessimo segno... e io non posso permettermi, e tantomeno posso permettere alla prima *post-doc* che passa per strada, sia pure scodinzolando sui tacchi alti, che si associ il cognome Zega a un lavoro mediocre (al *talk* Anna era in sandali, se scende si dovrà infilare le calze caffelatte come il praghese, fa quasi freddo). C'era scritto Zega e Gyuli come nomi degli autori del *talk*, una volta tanto non in ordine alfabetico. Che il cognome Gyuli si sputtani pure, ma non Zega, *please*, avete presente quale sia il mio *citation index*? Però con la borsa della Gyuli devo esser cauto, magari Fišer poi non accetta... Quello che mi preoccupa è che non l'abbiano già intercettato, al *coffee break* era un po' sfuggente, io e Matoz non siamo mica gli unici *talent scout* in circolazione... Che cosa faccio della borsa di studio che la Gyuli mi libera fra un mese, la ridò a lei dopo il mio sfogo al telefono sulla sua mancanza di talento, che non ha personalità, che in fondo fa solo quello che le dici di fare, se non le dai una traccia è persa – stavo per dire a Gönner che una così te la porti a letto e poi tanto vale cacciarla (era un momentaccio), ma per fortuna mi sono trattenuto (Gönner secondo me queste tattiche sarebbe capace di usarle). Però magari la caccio davvero, io non violo la deontologia della ricerca scientifica, a costo di lasciare il *post-doc* deserto. Mi è venuto un tale malumore che dopo anni e anni (l'ultima volta sarò stato studente o giù di lì, ero a Coimbra, facevo ancora i codici correttori, c'era la Judy a Coimbra) ho deciso di marinare le sessioni e di andare a vedermi la cattedrale di giorno, a costo di bagnarmi (ho dimenticato l'ombrello, e non ho nessuna voglia di salire a chiederlo alla Gyuli, anche se a lei farebbe piacere). Ci vado a rischio di incontrare Matoz in una delle navate romaniche più belle d'Europa... alla Gyuli non devo far capire i miei dubbi, facciamole finire il congresso in pace, non ho voglia di fare il volo di ritorno con i musi lunghi.

Il mistero della cattedrale, un bel titolo per la mia scappata diurna. La cattedrale merita la sua fama, ma io avevo il cervello altrove... e poi la cattedrale non c'entra. Quando ci sono entrato Matoz e i tolosani starnazzavano in un caffé della *Plaza mayor*, turismo scientifico finanziato dal contribuente francese – ma quando sono uscito (cominciavo appena a rilassarmi) alla loro tavolata si erano aggiunti Fišer e la Gyuli. Per Fišer passi – due o tre anni fa Matoz mi ha già fregato un lituano, la volpe perde il pelo ma non il vizio – ma che ci faceva la Gyuli? Lo confesso, ho fatto un giro vizioso, sono entrato nel caffé da un'entrata abbastanza lontana dal loro tavolo, e mi sono appostato dietro una colonna per spiarli. Parlavano di matrici, anzi ne parlava Fišer. Matoz non faceva che tirarsi i baffi e ripetere *c'est bien ça, c'est bien*. Mi sono inavvertitamente esposto, forse Anna mi ha visto. Non pare per niente malata, è il fior della salute, con questo tempo è uscita in sandali senza calze. Ho deciso di non correre rischi e mi sono allontanato per dove ero venuto. Calma e sangue freddo: è chiaro, la Gyuli sta tenendo sott'occhio Fišer, in fondo è quello che le ho fatto capire io... e i miei finanziamenti sono migliori di quelli di Tolosa, per non parlare dei laboratori, anche se Fišer è un teorico, e di laboratori poco gli importa... Ma laboratori vuol dire dati, dai nostri laboratori escono fiumi di dati in attesa di qualcuno che possa elaborarli, in attesa di Milan Fišer e del suo cervello... la dottoressa Gyuli devo trattarla con i guanti, guai se filtra qualcosa della mia telefonata con Gönner. Non l'ho ancora complimentata per il *talk*, un po' d'ipocrisia non guasterà, devo ancora capire cosa diavolo abbia aggiunto alla fine – venti secondi assai confusi, era di questo che voleva parlarmi ieri sera, quando mi è venuto sonno... *extend the notion of a Lévy matrix* ... la smonterò ma con i guanti bianchi ... che casino, non ci si può distrarre neanche per un minuto, povero Leopold Mozart, a te non è concesso dormire neanche di notte! È inutile nascondersi: sono molto molto allarmato. Torchierò gentilmente la Gyuli – anzi, prima devo parlare con Fišer, non c'è un minuto da perdere. Matoz mi ha fregato una volta, basta e avanza.

Ero frastornato – e lo sono ancora. Così frastornato che non sono riuscito neppure a sedermi al tavolo dei *boss*, io che sono uno stratega delle tavolate congressuali – imbrocco sempre il tavolo che conta, a colpo sicuro. E pensare che Matoz mi aveva indicato un paio di sedie libere accanto alla sua – alla cena del congresso è meglio averlo vicino, visto che c'erano sia Yalom sia Sharafi a quel tavolo – e anche Matoz voleva tenermi sott'occhio, ci teneva ad avermi vicino, forse voleva aprire una trattativa – ma ero talmente impegnato a capire se la Gyuli e Milan fossero seduti accanto, e con chi si fossero messi, che ho perso tempo prezioso, e quando mi sono deciso ormai al tavolo dei *boss* si erano accampati i due Schmidt, marito e moglie, due vecchie volpi. Stupidamente mi sono lasciato convincere da un paio di giapponesi ossequiosi e mai visti prima – il posto alla mia destra è rimasto libero per tutta la sera anche se mi sono sbracciato quattro o cinque volte per tentare di dirottare qualche volto umano, ma senza successo, ahimé. Siamo rimasti in quattro al tavolo più triste del congresso – il quarto, forse un indiano, non ha aperto bocca. Cena squisita, bell'ambiente tardo-ottocento, lampadari pesantissimi, ma ormai con le candele elettriche, soffitti affrescati in maniera lasciva – chissà quale sarà stata la destinazione originale di un posto così, speculatori e trafficanti che volevano parlare in pace di affari e di puttane, immagino – ma i due giapponesi padroneggiavano poco l'inglese e lo scambio di battute più intelligente della serata è stato *Do you like Japan? Yes, I do*. Milan era a un tavolo di americani, parlava poco e sbadigliava spesso, la Gyuli stava a un altro tavolo circondata da ragazzotti francesi e spagnoli cui non dev'esser sembrato vero di avere vicino una donna che sembra una donna – la Lévy stava ovviamente al tavolo dei *boss*. Ridevano da matti, sia i *boss* sia gli ammiratori della Gyuli. Anna mi si è avvicinata un paio di volte, ma la situazione era troppo imbarazzante per intavolare un discorso sensato. Abbiamo commentato la qualità dei piatti in menù, e abbiamo brindato insieme. Alla tua nuova vita, ho avuto il masochismo di dire, e per di più in francese... Non riesco ancora a crederci, è la Gyuli che va a Tolosa, altro che Milan Fišer! Non vuole il rinnovo della borsa, non mi era mai successo prima: è *lei* che rinuncia. Me l'ha detto qualche ora fa con mille gentilezze (pare avesse cominciato a dirmelo ieri sera, quando mi è venuto sonno, un sonno fatale...), io le ho fatto tanti complimenti e tanti auguri, lei mi ha ricambiato i complimenti e ha espresso i segni della sua profonda gratitudine... se solo avesse immaginato lo sforzo che mi costava far finta di niente, il professor Zega è al di sopra delle umane miserie... e invece avrei voluto implorarla, ripeto, implorarla: signorina Anna e dottoressa Gyuli, non mi lasci, la prego, è vero che io volevo cacciarla – io lego e io sciolgo – ma è lei che mi sta cacciando, il che implica che sotto c'è qualcosa di *very basic*, di *very fundamental* che io non ho colto... perché nessuno, e tantomeno Matoz, ha bisogno di Anna Gyuli diligente segretaria come la conosco io – ma allora, mi scusi, lei chi diavolo è, dottoressa Gyuli? È come se in un anno di conversazioni avessi parlato sempre e soltanto io... che cosa le piace, per esempio? Vasile mi aveva detto che lei, Anna, suona bene il clarinetto e che fa *jazz*, io devo riconoscere che lei mi ha sempre trattato con riguardo, con gentilezza, mi ricordava di prender questo, di far quello, di telefonare a quell'altro, vengo io con lei professore, sottintendendo: lo so, le fa piacere, le faccio fare una bella figura, *la belle et la bête* (be', non sono poi così brutto)... l'offerta di Matoz è sorprendente, a quel prezzo ne poteva far arrivare quattro, di *post-doc*, e tutte e quattro più belle di lei, dottoressa Gyuli, invece è solo lei che *monsieur le professeur* vuole, *coûte que coûte*, costi quel che costi... Che lei abbia accettato e che mi molli così senza preavviso non mi sorprende data l'offerta, ma... è Fišer che l'ha convinta, lei dice, però Fišer resta a Praga. Ma allora cosa bolle in pentola? È venuto a consolarmi anche Fišer, bontà sua – la cena sta finendo, i due giapponesi se ne sono appena andati con un paio di profondi inchini, la tavolata latina della Gyuli è più rumorosa e ridanciana che mai. Hanno passato la notte prima del *talk* a parlare di matrici, mi dice Fišer, ma l'aveva già fiutata il mese scorso a Linz, è rimasto così impressionato che ha convinto Matoz – Matoz ha appena ottenuto un progettone finanziato da privati. È evidente che Fišer non mi ha più in simpatia, se mi ha mai avuto in simpatia, chissà. E poi non mi sta consolando affatto, anzi mi sta velatamente rimproverando, sarei colpevole di non aver capito il gran talento della Gyuli, immagino. Non ho la lucidità di replicare come dovrei, adesso sembra che voglia interrogarmi sulla breve postilla che la Gyuli ha aggiunto al nostro *talk* quando si è messa a parlare di matrici in un modo un po' inconcludente in quei venti secondi d'orologio tutti suoi che le avevo concesso ieri sera (e sembra un mese fa). È chiaro, mi sta facendo un esame. Lui a me... e dal modo brusco in cui si congeda mi sa che mi ha bocciato. Hanno passato la notte assieme a discutere di *Lévy matrices*, magari distesi a letto, questo non me l'ha detto... Fišer è un puritano, almeno questo l'avevo capito, del resto di scienziati puritani ce n'è tanti... la Gyuli è sparita dal suo tavolo. Conto i francesi e gli spagnoli rimasti, ne mancano uno o due – io preferirei due – si farà un'altra notte in bianco parlando di matrici. Al diavolo, in fondo la Gyuli era solo una borsista *post-doc!* Yalom mi sorride – vuole parlarmi, devo recuperare la concentrazione, e subito: *business is business*!

Sarà una giornata lunga, fa più caldo qui sulle rive del Baltico che l'anno scorso su quelle del Mediterraneo, il sole non ne vuol sapere di tramontare. Voglio godermi la serata, senza stress, la relazione la farà Vasile, ho piena fiducia, non ho neppure guardato i lucidi. E' venuta a complimentarsi con me anche la Lévy. Sei stato tu a scoprirla, tu a crederci, mi ha detto. Agli inizi, ricorda, se non ci fosse stato Yalom a sostenermi e a credere in me, sai, ero molto ingenua... e sorride, la Lévy ha un sorriso dolcissimo che per qualche istante ti fa dimenticare quanto sia brutta. Anna Gyuli no, Anna Gyuli è bella che sorrida o che sia imbronciata, Domineddio il giorno in cui l'ha progettata era di buon umore: bella, brava, simpatica, alla mano, espone bene – di questo mi ero accorto anch'io, di questo e di nient'altro. Più diventa una *star* della proteomica computazionale, più ha un comportamento da ragazzina, niente tacchi alti al cocktail, sembra più giovane dell'anno scorso. Vasile dice che si è portata dietro il clarinetto, ce lo farà sentire domani sera in duo con Grabisch, che è stato a lungo incerto fra la proteomica e il pianoforte, dice Vasile. *G-matrices have completely superseded the old Lévy matrices,* ho visto scritto negli atti del congresso, e proprio nell'*abstract* della prima *plenary lecture,* quella di Yalom. Le vecchie matrici della Lévy sono sparite per sempre, adesso abbiamo le *G-matrices,* tanto più semplici e tanto più veloci – e la Lévy non sembra neppure dispiaciuta che il suo nome stia entrando nel dimenticatoio della scienza. Nell'articolo originale della Gyuli, nell'ormai ipercitato *Gyuli's seminal paper,* si lasciava capire che la G starebbe per generalizzato, *generalized Lévy matrices, in short G-matrices,* ma ovviamente la G sta per Gyuli, non per niente è una G maiuscola (e poi le sue matrici non sono affatto una banale generalizzazione delle *Lèvy matrices,* sono tutt'altra cosa). La G sarà stata un'idea sua o di Fišer? Di Matoz non credo proprio, visto che manca la M... ormai Tolosa alla Gyuli andrà stretta, ci resterà poco. Dopodomani c'è la relazione plenaria destinata agli *young researchers,* sarà un'apoteosi, *Anna imperatrix maxima,* mai a un congresso *AMCP* avevano affidato una lezione plenaria, sia pur di quelle destinate ai giovani ricercatori, a un ricercatore così giovane: ventiquattro anni ancora da compiere, dice Vasile. E domattina Yalom le spiana il campo con la lezione plenaria di apertura, ci saranno tutti. Ci siamo già salutati, io e la Gyuli, un bacio sulla guancia, due convenevoli, si è allontanata di qualche passo, poi si è voltata per dirmi: "Le sono molto grata, professore". Mi chiama ancora professore, invece Yalom lo chiama Ben e lo tratta come se fosse un suo coetaneo. A rendere omaggio al mio intuito viene anche lui, Ben Yalom, il patriarca della proteomica computazionale – non immaginavo che la luce riflessa potesse essere così forte. Hai avuto il talento di scoprirla, mi dice, e soprattutto hai avuto il talento di capire quand'era il momento di lasciarla volare con le sue ali – e fa il gesto di liberare un uccellino dalla gabbia. Speriamo che il successo non la bruci, aggiunge, ogni volta che parlo con lei mi convinco che quella ragazza ha ancora molto da dire, le *G-matrices* sono solo un assaggio, sembra che creare non le costi nessuno sforzo, è come se giocasse... mozartiana, commenta, e questo attributo mi fa sentire una fitta: ero già trasalito al verbo *giocare*, ma *mozartiana* è troppo! Lo trattengo: la ricerca scientifica oggigiorno non ha bisogno solo dei Mozart, è un'impresa collettiva, un lavoro di squadra, di metodo, di tenacia, sempre meno *inspiration* e sempre più *perspiration* – e sempre più finanziamenti, senza di cui ispirazione e perspirazione valgono ben poco. Ben Yalom mi fissa: certo, ma se di tanto in tanto non spuntasse ancora qualche Mozart si finirebbe per morir di noia, non ti pare? E soggiunge: "Chissà, fra venti o trent'anni i Mozart saranno totalmente inutili a questo mondo, ma io non ci sarò più, a sbadigliare per la noia saranno i posteri". E mi lascia ridacchiando. Spero che a nessuno venga in mente l'arcivescovo di Salisburgo, quello che a Mozart lo prendeva a calci in culo, come stavo per fare io con la Gyuli, diciamo la verità. Eccola, con i suoi cavalier serventi al fianco, non c'è più solo Fišer, intercetta il mio sguardo, mi sorride – un gruppo di giapponesi, fra cui i due dello scorso banchetto, si voltano per vedere a chi sorrida così graziosamente... sono cresciuto nella stima dei giapponesi, rischio di ritrovarmeli vicini di tavola al banchetto, speriamo che il loro inglese sia migliorato. Basta, sto esagerando, tutti mi riveriscono e io sto qui a torturarmi quasi fossi uno studentello alle prime armi! Come ho appena ribadito a Yalom: la scienza è lavoro e sudore, e se c'è qualcuno che non riposa sugli allori, quello sono io. Devo farmi mostrare i lucidi da Vasile per dargli qualche consiglio. Io sono Leopold Mozart, io non sono l'arcivescovo di Salisburgo, se non l'avessi pescata io, la G di cui tutti parlano e che tutti guardano a bocca aperta, a questo congresso le vecchie matrici della Lévy sarebbero ancora nuove di zecca, e la signorina Anna Gyuli starebbe a insegnar matematica in qualche scoletta di campagna, fra stalle e pollai. Vasile – ma dove si sarà cacciato, e sì che fra un mesetto si discute di un'eventuale seconda proroga, ah! eccolo assieme a Karl ... Di, emme, zeta, Karl Dienstel, Vasile Moraru e il sottoscritto: al lavoro! Con tutti i dati che abbiamo e che adesso possiamo finalmente elaborare ... È il turno di Sharafi di complimentarmi, ma Sharafi non è un matematico, è un biologo, vuole risultati concreti, non gli bastano le matrici, lui la Gyuli non l'ha stregato, almeno uno... Mi sta tornando il buon umore: sta' a vedere che ci riesce di oscurare la stella nascente della signorina G proprio grazie alla velocità di elaborazione delle sue *G-matrices*... chi può dirlo, se i risultati dei nostri calcoli convalidassero l'ipotesi dei due Schmidt, o la smentissero una volta per tutte per far felice Sharafi, in questo caso il nostro gruppo potrebbe... ma sì, si vedrà, bando alle tristezze inutili, sono o non sono uno scienzato?

Log book

di **Luciano Celi**

27 dicembre 2004
> Il piano del ferro

Ventilatori che assordano, il reostato esclude numeri di resistenze ohmiche che, come preghiera, si narrano sempre nella medesima sequenza. La velocità aumenta. Gli assorbimenti sui motori raggiungono le tacche rosse: 3.000 volt (nominali) per 400 ampere fanno 1.200.000 watt. I motori delle ferrovie italiane sono per la maggior parte tutti in corrente continua. L'elettrotecnica insegna che non c'è sfasamento tra tensione e corrente: è tutta potenza attiva. Ogni volta che si parte mi viene in mente quante case, con tutte le luci accese, si possono alimentare. La 655 239 con mille tonnellate attaccate al gancio è bruco lanciato a 100 km/h che solca fedele il mare immoto delle colline circostanti: siamo lampo di pantografo che sfiamma sui sezionamenti del macramè di fili, agli ingressi delle stazioni; siamo tuono differito di ruote e assi che ciabattano cadenzati sull'acciaio degli scambi.

Ha cominciato a piovere. Fermi al segnale di protezione della stazione di Firenze Campo Marte, il segnale si dispone finalmente a via libera per il transito. Parto con cautela: il binario è bagnato, siamo su una leggera curva, in salita. Preferisco l'avvio manuale, ma esagero: appena riesco a muovere il bruco uno degli assi slitta, con la leva di comando vado a zero di colpo e freno col "moderabile", il freno che agisce solo sulla locomotiva, in modo da "impacchettare" tra i ceppi tutti gli assi, in particolare quello che slitta e rischia di mandare in fuga i motori. Troppi watt in troppo poco spazio/tempo. Ma la 655 regge e riparte, fedele.

28 dicembre 2004
> **Reiseplan**

Descrivere ciò che è forse la macchina per eccellenza, la locomotiva, significa quasi sempre coinvolgere – mettere in moto? – l'immaginario collettivo dei viaggi, dei treni, delle infrastrutture, delle persone che vivono nelle ferrovie, delle persone che subiscono le ferrovie, delle persone che, dietro la sbarra abbassata di un passaggio a livello, tengono un bimbo in braccio e mi indicano, con gesto ostensivo e pertinace, affinché il bimbo alzi lo sguardo lassù, a circa 4 metri dal piano del ferro e capisca che nel ventre del roboante mostro meccanico ci sta un essere umano che all'inizio si sforza e poi, più naturalmente, sorride. Quando è di buon umore abbassa il finestrino – a seconda della stagione – e magari saluta con la mano e con un fischio delicato. Se si vuole essere cattivi si può usare la tromba, ma di solito è poco gradita, specie negli amplificanti spazi cavi delle stazioni, dove, tra muri e pensiline, il suono può carambolare a piacimento.

Privatizzazioni e divisioni in *holding* hanno disumanizzato sia l'interno che l'esterno di questo mondo. L'interno (parlo di me, del mio mestiere): i macchinisti, con lieve e continuo slittamento semantico, si sono chiamati prima "personale di macchina" e adesso "personale di condotta". Tra poco saremo "autisti", senza, per carità, nulla togliere agli autisti. "Macchinista" è parola che ancora evoca, che ha una storia sociale, collettiva; "personale di condotta" evoca qualcosa? Non è solo una questione formale: il macchinista sapeva far andare la macchina, la conosceva. Ai tempi del vapore i macchinisti avevano macchine assegnate, di cui erano responsabili in tutto e per tutto.

Appartengo a quell'ultima infornata di macchinisti che ha potuto definirsi tale a pieno titolo al quarto anno (scaduto) dall'assunzione, dopo quattro esami (segnali, regolamenti ferroviari, macchine elettriche e accenni di macchine termiche, *brainstorming* finale su tutto…), un considerevole numero di ore spese sui canalini di spurgo dell'aria del rubinetto FV4 Oerlikon (il rubinetto del freno) e altrettante sulla matassa intricata dei circuiti in alta e bassa tensione delle macchine "tradizionali" (serie E636, E645, E646, E656). Adesso i macchinisti si fanno in sei mesi. Non gli è richiesto nulla, non devono essere in grado di fare alcun tipo di intervento sulla macchina: quando si guasta si telefona col cellulare e si aspetta che qualcuno arrivi. Sono/siamo diventati autisti, senza nulla togliere agli autisti. Ci hanno squalificati, anche se le responsabilità sono rimaste le stesse.

L'esterno: il "viaggiatore" è diventato "cliente", con tutto quel che ne consegue. Meccanizzare è l'imperativo. Così i capistazione (in termini più tecnici: dirigenti movimento) che in alcune remote stazioncine arrivavano a prendersi cura delle aiuole, come fossero quelle di casa, sono scomparsi, travolti da nuove tecnologie che si annunciano per sigle che, quand'anche esplicitate, non sono particolarmente significative: SCC, ovvero sistema di comando e controllo. I superstiti che hanno resistito alla prevedibile ondata, li hanno rinchiusi a Pisa, in una specie di bunker di cemento (altro che aiuole!) sorvegliato a vista: una torre di controllo che "vede" da Maccarese, vicino Roma, a Sestri Levante. E i treni, nella torre di controllo, con tutte le loro tonnellate, diventano entità virtuali, pallini rossi su uno schermo. È lo *Zeitgest*, lo spirito di questo tempo.

La prima conseguenza è che il cliente (ex-viaggiatore) si ritrova a fare i conti con una odiosa voce meccanica simil-femminile che annuncia con indefettibile precisione lo stillicidio dei ritardi che aumentano asintoticamente verso il valore definitivo. Così il *Reiseplan*, il piano di viaggio, salta già alla prima coincidenza tra bestemmie e improperi.

Poi, pur non essendo esterofilo, mi capitano sottomano pieghevoli come quello trovato ieri sull'eurocity *Michelangelo*. Il pieghevole è a cura delle Deutsche Bahn, le ferrovie tedesche; l'eurocity infatti arriva da Monaco e va a Roma. Sulla prima paginetta l'indicazione della validità del servizio e la pubblicità di un libro di Gabriel Garcìa Marquez, poi, in doppia lingua (tedesco/inglese), una commovente riga di indicazioni su chi era Michelangelo, con date di nascita e di morte e, a seguire, l'elenco (in tedesco e italiano) dei servizi offerti a bordo.

Nella pagina successiva quelli offerti nelle stazioni; nelle successive ancora tutte le fermate che il treno effettua con ore di arrivo e partenza, con le distanze chilometriche parziali tra una stazione e l'altra, con le possibili coincidenze in quelle stazioni per altre destinazioni, e così via. Sarà, ma ogni volta l'impressione è quella di avere a che fare con un'altra civiltà.

29 dicembre 2004
> **Pesantezza.** *Regressus ad originem*

Ma descrivere la macchina significa anche descriverne le torreggianti tonnellate che poggiano sulle verghe. *Potenza del pesante*, dicono in una strofa di *Unità di produzione* i CSI (Consorzio Suonatori Indipendenti). Colonna sonora di viaggi, anche molto lontani. In una recente visita a Mosca la guida, piuttosto curiosamente, si soffermava a descrivere le statue della città, indicandone per prima cosa il peso e il materiale: come se il valore artistico o sociale dell'opera passasse anche da questo dato, secondo un'equazione per la quale più pesante uguale più importante.

La questione è di fisica applicata: il coefficiente di attrito ruota/rotaia è piuttosto basso e l'attrito è funzione del coefficiente e delle masse in gioco; così, per avere un attrito accettabile, occorre che le locomotive siano degli oggetti pesanti.

Quanto pesanti? Be', una E656 pesa 120 tonnellate, centoventimila chilogrammi. La strategia progettuale, negli anni '70 del secolo scorso era: abbondare. Tanto non si sbaglia. Così il semplice logo "FS" applicato sulle macchine (E645, E656 in particolar modo), quando ancora lo si trovi sul frontale, assomiglia molto più a una spessa corazza di un paio di quintali, che non a uno stemma che identifichi una proprietà statale.

Su macchine più datate del parco – le anzianissime E636 – la semplice maniglia di inversione del senso di marcia è di metallo pieno, e sarà almeno un paio di chili. Da notare che, con un po' di forza, il meccanismo di inversione su cui agisce la leva lo si ruota a mani nude – infatti nelle versioni successive la leva è stata realizzata in alluminio.

Però c'era, com'è ovvio che sia, anche tanta buona progettazione dietro. A partire dal dato, ovvio anch'esso, di avere i motori calati sugli assi, il più in basso possibile, per abbassare il baricentro. Pensate che la E656 ne ha 12, uno per ruota! Macchine affidabili, pressoché indistruttibili, con l'unico vero difetto di avere i motori in corrente continua, e quindi a spazzole. Le spazzole sfregano e dopo tot chilometri tocca andare in officina. I francesi in questo sono avanti di almeno 30 anni: linee trifase a 25.000 volt e motori in corrente alternata, a gabbia di scoiattolo e campo magnetico rotante: niente attriti, niente che sfrega, manutenzione quasi nulla.

Da qualche anno abbiamo cominciato anche noi: tutti i materiali ETR[1], per esempio, ma anche locomotive spettacolari come la E402B, una specie di potentissima "Ferrari", molto versatile e quindi utilizzabile sia per treni merci molto pesanti (in Italia "molto pesanti" significa 1.200, al massimo 1.300 tonnellate), sia per materiale intercity che può essere sparato a 200 km/h (la E402B in realtà ha una velocità nominale di 220 km/h). Chopper convertono e "affettano" la corrente continua della linea FS nazionale in alternata e, nel caso specifico della 402 un coltello si appoggia al pantografo quando questo viene in contatto con i fili della linea aerea per "sentire" se siamo in Italia o in Francia e automaticamente includere o escludere i chopper. Si chiama Unione Europea, e qualcosa vorrà pur dire...

Pesantezza, ma anche dinamica di sforzo al gancio, che più è attaccato in basso sulla locomotiva e meglio è, per diminuire il braccio del momento angolare che si viene a creare, rispetto al piano del ferro, durante la trazione (e soprattutto allo spunto): è il caso della E444R, una vecchia e gloriosa locomotiva che ha avuto problemi di trazione (troppo potente e leggera), risolti attraverso una "rivisitazione" (nel parco macchine delle ferrovie non esistono più E444 *originali*) e una riprogettazione grazie alle quali, con uno stratagemma piuttosto originale di funi e di cavi (interni allo *chassis*), è stato abbassato il braccio del momento angolare. La trazione viene aiutata anche da un sistema a "campi indeboliti": in partenza, la leva del senso di marcia fa "capire" alla centralina elettronica quali sono i motori (anteriori, senso mar-

---

[1] La sigla ETR sta per "elettrotreno": sono quelli che i viaggiatori chiamano "pendolini"...

cia) che è necessario far partire con una corrente inferiore, per evitare che le ruote slittino.

Il difetto di progettazione originario però – nonostante il peso assiale sia maggiore rispetto alle altre macchine – permane: la macchina talvolta, pur non slittando in partenza, lo fa in velocità, come durante una notte densa di nebbia e umidità, l'inverno di qualche anno fa, a 160 km/h, tagliando in due come un rasoio la campagna piemontese, con il "Palatino", il Parigi-Roma: abbiamo dovuto limitare la velocità per il continuo intervento dell'antislittante.

La potenza del pesante è anche quella che riduceva a piattelli quasi illeggibili le monete da 50 e 100 lire di quando trascorrevo le estati della mia infanzia al casello ferroviario sulla linea Torino-Torre Pellice. A San Secondo di Pinerolo, nella piana che porta nel regno dei valdesi, i miei nonni materni lavoravano nelle ferrovie e facevano i casellanti. Linea secondaria, traffico scarso. In compenso il casello era una splendida struttura in mezzo a una campagna ancora un po' selvatica, con noccioli e ciliegi e campi che mi sembravano infiniti, come le estati che lì trascorrevo. E ancora lumache da andare a prendere e mangiare, dopo gli acquazzoni, lungo la massicciata, e la manovella con la quale si chiudevano i passaggi a livello a distanza, con carrucole e rinvii che mi sembravano perdersi asintoticamente verso l'orizzonte.

L'architettura ferroviaria è uguale in tutta Italia e i caselli, nei loro particolari, non sono dissimili l'uno dall'altro. Architettura che riporta, prepotente nella memoria, a familiarità ancestrali, come la targa – che campeggiava identica a quella sul casello della nonna – vista passando da una stazione secondaria sulla linea Pisa-Lucca: una targa marmorea su cui, semplicemente è incavata una linea orizzontale e, sopra o sotto, c'è scritto, per esempio, «254 m. s.l.m.».

Quando ragazzino capii che cosa volessero dire quelle lettere, la domanda che un nanosecondo dopo mi rimbalzava nella testa era: "ma come avranno fatto a misurare con tanta precisione l'altezza sul livello del mare che è così lontano da qui?". Non ricordo, in verità, cosa rispose mio padre, probabilmente spiazzato, come ogni genitore, dalle domande che solo i bambini sanno porre.

Un altro importante *regressus ad originem* è costituito dai libri di bordo. È pratica comune scrivere su dei quaderni "speciali" di cui è corredato ogni locomotore la tratta percorsa, i chilometri, i nomi dei macchinisti e l'impianto di appartenenza. Carta gialla, invecchiata a dovere in qualche magazzino, proprio come quella che – di scarto – mi dava mia nonna per i miei disegni di bambino. Che magari gli adulti usavano per segnare i punti alle carte, in partite che sapevano di giorni corti e inverno.

2 gennaio 2005
> Passaggi e paesaggi

Traghettato incolume – o quasi – verso il nuovo anno, eccomi ancora a dire di fatti e questioni che stanno intorno alla macchina, alla locomotiva o – seguendo Butler nelle sue considerazioni sulla *coscienza* delle macchine – alla "loco-emotiva". Le ferrovie, essendo state pensate e costruite come principale mezzo di trasporto della neonata nazione italica, passano spesso da luoghi spettacolari. Se a questo si aggiunge il fatto di essere a oltre quattro metri dal piano del ferro, il gioco è fatto.

Uno dei principali cantori moderni, appassionato, senza farne mistero, di ferrovia, Marco Paolini, disse, in uno degli spettacoli grazie ai quali è diventato famoso, che il treno non è che una visione laterale della vita. Vero, quando non fai il macchinista. Se invece fai il mio mestiere, ti sembra, talvolta di essere angelo che veglia sulle cose, perché vedi il mondo intorno in tutte le ore del giorno e della notte, in tutte le stagioni, con tutti i tempi atmosferici possibili. Allora capita d'essere in giro in ore antelucane, a solcare la maremma di fianco alla cometa Hale Bopp, oppure traversando quella gigantesca terrazza sul mare che è la Liguria, con la luna piena e un mare placido, mentre il mondo dorme. O ancora, partendo da Firenze sbucare dopo venti chilometri di galleria, sul versante bolognese dell'Appennino e scoprire che una fulminea perturbazione ha spruzzato di neve tutto e i binari su cui poggiano le tonnellate del tuo treno non sono che sagoma appena percettibile tra le altre del paesaggio ovattato e silente intorno. Il bruco è cieco e nella neve sembra addirittura sospeso; anche chi lo guida è cieco nelle gallerie di pece in cui si entra a cento chilometri l'ora, ma ha guide da sessanta chilogrammi al metro che lo rendono quasi imbattibile. Poche tra le avversità climatiche possono fermare un treno. Neppure la nebbia o la neve ci riescono. È curioso che ci riescano gli elementi più eterei, che siano proprio gli elementi della natura a cui daremmo meno peso, a rendere impossibile il viaggio. Qualche alluvione importante forse. Ma ancor di più il vento forte, in grado di far oscillare la catenaria su cui poggia il pantografo in modo violento e incontrollato. Se poi il vento è di libeccio e la linea ferrata sta sul mare, la salsedine si attacca ai fili e ai binari, così da rendere difficoltosa la derivazione della corrente (è autorizzato l'uso di due pantografi che sono in parallelo) e le ruote slittano come se fossero sull'olio.

O, come una mattina presto, sulla linea secondaria della Val di Cecina che porta a Saline di Volterra, dove il benvenuto nella stazione è dato da un albero deciduo e la notte ha fatto vento e piovuto. Siamo il secondo treno della mattina, alle 8. Ci viene comunicato per iscritto di procedere piano nell'ingresso in stazione perché le foglie che l'albero ha scaricato durante la notte, finendo sui binari bagnati si sono impastate e rendono scivoloso il tratto, proprio in prossimità della fermata: niente di grave, ma il primo treno della mattina è arrivato lungo e ha scaricato i passeggeri fuori dal marciapiede.

La ferrovia è fatta anche di queste cose, che ci fanno sorridere: il gigante meccanico messo in scacco da quattro foglie cadute durante la notte. È uno strano mestiere quello del macchinista: in 2 minuti può accadere quel che non ti è successo in vent'anni di servizio. È uno dei motti preferiti dagli anziani, quelli con i quali i giovani fanno "pratica". Una pratica che è realmente un trasferimento delle conoscenze tecniche, di modalità operative, ma anche di tutto quel bagaglio che non sta scritto su nessun manuale e che passa sotto il nome di esperienza. Quando gli altri (manovratori, dirigenti movimento, o chi bussa al locomotore) hanno fretta, è il momento in cui devi stare calmo; quando sei in una situazione critica, devi avere sempre nervi saldi.

3 gennaio 2005
> Resistenze rosse

Sono le 4 del mattino. Mi piace dormire a Pontremoli, qui nel cuore dell'appennino, nella "capitale" della Lunigiana che ospita il premio Bancarella di letteratura e che ha ospitato parte della mia adolescenza. Mi piace perché è una ferrovia meno contaminata dalla modernità, più umana, a partire dalle chiacchiere alla mensa, per arrivare proprio alla struttura del dormitorio, il *ferrohotel*, come lo chiama con il sorrisetto sarcastico qualche collega. Vicina ai binari di una stazione dalla quale durante la notte passano pochi treni e il riposo è abbastanza garantito. Le stanze essenziali, militari, come le coperte in dotazione, hanno rassicuranti termosifoni di ghisa, apparentemente sovradimensionati, contro il freddo e la neve che da queste parti in certi inverni batte forte. Pontremoli si trova alla base di uno dei tratti più acclivi dell'appennino, tra la Toscana e l'Emilia, sulla linea che va verso Parma. Tra Pontremoli e Grondola Guinadi, sul culmine della salita, per i treni pesanti è prevista la spinta, ovvero: una locomotiva sta sempre ferma a Pontremoli e, quando c'è bisogno e la prestazione del locomotore titolare è insufficiente per quel tratto, la spinta va in coda al treno, si aggancia con un dispositivo un po' artigianale che è chiamato appunto "maglia sganciabile" (in corsa) e, con un gioco di fischi, i macchinisti si mettono d'accordo per dare trazione insieme. Arrivati a Grondola, la spinta si sgancia al volo e torna a Pontremoli.

Il freddo punge il giusto, ma l'aria è tersa, sa di neve. Dobbiamo portare a Borgo Val di Taro del materiale rotabile vuoto (carrozze viaggiatori) per un treno che ha origine da lì e arriva a Firenze. Quello che, più ragazzo e ancora solo universitario di belle speranze, qualche anno prima chiamavo, con gli amici, proprio "il pontremolino". Che la realtà superi sempre la fantasia è dimostrato dal fatto che all'epoca mai avrei pensato, negli anni successivi, di essere colui che avrebbe condotto i pendolari, universitari e non, dalla mia città, Massa, fino a Pisa e Firenze.

Ormai faccio coppia fissa con Marco, di Livorno, con cui mi trovo benissimo. Ci sono macchinisti che è come se si fossero sposati una seconda volta: è un lavoro così particolare e bisogna passare tanto tempo insieme – negli scali, sui treni, a tutte le ore del giorno e della notte – che i macchinisti anziani del mio impianto (Pisa) non dicono più "il mio collega", ma "il mi' omo", il mio uomo, alludendo senza malizia a questo rapporto che in certi casi è di vera fratellanza. Per le giovani generazioni di macchinisti non è più così e le ragioni sono molte. Sta di fatto che quando con una persona ti trovi bene, di solito ci resti. E così mi è successo con Marco: siamo coetanei e lui, con il calore, la bontà e la simpatia contagiosa del livornese, mangia la bresaola sul locomotore perché vuole stare a dieta, fino a quando... non si arriva nel bar di una stazione dove dobbiamo fare sosta e, per compensare, si mangia un bel gelato (d'estate, ma se lo trovasse anche d'inverno), vanificando ogni sforzo di dieta. Marco arriva dal genio ferrovieri e ha più esperienza di me. O almeno: ha fatto più treni e più tremendi di quelli che ho visto e fatto io.

Di solito con i treni viaggiatori non ci sono problemi di "spinta", ma quella mattina avevamo una E646 con una terna di motori esclusa che, anche a causa di condizioni climatiche avverse, non voleva saperne di andare su. Dopo la prima serpentina di curve, nonostante avessi preso un po' di velocità, i continui slittamenti non facevano che rallentare la marcia e peggiorare le cose. Avere una terna di motori esclusa significa avere una macchina zoppa, ma dal comportamento e dall'erogazione più rabbiosa: come cercavo di escludere il reostato un po' più rapidamente la macchina slittava e mi toccava tornare a zero e ricominciare daccapo. Ma questo significa perdere velocità, con il rischio di fermarsi.

Marco, con la sua calma, mi disse: "Fai provare me e fammi un favore: affacciati alla finestrella della cabina alta tensione e dimmi «basta» solo quando vedi le resistenze diventare rosse".

Così feci. E a 30 km/h arrivammo fino in cima. In quell'occasione, lo confesso, mi sarei arreso e avrei chiesto una locomotiva di rinforzo. L'esperienza di Marco – la tecnica delle "resistenze rosse" non è scritta da nessuna parte – e la calma nell'affrontare la situazione furono senz'altro determinanti.

4 gennaio 2005
> **Verrà la morte e avrà i tuoi occhi**

A volte l'esperienza non basta. E accade quel che non dovrebbe accadere mai: lo scontro frontale tra due merci, il 4 giugno 2000, in cui hanno perso la vita cinque colleghi.

Ero a casa, sabato sera, appena rincasato dal cinema. Successe durante la notte. Cinque morirono e l'unico che si salvò si chiama come me, Luciano, di Carrara. Luciano e il collega avevano chiesto un passaggio per tornare indietro da Parma: treno soppresso. Per non stare tutta la notte in giro, a volte si fa. L'ho fatto diverse volte anch'io. Poi a Solignano dove il tratto a doppio binario diventa unico, è successo quel che non doveva succedere, un errore che le varie inchieste, alla fine hanno imputato ai macchinisti, anche se a lungo si è parlato di tilt del sistema di controllo. Solo una cosa nella sagoma dei binari può far realmente paura a un treno: un altro treno. Un mio superiore era reperibile e fu tra i primi, alle 4 della mattina, a raggiungere il luogo dell'apocalisse. Tra i cinque che morirono, c'era Piero, con il quale avevo viaggiato solo qualche giorno prima. Fu una domenica di pianto e di dolore. Con la sensazione di essere stato graziato in una inconsueta forma di roulette russa che si chiama "turno di lavoro": potevo esserci io al posto di qualcuno di loro. Ho pensato spesso a quell'incidente. Dai referti dell'autopsia pare che Piero sia morto d'infarto, pochi istanti prima dell'impatto. Avrà visto arrivare dalla curva i due fanalini fiochi, quella luce tenue e micidiale che non serve per vedere, ma per essere visti. Essere visti però non serve se non puoi evitare l'impatto. Verrà la morte e avrà gli occhi di quei fanali, tenui. Rabbia e impotenza esplosero nelle parole che scrissi e che vennero pubblicate su un giornale locale.

6 gennaio 2005
> Virtuale e reale. Narrare la macchina

È incredibile però come – alla fine – ci si debba quasi arrendere a questa storia del virtuale: scrivo su reali (ma leggerissimi) fogli di carta, frutto, per altro, di eterei *file* che arrivano dal computer.

Niente a che vedere con gli schemi dei circuiti di potenza e controllo della E656: questi sono troppo vecchi per arrivare da un computer ed eliocopiati troppe volte per non essere un lavoro fatto a mano da qualcuno. Non importa capire il guazzabuglio di fili che vi sono disegnati sopra; vi basti sapere che tutto questo ha una semantica, costituisce un progetto, è una forma di linguaggio e forse è anche narrazione, all'interno di questo linguaggio codificato, di un sapere, di come si costruisce quella macchina. Un sapere diventato faticosamente accessibile anche per noi, giovani macchinisti, che avevamo battezzato «i lenzuoli» questi schemi consunti su cui dovevamo seguire fili che, azionando un'elettrovalvola permettevano di compiere un'operazione. Intelligenza operativa e meccanica, scaturita direttamente dal progetto. Potenza il cui atto è quello che si è materializzato negli oggetti che ci portano a spasso sui binari.

18 novembre 2006
> Conclusione

"Il rapporto che lega un uomo alla sua professione è simile a quello che lo lega al suo paese; è altrettanto complesso, spesso ambivalente, e in generale viene compreso appieno solo quando si spezza [...]. Ho abbandonato il mestiere di macchinista ormai da qualche anno, ma solo adesso mi sento in possesso del distacco necessario per vederlo nella sua interezza, e per comprendere quanto mi è compenetrato e quanto gli debbo"[2].

---

[2] Se si sostituisce alla parola 'macchinista' la parola 'chimico' si avrà la citazione esatta del racconto *Ex chimico*, di Primo Levi, in *L'altrui mestiere*, Einaudi, Torino, 1985.

Désormais
ovvero
La ragazza dagli occhi neri

di **Daniele Gouthier**

1

Giò conservava un certo amore per il caffé. In anni passati, ne beveva molti; se li gustava, sorbiva, coccolava, preferibilmente in compagnia. A quattordici anni era riuscito a convincere i suoi a regalargli una macchina per l'espresso. Avevano finto che fosse un acquisto per tutta la famiglia, in realtà era sua a tal punto che, quando sua madre se n'era andata, la macchinetta era rimasta con Giò, senza alcuna discussione. E sua madre era sempre stata una gran bevitrice di caffé, "Il caffé è il carburante di una buona traduzione", a differenza del padre che lo beveva con troppo zucchero, la bocca stretta e quasi per dovere. Il divorzio dei genitori aveva lacerato tutto, ma non il legame tra Giò e la macchinetta, non i ricordi d'Ivrea. Quella mattina si era svegliato con qualcosa per la testa, era certo che non fosse un sogno, ma proprio un ricordo, uno di quelli che ti sovvengono d'un tratto, senza motivo; una sinapsi riposata dalla notte li tira fuori da un qualche meandro del cervello che all'insaputa di tutti li conservava. Era il ricordo di due occhi come carte assorbenti, che facevano loro ogni piccolo dettaglio, Giò non sapeva di chi fossero, ma certamente erano occhi che cambiavano il corso delle cose. A questo pensava mentre armeggiava con la macchinetta, che non era più *quella*, ma *l'altra*.

La prima, la sua macchina del caffè, infatti, era morta a novembre, dopo ventun anni di onorata carriera e una serie di riparazioni al limite dell'accanimento terapeutico. Di lei Giò conosceva tutto: la predisposizione a intasarsi, il flusso asimmetrico dei beccucci e soprattutto, gli sbuffi, i vapori improvvisi e quel borbottio preparatorio che aveva dato il via a mille e mille giornate. E che dire del risucchio col quale gli annunciava che l'acqua stava per finire? Più che un annuncio era un lamento, un urlo di disapprovazione, uno scoppio d'ira, al quale l'unica risposta era correre a prendere l'acqua di bottiglia, aprirla in un *amen* e colmare il serbatoio. Con la giusta punizione che la polvere a lungo a contatto con la resistenza, intrappolata nel filtro, sapeva inevitabilmente di bruciato: niente è meglio di un caffé cattivo per non scordare di aggiungere l'acqua a tempo debito.

Oggi di caffé ne beve molti meno, alcuni addirittura freddi, tutti da solo tranne quello della mattina che conserva una traccia dell'intimità con suo padre, unico rito che li accomuna, unico superstite di una lunga catena di gesti abituali spariti assieme al senso della famiglia. Da novembre, poi, i caffé glieli sforna una diligente e asettica macchinetta nera, *l'altra* per l'appunto, quasi silenziosa e che, sinora, ha mostrato personalità solo in uno sbotto per la troppa pressione con espulsione del filtro e uno tsunami di tazzine rotte. Papà – e chi se no? – aveva schiacciato un bottone sbagliato, ma avrebbe potuto capitare anche a Giò che non era veramente riuscito ad accogliere in casa quest'altra, tanto diversa dalla vecchia, tanto più fredda, pulita, silenziosa, industriale, tanto più anonima, seriale, prevedibile. Quella era pulsante di liquidi, bollente di resistenze, imperfetta negli esiti. Questa, ferma nella sua precisione plastica, rigida di un rigore artificiale, del tutto priva di parola. Diciamolo, antipatica: etimologicamente Giò non era in grado di condividere le sofferenze di lei né la macchinetta nera di lenire quelle di lui. Nessuna compassione tra i due.

Ed era un caffé freddo, non per temperatura, ma per carattere, personalità, umore, quello che gli girava nello stomaco, mentre guidava. La Escort gli rivolgeva i lamenti strazianti dei freni stanchi, che Giò ignorava fiducioso nella tecnologia americana e nella sua personale buona stella. C'era un sole che tagliava l'aria e illuminava di quella luce che non ti fa vedere, per esempio, i numeri del contachilometri, con un'inclinazione che annunciava la fine dell'estate. Si abbandonava alla guida, guardava le ombre che il volante disegnava, inseguiva pensieri – immaginava la giornata, passo a passo: caffé al bar (amore mercenario, questo, ma almeno amore e non algido rito meccanico), lezione, studio, qualche tentativo alla lavagna, pranzo con i colleghi, e poi con Rachele a far conti, come lei chiamava le loro dimostrazioni. E un po' la testa era tutta presa da una certa attività inconsapevole, tanto per fare: scomporre i numeri delle targhe, vedere se sono multipli di 3, 11 o 7; calcolare la lunghezza delle ombre, come cambia nel tempo, quale deve essere di conseguenza l'altezza del sole; misurare così a occhio la distanza di sicurezza e maledire tutti quelli che non la rispettano, cioè tutti.

Poi a un tratto, il caleidoscopio di pensieri sparì. Un lampo, una luce lo spazzò via. Dal volante di una Smart occhi neri lo scandirono veloci, giusto un attimo.

2

Giovanni non credeva al destino, ma che il ricordo del dormiveglia si fosse concretizzato nel traffico era notevole anche per lui. Di chi fossero quegli occhi non sapeva dirlo con esattezza, e sì che ci pensò. Il ricordo che al risveglio non sapeva riconoscere adesso prendeva i contorni di una ragazza *misteriosa*, misteriosa per lui e per i suoi amici. Erano ancora i tempi d'Ivrea e lei doveva avere qualche anno meno di loro. Nessuno le aveva mai parlato e per questo era vagheggiata, desiderata, sognata, con quegli occhi neri che non era proprio possibile togliersi dalla testa. Qualcuno diceva che la ragazza avesse un nome strano, Désormais: i suoi genitori l'avevano chiamata così perché proprio non ci speravano più di avere un figlio, avevano passato da un pezzo i quaranta e i tentativi erano stati troppi e vani. Qualcun altro diceva che gli occhi di Désormais non si posavano invano, bastava uno sguardo e nulla era come prima; chi era toccato, avvolto, assorbito dagli occhi neri cambiava vita, era a una svolta, davanti a sé aveva una di quelle biforcazioni che ci portano a essere o non essere in un certo modo. Ma Désormais era un ricordo del passato e i ricordi del passato scatenano una catena di immagini, sensazioni, poco più che frammenti, che lo riportarono a una metà settembre nella quale gli occhi neri non c'erano, ma Giovanni era a Ivrea con sua madre. Meglio, da sua madre, perché già non abitavano più assieme e Giovanni stava con lei per gli ultimi giorni di vacanza, la pioggia aveva portato aria d'autunno rimandando all'anno successivo il caldo, la noia e il senso d'inattività che caratterizza la fine dell'estate. Lei si era messa al tagliere con gli occhi più chiusi che aperti, e le guance rigate dalle lacrime che le cipolle le procuravano ogni volta.

"Le cipolle, ecco un buon motivo per piangere. Almeno loro hanno un cuore e si preoccupano di proteggerlo". Cucinava una minestra, che loro due amavano e che il padre detestava, una minestra che la faceva piangere e che gettava Giovanni nella malinconia dei ricordi di una fase della sua vita che, lo sapeva, era finita, finita per decisioni altrui. Sorrise al pensiero che in questo modo la mamma impersonava l'autunno in arrivo: le lacrime correvano su di lei mentre la pioggia correva sulle finestre. Così di sinapsi in sinapsi, passò dalla Smart agli occhi neri, dagli occhi neri a Ivrea, da Ivrea alle lacrime di pioggia e cipolle, e si trovò tutto preso dalla necessità di qualche momento insieme a sua madre, non per dire o fare alcunché ma solo per stare assieme. E in Piazza Adriano lasciò che la malinconia lo allontanasse dal dipartimento e gli facesse imboccare Corso Ferrucci in direzione autostrada.

Una volta divorziata, sua madre era tornata a vivere a Ivrea per ricominciare, conquistarsi nuove libertà, concedersi piccoli privatissimi piaceri. In particolare, le piaceva svegliarsi presto, col sole che faticava a specchiarsi nell'ansa della Dora, lambiva appena l'acqua ed entrava radente nella veranda a illuminare instabili pile di libri, dizionari mal squadernati, pallottole di carta lanciate in direzione di un quasi irraggiungibile cestino, piatti e bicchieri sotto al divano e al tavolino. La veranda era studio, angolo del relax, sala da pranzo, ufficio per incontrare editori e autori. Da quando stava a Ivrea, infatti, aveva rinunciato *totalmente* all'automobile, caricava l'avverbio di colori e calori che escludevano ogni possibile ripensamento; e non era più salita su un treno. Chi voleva che lei traducesse doveva venire a scovarla laggiù, sciroppandosi i quaranta chilometri d'autostrada e soprattutto l'uscita da quella che era stata la *sua* città. Va detto che lo spostamento valeva la pena perché ogni discussione di lavoro prevedeva biscotti, frittelle e crostate che ungevano manoscritti scompaginati, volumi arrivati da ogni dove, manuali degli oggetti più disparati.

La chiave del cancelletto dietro al vaso di salvia, la scala ingombra di sacchetti, cassette, una scopa, un rastrello, una di quelle palette per la cura delle piante in vaso, e il solito impasto, scivoloso e appiccicoso a un tempo, di foglie rossicce e noci ancora avvolte nel mallo, diedero il benvenuto a Giovanni. Il vetro rotto della finestra della cantina e la ringhiera sempre da imbullonare gli tolsero l'illusione che il tempo passa. Si sentiva a casa, nella casa che conosceva da sempre, con la muffa della Dora su per i muri, l'intonaco con i disegni come li aveva incisi lui da bambino e la porta della veranda che cigolava.

"Proprio al momento giusto", sua madre aveva gli occhi dietro alla testa o se non altro riconosceva il passo di Giovanni, "Ho finito *Comunità e comunicazione*, un brutto capitolo. Salvo, e facciamo colazione". Fare colazione, lo sapeva bene, voleva dire iniziare a pensarla, programmarla e quindi cucinarla: un lungo percorso intervallato da divagazioni, tazze di caffè, qualche domanda lasciata cadere sul padre ed ex-marito, pensieri sparsi sull'universo mondo; e anche da una piccola spedizione in bottega nella quale dovette comprare un ingrediente "as-so-lu-ta-men-te-ne-ces-sa-rio" per un manicaretto che avrebbero mangiato all'alba delle dieci. "I tuoi nonni hanno combattuto vent'anni su questi monti per la libertà, e allora avrò ben diritto di lavorare all'alba e fare colazione a mezza mattina, no?", si giustificò, non richiesta, la mamma.

Il bello di stare lì era la combinazione di silenzio e di luce, che per Giovanni era sempre stato l'ideale per lo studio, il giusto equilibrio per coltivare meglio i pensieri. Sognava che il dipartimento non fosse collocato in un prefabbricato troppo piccolo oltre un cortile disseminato di calcinacci, con le pareti in cartongesso, tutte forellate da matite isteriche, con le puntine che portavano via isole d'intonaco a disegnare mappe geografiche di un mondo in eterna evoluzione tellurica. Ed era anche stato arredato da un burocrate triste e sadico, genialmente sadico nella sua tristezza, che aveva scelto i mobili del metallo più grigio e scadente, che aveva comprato scrivanie, dove la ruggine incedeva a testa alta, che aveva trovato l'esatta sistemazione perché la porta si aprisse solo quando l'armadio era chiuso e se cambiavi aria stando seduto, le ante ti sfregiavano la nuca. Sognava che l'università sapesse creare un ambiente come quello d'Ivrea, magari in uno di quei bei palazzi tanto torinesi di via Po o di via Lagrange, con locali forse un po' angusti, ma che mostravano i segni del tempo andato e di una grandezza, quella sì, non ancora passata. E poi, sua madre aveva l'ottima abitudine di accatastare ovunque libri, cd, videocassette, dvd, riviste, opuscoli, enciclopedie, vocabolari in una sistemazione che aveva smesso da tempo di cercare un proprio ordine. Ma meglio ancora, non sapeva rinunciare alla tecnologia: computer, mangianastri, registratori, impianti stereo, lettori cd, mp3, telecamere, videocamere, macchine fotografiche di ogni epoca e latitudine si erano succeduti e accumulati ovunque per la casa. Da una libreria faceva capolino un proiettore, essenziale tanto per vivisezionare filmati da doppiare quanto per solitarie serate cinematografiche.

Per fare il bolo, Giovanni si era ritagliato uno spazio in questa mappa, in scala uno a uno, delle passioni di sua madre: aveva svuotato una poltrona dalla raccolta completa di *Azione Nonviolenta* e un tavolino sul quale Kant si accompagnava all'almanacco del calcio Panini 1983.

"Che ci fai, mamma, col calcio?"
"Mi hanno fatto tradurre l'ennesima biografia del Pibe de oro. È il libro che mi dà da mangiare ora e mi permette di lavorare a inutili raffinatezze per scienziati come questo John Ziman che dovresti proprio leggere"
"Ma io sono un matematico, che c'entra con me la scienza?"
"Le solite stronzate che hai ereditato da quell'umanista retrò di tuo padre".

La mamma era in forma, non c'è che dire, e Giovanni si era goduto la giornata in sua compagnia: prima le mille parole in cucina, poi ore e ore di silenzio, ognuno preso dal proprio lavoro. In autostrada, fermo per un incidente tra Agliè e Cigliano, aveva sorriso al pensiero di lei settantenne che si accaniva con mouse e tastiera, e aveva pure skypato con l'autore del manuale di un software gestionale; mentre lui su carta riciclata faceva conti rigorosamente a matita: aveva preso da suo padre il bisogno quasi fisico di cose vecchie o almeno non troppo moderne, ignorando la tensione di lei di essere sempre al di là dell'ultima barriera, sempre in possesso dell'ultima innovazione, in ogni campo. Lei aveva introdotto tutte le novità della loro vita, compreso il divorzio; e aveva iniziato a chiamarlo Giò. "Perché a chiamarti Giovanni proprio non ci riesco, sembra che tu sia più vecchio di me", gli aveva spiegato, quando aveva provato a riappropriarsi del suo nome per esteso.

3

Anche Giorgio non credeva al destino, ma a differenza di Giovanni quella mattina non si accorse che il ricordo del risveglio e gli occhi incrociati sulla Smart rossa potevano essere gli stessi. Comunque gli rimasero fissi in testa e si trasformarono in una di quelle visioni inattese che avevano il potere di regalargli un umore nuovo per tutto il giorno, che gli infondevano un piacevole tepore e soprattutto gli davano il coraggio di fare e pensare cose che altrimenti non avrebbe fatto e pensato.

"Questa mattina, ho iniziato a lavorare già in macchina. Sai quando lascio andare il cervello in libertà? Be', ho guardato il sole e giù a calcolare la lunghezza delle ombre, come cambia nel tempo, quale deve essere di conseguenza la sua altezza. Mi sentivo Eratostene. Poi, ho avuto un lampo, una luce ha spazzato via le ombre e mi ha svuotato la mente di tutto: ho capito che non dovevo guardare solo, il gruppo fondamentale, ma piuttosto calcolare tutti i gruppi di omotopia di Hurewicz".

"Ma sono infiniti!", lo interruppe Giovanni che naturalmente sapeva benissimo cosa aveva fatto l'amico, sapeva che non si trattava di calcolarli uno a uno, ma semplicemente di trovarne l'ordine di finitezza, quello garantito dal teorema di Serre, e poi bastava farlo per i primi e già si capivano molte cose. "L'ho capito", Giorgio sembrava non averlo nemmeno sentito, "mentre guidavo. Stavo per ripartire a un semaforo, quando mi sono sentito avvolgere, assorbire, quasi scottare da due occhi neri che mi ricordavano qualcosa. Ecco, è lì che mi sono apparsi tutti i gruppi di omotopia".

Sicuramente Giorgio e Rachele avevano passato la giornata dietro a quei conti, se li vedeva davanti alla lavagna, scrivere, parlare, cancellare, per uscire solo verso sera quando la sete e una certa fame li avevano stanati, perché quegli occhi neri avevano dato una bella carica al suo amico! Giovanni invece aveva ragionato tutto il giorno da solo sulla sua dimostrazione e adesso aveva bisogno di raccontare i progressi, le deduzioni, anche solo i tentativi a Giorgio, prima di presentarli a Rachele, il cui giudizio era per tutti loro il più severo dei banchi di prova. Era venuto al loro baretto di piazza Carlo Alberto apposta per questo: trovare Giorgio e raccontargli tutto, perché non erano necessari convenevoli tra loro, solo domande che andavano al cuore delle cose, anche se poi a Giorgio sembravano non interessare le risposte, il fatto che fosse stato da sua madre, che avesse ritrovato in quel d'Ivrea un momento di calma, che avesse fatto qualche piccolo incerto progresso con la congettura. Giorgio voleva i risultati, meglio i suoi risultati, quelli del suo lavoro, anche se sapeva (eccome!) appassionarsi ai problemi altrui.

Raccontò cosa aveva fatto, senza aspettare che gli venisse messo davanti il solito piatto di 36 formaggi, vero inno al Piemonte e al suo rapporto con le vacche, i *formaggi alla matriciana* come li avevano ribattezzati. Nessun legame con Amatrice e i suoi spaghetti, solamente che al baretto sistemavano i formaggi in un quadrato sei per sei, dal più dolce al più salato, in ascissa, dal più morbido al più duro, in ordinata: una perfetta matrice casearia o meglio un bel piatto di formaggi alla matriciana, appunto. Matematici com'erano, la matrice non poteva che essere la loro scelta preferita e quindi abituale.

Molto più tardi, quando tutte le sedie erano gambe all'aria, i due Giò raccolsero carte e appunti, pagarono e uscirono. Sul marciapiede, la discussione troncata a metà fu un ottimo pretesto per decidere di scappare l'indomani dal dipartimento e tornare a Ivrea per un'altra giornata di quiete e di vero lavoro, questa volta assieme. Anche gli studenti di Giorgio come le scartoffie di Giovanni potevano attendere, mentre non poteva attendere la voglia di fare matematica assieme.

4

Alle sette e mezza, Giorgio guardava le vetrine del Centro Gioco Educativo nelle quali si rifletteva la pioggia. Giovanni, manco a dirlo, era in ritardo. Tutto procedeva secondo l'ordine prestabilito e i torinesi avevano previdentemente dotato la città di portici sotto i quali poteva ripararsi nell'attesa. Impiegò un po' di tempo a calcolare le simmetrie di un vecchio cubo di Rubik che, in un angolo della vetrina, resisteva alle mode che passavano. Gli sembrò persino di poterle riordinare, le simmetrie, non le mode, in un teorema elementare che dimenticò nello stesso istante in cui salì sulla scassatissima Escort del padre di Giovanni. L'attaccamento di suo padre alle cose vecchie era leggendario e Giorgio non si trattenne. "Auto nuova, comprata d'occasione di terza mano nel Klondike nel 1907", non molto divertente, ma inevitabile dal momento che per una battuta si sarebbe fatto spellare, come Francesco Guccini e Petra Delicado del resto, compagnia che apprezzava moltissimo, anche se non gli sembrava di essere proprio all'altezza dei due.

L'amico neanche lo sentì e riattaccò il ragionamento esattamente dal punto dove l'avevano lasciato la sera prima. Arrivati a Ivrea, Giovanni tirò dritto davanti alla casa, perché riservava le visite alla madre per quando era solo e poteva godersi senza distrazioni la casa e la compagnia scoppiettante della mamma. Trovarono da parcheggiare a due passi dal Bodegà che, lo sapeva, aveva un bel bar accogliente e poco frequentato, dove nessuno li avrebbe disturbati se anche si fossero fermati per tutta la giornata. Potevano lavorare tranquilli e allo stesso tempo tenere sott'occhio tutta Ivrea che, prima o poi, sarebbe passata per la via e così Giovanni avrebbe fatto matematica sfogliando mentalmente l'album d'infanzia, montando uno sguardo e un volto, un aneddoto e una storia vissuta o solamente vista vivere da altri. E poi il Bodegà aveva anche quell'aria di famiglia, che mischiava vecchio e nuovo, con le volte imbiancate e le colonne in granito testimoni di un passato glorioso e con le luci modernissime e i tavoli bianconeri piovuti da un futuro remoto, che lo faceva tanto sentire a Ivrea.

Giovanni leggeva l'Herstein perché ogni tanto bisogna tornare alle origini, riprendere in mano i fondamenti, i concetti banali, altrimenti si finisce per scivolare su un dettaglio, inciampare in un ostacolo impercettibile alla mente. Giorgio, invece, era alieno da questi timori, odiava perder tempo rileggendo ciò che sapeva, o almeno che aveva saputo un tempo, e accumulava conti su conti, mentre i fogli si distribuivano sopra e sotto il tavolo, sulle sedie circostanti, in una nevicata di carta incomprensibile ai più che metteva in risalto il nero del tavolo in un biancore sempre crescente.

Verso mezzogiorno Giovanni si accorse che non erano più soli. Un trentenne precocemente brizzolato si specchiava in *Il vecchio che leggeva romanzi d'amore*. Lettore solitario delle vicende lontane di Antonio José Bolivar. Giovanni osservandolo, si ripromise, una volta a Torino, di riprendere in mano l'edizione verde acqua del *Vecchio*.

Poco più in là, la ragazza della Smart sorseggiava con parsimonia un cocktail rosso vivace: proprio quella Désormais che vagheggiavano un tempo! Aveva *veramente* occhi come carte assorbenti, *tratteneva* le immagini, lo faceva con intenzione, con metodo, senza trascurare nulla, a Giovanni sembrava che volesse far suo ogni più piccolo dettaglio. Non è che le vedesse proprio gli occhi, ma era certo che fossero neri per riuscire a fagocitare tutte quelle luci, registrare tutte quelle informazioni, memorizzare tutte quelle forme. Era come uno scanner precisissimo e asettico, che vede, scandisce e incamera, rimandando a dopo la decisione su cosa farne. A differenza di uno scanner, però, era certo che quello sguardo non lasciasse indifferenti gli oggetti su cui si posava, che Désormais fosse in grado di avere l'attenzione di chiunque solo sfiorandolo con lo sguardo, quasi scottandolo, come un foglio sensibile al flash.

A conferma, Désormais guardò il lettore e iniziò ad avvolgerlo, assorbirlo, scandirlo, per l'appunto. Non muoveva il capo, e neppure gli occhi se per questo, ma era chiaro che le interessava quell'uomo, ne registrava i tratti, i movimenti, forse i pensieri. Lo avvinse e lo fece emergere dalla foresta, lasciare gli indios e tornare in quella sala. Giovanni ebbe così modo di vederlo in faccia e riconobbe da certi indescrivibili segni, forse la disposizione delle efelidi, un compagno di giochi e di scuola: Alberto? Bruno? Alberto? Alberto! O forse lo riconobbe dallo scatto della testa, dal movimento con cui in un istante l'attenzione di Alberto percorse la traiettoria libro- Désormais, quasi non ci fossero alternative, per finire necessariamente a immergere i propri occhi in quelli di lei. All'unisono con Alberto, si mosse anche Giorgio che la ragazza, forse per effetto di un impercettibile strabismo, era riuscita a distrarre dai gruppi di omotopia. Giovanni non capiva chi guardava chi e perché, ma sentiva che qualcosa succedeva, che impalpabili corpuscoli correvano da un punto all'altro alla velocità della luce, a formare lacci chiusi che avvincevano l'una o l'altro, l'uno o l'altra.

5

Ad Alberto era passata la voglia di leggere il *Vecchio*: non un pensiero, non un ricordo, ma una felicità inattesa e calda lo aveva distratto. La proprietaria dei due occhi che quella mattina al Bodegà l'avevano avvolto, si era tutt'a un tratto alzata per venire a sedersi accanto a lui. E così verso sera Alberto tagliava la folla della festa di San Calocero a Caluso, un po' di sbieco, con il sorriso che aveva da bambino quando correva tra le gambe degli adulti assiepati intorno a un banco, a passeggio lungo la via o in un crocicchio con il bicchiere di Erbaluce in mano. Spalla destra in avanti camminava appena più veloce del flusso che si muoveva verso la piazza, rallentando di tanto in tanto per rispondere alla tensione della mano che sembrava trattenerlo, parlargli, chiedergli la meta, ma che, non appena si voltava, gli sorrideva e basta. I posti della festa erano sempre gli stessi. Alberto sapeva dove andare, ma un'urgenza lo animava, non riusciva a darsi il ritmo degli altri, voleva seguirne uno tutto suo, e poi non gli spiaceva che in paese tutti li vedessero: trovava quella ragazza bella, adorabile, irresistibile. Che tutto fosse nato poche ore prima a Ivrea da un gioco di sguardi era una fortuna di cui non si capacitava. Ma che lei si chiamasse Désormais perché "quando sono nata, i miei non ci speravano più di avere un figlio e per scacciare tutti quegli anni di tentativi falliti mi hanno chiamato Désormais", gli sembrava cosa da raccontare a tutti, da gridare al mondo. Così non fu per niente dispiaciuto che il cuore della festa fosse la piazza coi tavolini in vimini attorno ai quali ci si sedeva con chi c'era senza formalizzarsi, in semplicità e con quella predisposizione d'animo che porta a parlare di tutto con tutti.

Alberto e Désormais si ritrovarono a un tavolo dove un'altra coppia chiacchierava con la calma della consuetudine, interrotta solo dal loro arrivo. Mentre si sedevano, l'uomo si bloccò a fissarli, prima Désormais, che ovviamente aveva riconosciuto, poi Alberto, per ricomporsi in un attimo, sorridere e presentarsi: Giorgio e Rachele erano due ricercatori di Torino e quando si stufavano dei loro conti, prendevano e si cercavano un posto tra i monti dove il tempo non scorreva come tutti gli altri giorni, dove ci si poteva confondere tra le epoche, dove i nonni potevano essere quelli del secolo scorso. Alberto e Rachele trovarono subito facile parlare del più e del meno, Caluso, le chiese, il Castellazzo e l'aria d'antan che si respirava alla festa. Ed erano così abbandonati al loro parlare, calmi e immersi nell'atmosfera indolente della piazza, che a Giorgio non rimase che perdersi nello sguardo di Désormais, nel sorriso degli occhi neri che l'avrebbero turbato a tal punto, ne era certo, che non avrebbe mai osato parlarne a Rachele, e forse neanche a Giovanni, se è per questo.

Lungo la passeggiata verso la stazione, poi, le coppie si abbandonarono alla corrente delle parole che aveva scomposto e ricomposto la compagnia. Le disposizioni si confusero e Giorgio e Désormais si ritrovarono qualche passo dietro agli altri. Tra loro c'era un silenzio leggero, quello di chi non ha bisogno delle parole per stare assieme e sarebbe bastato che quegli occhi neri lo scandissero a modo loro, perché Giorgio desiderasse Désormais come mai aveva desiderato nessuna, con buona pace di Rachele. Quell'occhiata non venne e Giorgio seppe lucidamente che, da quel momento in poi, avrebbe collocato gli eventi della sua vita in *prima* e *dopo* una mancata occhiata.

6

A Bruno era passata la voglia di leggere il *Vecchio*: qualcosa meno di un pensiero, ma assai più di un ricordo, lo aveva distratto. Due occhi che quella mattina al Bodegà l'avevano avvolto, non gli uscivano dalla testa. E poi il treno si era fermato senza motivo in aperta campagna e questo l'aveva distolto dalla lettura. Allo stesso modo, la frenata aveva interrotto anche i due compagni di scompartimento e, mentre l'uno aveva immediatamente riportato gli occhi al libro, l'altro si era distratto e gli aveva sorriso.

Veloce il bigliettaio mise dentro la testa, "Si è rotta la motrice, partiamo non prima di un'ora. Questo è per il rimborso, se avete la prenotazione, compilatelo, grazie". Fu un'ora piacevole, per tutti e tre. Si creò immediatamente quel microclima da scompartimento nel quale si sa che lì si deve stare, che nulla può accelerare il corso degli eventi, che non è possibile rimediare all'incidente e che vale la pena prendere il buono che ne viene. Giovanni con un occhio leggeva e con un orecchio ascoltava la conversazione che Giorgio e quel compagno di viaggio che, ne era sempre più convinto, era qualcuno della sua infanzia, avevano iniziato e che entrambi volevano godersi fino in fondo.

Ancora una volta, era affascinato dal miracolo ferroviario dell'improvvisa confidenza tra sconosciuti, e non volle fare alcun cenno al probabile Bruno. Bruno? Alberto? Bruno? Bruno! Del treno amava la sensazione di raccoglimento, soprattutto sui vecchi vagoni che non si sono ancora rassegnati a quegli sterminati spazi comuni simili a carri bestiame dove ciascuno sente i sospiri dell'altro, le conversazioni si accavallano e le suonerie dei cellulari disturbano discorsi, letture, sonni leggeri. Fortunatamente la linea Aosta-Torino vantava carrozze di un'altra epoca, con un velluto verde dall'apparenza pulita e un'austerità a tutti gli effetti molto sabauda. Era contento per il viaggio e non gli dispiaceva quella sosta che gli permetteva di assistere un'altra volta a una conversazione a un tempo intima e libera. Lo scompartimento offre quel raccoglimento per parlarsi a cuore aperto, ma anche la certezza che lo stare assieme presto finirà, che a una qualche stazione ognuno andrà per la sua strada. Quell'incontro lo avvinceva e lo incuriosiva. L'uno era il suo amico del presente, del lavoro, della maturità. L'altro veniva dal passato, dai giochi e dalle corse, dall'età dell'oro della sua famiglia. Entrambi al Bodegà avevano notato la ragazza dagli occhi neri che, ne era certo, avrebbero voluto rivedere ma che non conoscevano e non credevano di saper ritrovare. E adesso si parlavano in tutta leggerezza proprio loro due, sconosciuti l'un l'altro, non gli interessava nemmeno sapere di quali argomenti. Gli bastava, eccome, godersi i modi delicati di questo loro incontro casuale, di questo loro immediato prendere confidenza e parlarsi.

Sceso alla stazione di Caluso, Giovanni si perse volutamente nei pochi libri dell'edicola, per lasciare che Giorgio e Bruno si concedessero un passito. Poi, mentre si separavano, i due s'imbatterono in una coppia festosa e trafelata che correva a prendere il treno per Torino, seguita a breve distanza da un'altra avvolta in una tristezza appena accennata e impercettibilmente fuori luogo. Bruno, gli succedeva ogni tanto, andò a sbattere contro la donna e ne riconobbe gli occhi assorbenti e scottanti che a loro volta lo riconobbero e sorrisero, prima di posarsi su Giorgio e sorridere anche a lui. E a Giovanni che aveva assistito allo scontro venne alle labbra un "peccato", perché basta uno scarto lieve, uno sguardo, anche una parola non detta e ciò che è in un modo diventa in un altro, uno dei *due* casi resta possibile e l'altro diventa reale.

Quella sera, ognuno prese la sua strada e portò con sé un ricordo che nel tempo si sarebbe trasformato in un desiderio, poi in un sogno, quindi in un sentimento intimo coronato, per qualcuno, di castelli in aria e speranze, e infine in un *désormais* irrealizzato.

L'erba cedrina

di **Stefano Sandrelli**

*Solo ora mi rendo conto di quanto i miei genitori
fossero, allora, dei semplici ragazzi*
da "Una estate", di Andrea Pazienza

C'è un sole che spacca le pietre, Aldo Moro è stato rapito da 20 giorni e noi della Stella Rossa siamo molto, molto preoccupati.
– Allora? Chi c'è andato? – è il Pise che si volta dal primo banco, col suo capoccione di capelli spettinati e le mani sporche di blu, di rosso, di verde, di nero. – Allora, siete sordi? – Come al solito ha finito di scrivere prima degli altri e ora si mette a chiacchierare a voce alta – Allora, quando si gioca? –
"Ma chetati un po'!" penso scocciato, dando un'occhiata alla maestra. – Vabbene via, se ne riparla dopo, a ricreazione – dico a voce alta, abbassando subito lo sguardo e fingendo di rileggere la mia soluzione in blu. Ma quel giorno anche io, come tutti gli altri, ho la febbre alta e di moltiplicare, dividere, sommare, non me ne importa proprio niente.
Li rivedo tutti i miei compagni di scuola, immersi nell'atmosfera di attesa di quel mattino come se fosse oggi. Saltano via dai banchi, come molle cariche, a consegnare il quaderno non appena suona la campanella, già con la colazione in mano e poi, subito nel corridoio, attraversando la pozza di luce che entra dalla

finestra, limpida come la primavera. E io sono con loro, veloce come Cabrini, che è il terzino più forte del mondo e che ha solo ventun'anni, dieci più di me. Io non posso giocare a pallone, perché ho gli occhiali e giocare a pallone con gli occhiali è pericoloso, dice la mamma, però sono veloce come Cabrini e sono con loro: siamo la Stella Rossa, i più forti di tutti. E poi anche se io non gioco, gioca il Pise, eccome se gioca: si arrampica sul fico dietro la porta del campino di via Desantis, infila gli occhiali in un buco del tronco, al riparo dal pallone e quando torna in campo è un ossesso. Dopo la partita si rimette gli occhiali, torna a casa e si addormenta di botto. La mamma lo sa, ma sa anche che non può farci niente.

Ci ammucchiamo, otto o nove di noi, nel corridoio subito fuori dalla quinta A, scuola elementare "Dante Alighieri" di Piazza Dante, a Piombino. C'è Gianni, esile e veloce, dagli occhi vivi e decisi; il Barto, che ride a bocca spalancata, senza rumore, piccolo, con i capelli lisci neri neri; Marco, che non sta un momento fermo e saltella come se fosse già in porta; il Benevelli, con la sua inseparabile carta-carbone con cui copia tutto l'atlante e specialmente la Uguslavia, come dice lui, che ama tanto chissà perché; Giorgio, che corre come un treno e mi ruba le figurine di Marianna e di Sandokan; il Barsotti silenzioso, il Beccari con i riccioli biondi. La porta è aperta, le finestre socchiuse, il cortile luminoso, spezzato dalle ombre lunghe degli alberi alti. Parlano tutti, una voce sull'altra.

– Ma chi ci si è messo d'accordo?

– C'è andato ieri il Barlettani. Gli hanno detto dopodomani al campo dei frati, altrimenti niente.

– È vero, ci sono andato ieri sera, ho parlato con Ruggero e mi ha detto dopodomani al campo dei frati, sennò nulla.

– Dopodomani? Hanno fretta di pigliarle. Si va, gli si fa il culo e si torna a casa.

– Il culo? Dice Ruggero sia un'iradiddio. Dice non s'è mai visto nessuno giocare a pallone come lui.

– Sentite, Ruggero gioca nel Piombino come me. Lui è nei Pulcini A, però ci s'allena insieme e lo so come gioca. Giocare gioca bene, ma è uno come noi.

– Dove si gioca, hai detto?

– Dioboi, non ve l'ho già detto? Al campo dei frati.

– Perché non si gioca al campino?
– Dov'è il campo dei frati?
– Dai, su alla Casa del Fanciullo, dai frati.
– Io ci andavo all'asilo, dalle suore.
– Dé, oh Pise! Ma chi se ne frega dove andavi all'asilo.
– E poi è dai frati, non dalle suore...
– È uguale, è sempre lì. Alla Casa del Fanciullo, accanto alle suore.
– Dé, ma se non è al campino allora devo chiedere al mi' babbo se mi ci accompagna.
– Diglielo che è contro il Mini Mini Mare.
– Oh, ma se il tu' babbo ti ci accompagna, mi passi a prendere?
– Non lo so, glielo chiedo.
– Ma perché al campo dei frati? Perché non si gioca al campino?
– Dice il Mini Mini Mare gli hanno detto così: dopodomani al campo dei frati, altrimenti niente.
– Si vabbè, però poi il ritorno si fa al campino di viadesantis!
– Viadesanctis, si dice...
– A me hanno detto che ce ne danno così tante che il ritorno non si farà nemmeno.
– Dé, e te ci credi? Si va lì e si conciano per le feste, vedrai.
– Comunque al campo dei frati ci ho rigiocato, però è una rottura di palle perché il prete mi butta sempre fuori appena bestemmio. E poi è grande, secondo me anche il doppio del campino ed è pieno di sassi. E anche le porte sono grandi e anche parecchio alte. E poi non ci sono nemmeno le reti, alle porte, sicché a volte non si capisce se il pallone è entrato o no.
– Se è per quello, anche al campino quando ci mettono le reti durano du' secondi e poi si rompono.
– Poi le porte sono grandi ma tanto non ci devi mica stare te in porta, ci sto io e a me se sono grandi non me ne frega perché tanto gliele paro tutte a Ruggero.
– Oh, allora siamo d'accordo. Il Corallo l'avverto io oggi agli allenamenti del Piombino, domani si fanno le convocazioni e ci mette d'accordo per benino, vabbene?
– Vabbene.
– Poi bisogna stare attenti, perché dai frati se tiri forte invece di finire nel bottino, come al campino, finisce diritto in mare. Non la riprendi nemmeno se preghi in turco.

– Nemmeno se prega il prete.
– Va giù in mare, c'è lo strapiombo, chi la ripiglia?
– Io porto il mi' fratello grande vedrai la ripiglia lui.
– Secondo me non la ripiglia.
– Ma te lo conosci il mi' fratello grande?
– Maremma cane, come sei duro! Non la ripiglia, c'è lo strapiombo!
– Porta il tu' pallone invece del tu' fratello!
– No, il mi' pallone non lo porto. E se finisce nello strapiombo?
– Ma non hai detto che porti anche il tu' fratello grande?
– Comunque è meglio il campino di viadesantis.
– Si dice sanctis, non santis.
– Almeno il pallone finisce nel bottino, mica in mare.
– Tanto c'è il Corallo che gli piace infilarcisi.
– Boia, lui è davvero il Re del Bottino.
– E come fa il Corallo dai frati, senza il su' bottino?
– Capace non viene.
– Capace senza bottino non si diverte nemmeno.
– Viene, viene, l'avverto io, ho detto. Viene.
– Vabbene, dai, facciamo colazione.
– Te cosa c'hai?
– Una girella.
– Io due.
– Girelle?
– Sì, ma le mangio solo io.
– Dé, ma chi sei te? Toro Farcito?
– Comunque secondo me è un casino perché loro c'hanno Ruggero.
– E noi ci s'hanno Gianni e il Barto e gli si fa il culo lo stesso – dico io, anzi lo urlo. Fanno d'improvviso silenzio tutti: Gianni, il Barto, Marco, il Benevelli, Giorgio, il Barsotti, il Beccari. Il Pise li guarda tutti quanti, con una delle due girelle in mano già srotolata. Poi tira via la cioccolata in un attimo, la appallottola con i palmi delle mani sporche e se la caccia svelto in bocca, una palla dolce inchiostrata, le guance tonde e lo sguardo famelico.
– Sì, gli si fa il culo lo stesso. Siamo la Stella Rossa, noi – dico, a bocca piena, proprio mentre passa Lara, che mi guarda e ride cogli occhi neri neri neri.

Dieci. Ne abbiamo presi dieci. Non vidi mai più né sentii mai più parlare di qualcuno che in un solo giorno sia stato capace di combinare tanti disastri quanti quelli che Ruggero operò a nostro danno. So solo che a un certo punto, noi della Stella Rossa non facevamo che cercare di star dietro alle orme di Ruggero, che correva in mezzo al campo maestoso, grande e superbo.

Mi ero infilato sul terrapieno che fiancheggiava il campo sulla destra, guardando il mare. Sopra di me, in alto, c'era il giardino dei frati, dove le coppie sposate andavano a fare le fotografie del matrimonio e dove le coppie non sposate andavano a ciucciare, a baciarsi. Sullo 0 a 0 ne era arrivata una. Ma non ciucciavano, chiacchieravano. E mi distraevano. Ogni tanto tiravo loro una sassata, quelli si spostavano un po' più in là ma mi distraevano lo stesso. Così tra un sasso e l'altro, il primo ricordo è la sorpresa e il dispiacere di non aver visto partire il Mancino nell'azione più bella che abbia mai visto, quella che ricordo sempre quando penso al calcio, altro che Tardelli contro la Germania nell'82! La partita si era messa bene, eravamo già sul 2-0 a nostro favore e dietro di me i rompicoglioni ridevano sguaiati come tacchini, fra un bacio e l'altro. Mollo loro un paio di sassate, poi mi rigiro verso il campo e vedo il Mancino correre come un forsennato verso la porta con lo strapiombo alle spalle. Piccolo piccolo, con la testa tonda tonda e il sinistro magico, il Mancino semina quattro, cinque, sei avversari, arriva a cinque metri dal portiere e scopre d'improvviso che è solo il Mancino, mica Bettega: lascia partire una pallonata terrificante, altissima sopra la traversa, che colpisce con un suono lacerato la sommità di uno dei paletti che tiene in piedi la rete di recinzione, poi s'impenna in verticale e sale, sale, gomma bianconera contro il cielo azzurro e il mare di sotto, come una nuvoletta sporca, mentre tutte le vocine urlano "Oh Mancino, poi la rivai a pigliare te!" "Nooo, di sotto no!" "Oh ma che piedi c'hai?", fin quando la palla torna a ricadere contro la cima del palo e poi in campo, afflosciandosi come uno straccetto "Ora la ricompri!", urla qualcuno. "Te la ricompra il budello di tu' ma'!" risponde il Mancino quasi sottovoce, piccolo piccolo, con la testa tonda, tornando piano piano verso il centrocampo, senza nemmeno scomporsi i capelli. A quel punto il Pise non ce l'ha più fatta, ha lasciato gli occhiali dietro la porta del Barlettani e ha iniziato a giocare.

L'arbitro era Bruno, che insegnava fisica e matematica al Liceo di Piombino. Aveva poco più di trent'anni ed era il babbo del Damiani, un nostro compagno di scuola che all'inizio della quinta si era trasferito all'Isola d'Elba. Perché fosse lui l'arbitro di Stella Rossa – Mini Mini Mare non lo so, né ricordo di averlo mai visto in altre partite dopo. Però si muoveva con gran sicurezza sul campo, sventolando una barba nera da eroe greco e tutti riconobbero che aveva arbitrato bene, anche se ci fu quell'incidente con il Pise. Anche il Pise era figlio di un professore di fisica, anzi dell'altro professore di fisica di Piombino. Quando si faceva la lezione insieme, tutti i giorni più o meno all'ora della merenda, arrivava la telefonata del babbo del Damiani. Lui e il babbo del Pise erano amici per la pelle, erano cresciuti insieme, avevano studiato insieme e non facevano altro che mandarsi a fare in culo. Di solito partivano piano: "Oh fava, senti un po', bello, questo esercizietto. Io l'ho già risolto naturalmente, ma sono sicuro che te non ci capisci una sega", diceva uno, snocciolando il compito preparato per la lezione del giorno dopo. "Bada lì, dé!" rispondeva l'altro "Che fava, sei. E te saresti laureato in fisica? L'ho sempre detto io che non ci capisci una sega! Questo lo risolvi in tre pattoni con la conservazione dell'energia, po' po' di rincoglionito!". "Oh palle, non mi fa' girare i coglioni! E' la so anch'io la conservazione dell'energia, ma questo qui lo risolvi scomponendo il moto lungo la x e lungo la y". "Ma mettitela in culo la y. Ci metti un secondo con la conservazione dell'energia!" "Maremmamaiala, stai a vedere che l'hai scoperta te la conservazione dell'energia! Non l'ho ancora spiegata in quintabì, hai capito cretino?". "Maremmabudella, non l'hai ancora spiegata? A questo punto dell'anno? Ma che cazzo insegni te in quintabì?", "Senti testadicazzo, vattelo a tronca' nel culo, vai. Te non c'hai capito un cazzo in questo problema, te lo dico io", "Ascolta finocchio, insegnagli la conservazione dell'energia, vai, invece di sparare cazzate", "Ma conservami la fava di quella troia di tu'ma', vai, testa di cazzo! Altro che conservazione dell'energia", e andavano avanti così per dieci minuti, a non dirsi niente se non bestemmie e insulti. Poi alla fine sentivo il babbo del Pise che rideva vaffanculeggiando, e sentivo anche Bruno ridere dall'altra parte del telefono, dandosi del cretino uno con l'altro e rinnovando l'invito ad andare a troncarselo nel culo finché non terminavano con una dichiarazione di pace e amicizia, dicendosi che a

Piombino la fisica come loro non la capiva nessuno. Il Pise durante queste telefonate sembrava sempre un po' turbato, poi di solito se ne usciva con una bestemmia terrificante, chiamava la su' mamma e sentenziava:
– Saranno testedicazzo? Sono tutti testadicazzi. Babbo conosce solo testedicazzi. Anche quel suo amico di Lotta Continua che non ci ha ancora reso Paperin Fracassa. Testadicazzo che è, lui e babbo!
– Oh cece, ma te ci pensi tutti i giorni a Paperin Fracassa? – gli diceva la su' mamma, con dolcezza.
– Dé, ma quando babbo ha prestato Paperin Fracassa a quel su' amico testadicazzo, non me l'ha nemmeno detto. Non mi piace punto quel librone della Banda Bassotti che si è fatto dare in cambio! In Paperin Fracassa c'era anche lo stregatto, mamma! – E anche questa dello stregatto, il Pise la pensava e la ripensava ogni volta come se fosse la prima.
– Cece, senti un po' – faceva la su' mamma con un sorriso – Ma secondo te si dice testedicazzo o testadicazzi?
– Non lo so mamma. Ma secondo te cos'è la conservazione dell'energia?

L'incidente con Bruno accadde verso la metà del primo tempo, quando le sorti dell'incontro si erano invertite ed eravamo sotto di un paio di gol. Il Mini Mini Mare attacca, il grande Ruggero tira e il Barlettani, nemmeno lui sa come, devia la palla in calcio d'angolo. In questo campo sterminato, pieno di sassi e con la porta avversaria che sembrava scomparire all'orizzonte, il Pise decide che quello è il momento giusto per mandare a fanculo il babbo del Damiani. Si porta dove dovrebbe esserci la bandierina del corner e lì piazza il pallone pronto per essere calciato, guardando verso la nostra porta come se stesse studiando il modo di fare autogol direttamente da lì. Poi rimane ad aspettare che qualcuno del Mini Mini Mare vada a battere l'angolo, con una vaga aria di sfida, come per dire "Dé bello, ti voglio vede' se fai gol di qui". Bruno, che era pur sempre il babbo di uno dei nostri, gli fa "Oh Pise, è meglio che tu vada in area a difendere invece di fare il cretino costì" e il Pise borbotta "Oh ma che cazzo vuoi, te ne vai affanculo?", "Cos'hai detto?" vedo Bruno che diventa improvvisamente rosso, con le vene del collo gonfie e lucenti, e il Pise che risponde, quasi contento di scherzare con Bruno come faceva il su' babbo professore di fisica: "Ho detto d'andaffanculo", senza dare nessun peso alle parole, come se il babbo del Damiani gli avesse chiesto di ripetere perché non aveva sentito o perché lo avesse trovato divertente. "Bada Pise, che io sono l'arbitro, sai? Ti posso buttare fuori, sai? Comunque si fanno i conti dopo," ha detto Bruno. Non l'ha espulso ma per il Pise, la partita è finita lì.

Poi la partita è finita davvero. Dieciacinque. Quando Bruno lo ha fischiato forte in mezzo al campo, ho visto Ruggero brillare di gioia. Ha alzato il braccio destro e ha fatto cenno a tutti i suoi compagni di fermarsi. Poi, a un altro cenno, tutti loro hanno iniziato a correre verso il mare, gridando, scavalcando la rete di recinzione dei frati, giù per la scarpata a rotta di collo, verso il mare, appunto, fino a quando non li ho persi di vista. Ci hanno lasciato così, soli in quel campo vasto. Si sono persino dimenticati di prendere il pallone.

Tornai a casa con le mani in tasca, nella luce leggera che scivolava verso il tramonto, lungo lo stradello a strapiombo della ripa, sopra il profumo umido che saliva dal mare. Alla mia destra le mura scrostate e saline delimitavano gli orti e i giardini dei frati. Il Pise si era temporaneamente dileguato, forse perché ero davvero stanco e avevo già quasi sonno. Mentre passeggiavo, pensavo a Ruggero e guardavo l'Isola d'Elba all'orizzonte. Si vedevano le case del Cavo, le finestre. Pensavo a Ruggero e a Cabrini, che stava andando davvero fortissimo in campionato e che forse sarebbe finito in nazionale, e alla Juventus, ormai vicino al diciottesimo scudetto, a Paolo Rossi e allo strano nome del Lanerossi Ravenna, cioè Vicenza volevo dire. Sì, Lanerossi Vicenza, che però – diceva la mi' mamma – non aveva la maglia di lana, ma di cotone, e per giunta neanche rossa, ma a strisce rosse e bianche. Vicenza, non Ravenna. Però Lanerossi Ravenna mi piaceva di più, perché a Ravenna, alla Scuola elementare di S. Pietro in Campiano, c'erano i bambini del maestro Pasini che contavano i numeri in modo diverso da noi. Mi fermai vicino alle radici di qualche cespuglio di cui non conoscevo il nome, seduto per terra a calcolare quale sarebbe stato, secondo quegli strani bambini, il risultato della partita appena finita. Sulla polvere il mio legnetto scrisse 101 a 12. Mi misi a ridere, perché vabbene Ruggero, ma 101 era davvero troppo! Quando risollevai la testa però, il mondo mi parve cambiato: il mare, fino ad allora leggero come il suo odore, era intrappolato fra i rami storti dei cespugli, un mare in carcere, smanioso e azzurro come la maglia della nazionale. Pensai che anche l'Argentina era in prigione, come diceva il mi' babbo, sotto la dittatura di quel militare, Videla, che avrebbe inaugurato i prossimi mondiali di calcio e che immaginavo dovesse avere la stessa testa tonda del Mancino. E chissà se Aldo Moro, nella prigione dove lo tenevano, poteva guardare Novantesimo minuto, la domenica, e se Zac avesse letto la sua lettera e quando sarebbe partito per liberarlo, lui che aveva un nome da supereroe. Fu allora che fui preso da un senso di angoscia che non avevo mai provato prima. Mi sentii soffocare, come se mi stessero premendo i polmoni, ed ebbi paura, una paura folle, una paura che tutto finisse all'improvviso, che tutto scomparisse: la ripa, il Mini Mini Mare, la Stella Rossa, Ruggero, il Damians, Gianni e tutti gli altri, imprigionati da una forza più grande di noi. Mi misi a correre verso casa, cercando di respirare a pieni polmoni, sempre più forte superando le strettoie dello stradello che proseguiva tra le piante basse della macchia mediterranea, mentre il mare celeste dell'orizzonte scorreva veloce alla mia sinistra e l'aria dolce del tramonto mi bruciava dentro. Uscii in via Amendola, dove abitavo, e quasi andai a sbattere contro Andrea, che stava infilando un paio di bombette in un formicaio. Mi fermai ansimante, le piccole micce erano già accese. Andrea mi guardò: "Ehi, che hai?", poi il formicaio esplose e nel fuggi fuggi di formiche che ne seguì, fuggii anche io, senza rispondere, da babbo, mamma e da Annalisa, la mi' sorellina rompicoglioni, con una voglia infinita di mandarini e di abbracci.

– Oh Damians, senti, ti fa voglia di venire a giocare la prossima partita? – È Gianni che telefona, è il capitano.
– Dé, ma sono all'isola, il mi' babbo non mi ci manda mica a Piombino per una partita!
– Dai, è il ritorno contro il Mini Mini Mare! C'hanno fatto il culo l'altra volta, il tu' babbo lo sa!
– Vabbe', però gioco in attacco, capito?
– Giochi centravanti!

– Centravanti? Cos'è un centravanti? Oh bada che se non gioco in attacco non vengo, capito?
– Maremmasughera, Gianluca! Centravanti vuol dire che stai al centro e davanti: più in attacco di così si muore.
– Dé, allora lo chiedo al mi' babbo. Però bisogna che qualcuno mi venga a prendere al porto.
– Vabbene via, lo dico al mi' babbo e si viene noi – conclude Gianni. Gianluca dall'Isola d'Elba: la nostra arma segreta. Eravamo nei suoi piedi, ma secondo Gianni non bastava. Bisognava pensare anche a qualcos'altro. Bisognava neutralizzare Ruggero.

– Pise, te ti ci devi incollare, capito? Come Gentile. – Siamo nell'intervallo. L'ora prima storia, l'ora dopo matematica. Ma ora è solo Stella Rossa – Mini Mini Mare.
– No, Gentile no. Io sono Cabrini e a Ruggero non mi ci attacco.
– Pise, ma perché quando si parla con te devi sempre rompere le palle in questo modo? Cabrini a pallone ci sa giocare, te no. Te, al più, puoi fare come Benetti: se arriva Ruggero, lo spezzi.
– Come? Lo spezzo?
– Oh Pise, ma sei rincoglionito? Faccio per per dire, no? Devi fare come Benetti, che tutti quelli che gli passano vicino, in un modo o nell'altro, finiscono per terra.
– Benetti? Ma non dovevo fare Gentile?
– Tutt'e due! Devi fare come tutt'e due! Anche come Cabrini se ti pare, però Ruggero te lo becchi te, intesi? Sennò non giochi. Il Pise protesta, figuriamoci se non la fa lunga. Ma lo guardano tutti con aria seria, io e lui da una parte, loro dall'altra. Oggi non c'è il sole, la primavera va a zig zag. Il Pise, macchiato d'inchiostro come al solito, inizia a canticchiare "A Zigo Zago c'era un mago con la barba blu", manda affanculo tutti quanti e va a recuperare le solite girelle per colazione, guardandosi intorno, cercando Lara, la su' fidanzata che non era proprio la su' fidanzata, ma che dopo Marianna di Sandokan era la ragazza che gli piaceva di più.
– Ragazzi – dice il Bartoli agli altri, – sarà un gran casino.

Quando giocava, Ruggero non sembrava difficile da controllare. Pattinava sull'erba alzando appena i piedi, senza affaticarsi, senza impegnarsi. Poi d'improvviso gli arrivava la palla, lui la nascondeva e scompariva. Letteralmente. Un momento dopo era già dieci metri dietro di te, che correva ridendo verso la porta, con la sua chioma bionda e felice. Da qui a lì, senza essere mai stato nel mezzo, come se fosse stato circondato da una nuvola. Ruggero è stato ammazzato qualche anno fa, durante il suo turno di lavoro allo stabilimento. Cilindri per la laminatura. Arrestarli per la pulizia e farli ripartire costa. Chi è di turno va e pulisce, con i cilindri in movimento. Odore di grasso, rumore assordante. Un maglione di lana, una manica troppo lunga, Ruggero tirato dentro, trascinato, lacerato nel rumore, nell'acciaio. Immagino appena il terrore dei suoi ultimi momenti, poi devo distogliere il pensiero. Lo hanno ammazzato. Lo hanno ammazzato allora e lo hanno ammazzato anche dopo. Ho pianto di getto quando Dario me lo ha detto, in mezzo alla strada, di fronte al suo negozio. Era chino sui pomodori, riempiva il sacchetto di una cliente. Si è fermato, di improvviso: "Lo sai di Ruggero?", mi ha chiesto, fermandosi e guardandomi con occhi persi. Non sapevo. Ho iniziato a piangere, Dario mi ha abbracciato. La cliente guardava, un po' spaventata, un po' preoccupata.

Mi capita ancora di sognare Ruggero, di pensare ai suoi capelli biondi, alla sua risata, a lui – anni dopo, quando giocavamo insieme nelle giovanili del Piombino – che, in una partita contro il San Vincenzo, quasi mi ruba la palla dai piedi – a me, suo compagno di squadra – e, trionfante, va a segnare per la vittoria. Mi capita di rivedere le sue scarpette scure nel pantano del campo d'allenamento, con la palla sul destro, una finta sulla sinistra, lui che scivola via come un gatto. Mi capita di giocare con Ruggero. Mi capita di pensare che si sia solo nascosto in una nuvola, come un eroe greco su un campo di battaglia, protetto da una divinità. Mi capita di credere che uno di questi giorni ricomparirà d'improvviso qualche metro dietro di me, a correre felice verso una porta. Mi capita.

In quei pomeriggi sempre più lunghi dell'aprile 1978, però, Ruggero era il campione del Mini Mini Mare. E io volevo solo batterlo, il Mini Mini Mare. Spezzarlo come facevano Gentile o Benetti, cancellare quel cazzo di dieciacinque in quel cazzo di campo dai frati, quei frati di merda. L'avrei rapito, Ruggero, come le Brigate Rosse con Moro.

Il merito, alla fine, fu tutto del babbo del Pise. A metà pomeriggio, più o meno all'ora della merenda, entrava sempre in sala dove eravamo noi bambini, vestito solo del su' pigiama o della su' tuta da ginnastica, con cinque, sei fogli pieni zeppi di formule e numeri scritti in piccolo, con una tratto-pen nera senzatappo che teneva nella stessa mano premuta contro i fogli, l'occhio pallato da triglia in crisi d'astinenza: "Oh topo, fammi un favore, vai. Vammi a comprare una stecca di superconfiltro". Il Pise lo guardava smoccolando. "Dai topo, non rompere i coglioni. Vai, vai, ci metti cinque minuti", allungandogli ventimila lire. "Oh, superconfiltro, capito?". Al tabaccaio il Pise non si ricordava mai se le super dovevano essere con filtro o senza: "Eh, ma è importante, sai?", gli faceva il tabaccaio, con il volto serio, la voce profonda e grave. "Non te ne ricordi?", e il Pise smoccolava, oppure abbassava la testa e gli veniva da piangere. "Vai vai, sono queste, bischero", gli diceva allora quello stronzo, allungandogli la stecca di superconfiltro. Il Pise gli dava i soldi, chiedeva le Big Babol e tornavamo subito a casa, dove il babbo del Pise lo aspettava con l'accendino in mano. Finivo sempre la giornata con i vestiti impregnati di superconfiltro e un po' di cenere nell'astuccio.

Il lampo di genio arrivò d'improvviso, mentre io e il Pise stavamo esplorando la vecchia scrivania di ciliegio dello studio, sotto il poster di Che Guevara. Dei cinque cassetti della scrivania, il nostro preferito era quello più in basso, a destra. Lo aprivamo quasi tutti i giorni e annusavamo l'odore di inchiostro, di legno, di metallo. Di cose lasciate lì a custodire la loro storia. Ogni tanto, quando i compiti per casa erano finiti, ci divertivamo a tirare fuori tutto, disponendo un oggetto dopo l'altro sul piano della scrivania, impegnandoci in un'operazione lunghissima e lenta, interminabile come una processione: una calamita a ferro di cavallo, dei filtri colorati verdi, blu e rossi, un pezzo di copertina blu della Fisica di Berkeley, quattro o cinque lapis incisi con un taglierino ma senza punta, qualche tratto-pen nera senzatappo, qualche tappo di tratto-pen, delle puntine da disegno, un carboncino per il chiaroscuro, qualche frammento di gomma pane, un paio di fogli strappati da quaderni a righe, pieno di disegni e di lettere come x, y, α, ω, Ê, Ë con un po' di puntini sopra, vergati con la grafia minuscola del Pise babbo, un paio di lamette arrugginite, un vetrino rettangolare ricoperto di nerofumo, una lente di ingrandimento, una manciata di gommini colorati, un appuntalapis, un righello, un goniometro, un regolo calcolatore in plastica bianca, un contenitore arancione con dentro pezzi di compassi, una cucitrice, una gran quantità di punti di ferro sparsi e mescolati con le mine per matite, un contenitore dalla superficie vellutata verde scuro, che conteneva due o tre stilografiche, un paio di boccette di inchiostro blu versato da entrambe nel medesimo punto dell'etichetta, una squadra a quarantacinque gradi per il disegno tecnico, spuntata negli angoli, l'edizione BUR dei primi anni '50 dell'Amleto di Shakespeare con la copertina sfregiata da un ricciolo nero di tratto-pen, un pezzo di pongo di colore sporco, un paio di forbici, un peso da 0,2 kg a cui erano stati fusi due ganci di ferro, un tagliacarte, della lacca per sigilli, uno yo-yo verde, dei gessetti bianchi, un mozzicone di candela, un'altra calamita, questa volta cilindrica, a cui erano attaccati innumerevoli fermagli e una sfera metallica, un dischetto di plastica, una foto di Annalisa, la sorella rompicoglioni del Pise, un barometro, un micrometro, una lenza da bollentino, provvista di ami e di sughero. E infine il pezzo più pregiato e affascinante: la strombola del babbo del Pise.

– Dai topo, via, fammi questo favore.

– Maremma maiala, babbo, ancora queste cazzo di superconfiltro? Ma quante ne fumi?

– Te non ti preoccupare. Dai, ci metti un attimo.

– Ma babbo, fumare fa male! Lo sanno tutti!

– Ma vai, vai... anche Che Guevara fumava, e 'un l'hanno ammazzato le sigarette, vai.

– Fanno male, babbo. Anche il Damians nasconde le sigarette al su' babbo!

– M'importa 'na sega del Damiani. E poi dopo quello che gli hai detto, ti conviene non nominarlo nemmeno e chiedergli scusa!

– Nelle sigarette c'è il catrame, babbo! E la nicotina!

– Seee il catrame! Macché catrame! Nelle mie, topo, c'è l'erba cedrina, come nei sigari del Che

– Cosa? L'erba cedrina? Oh babbo, via...

– Sì, topo, sì: l'erba cedrina! Non te l'ho mai raccontato dell'erba cedrina? Dé, l'erba cedrina era... toh, ma quella è la mi' strombola! Dove l'hai trovata?

– Oh babbo, era nel cassetto, come al solito...

– Fai vedere, – fa il Pise Senior, avvicinandosi con un sorriso felice. – La mi' strombola, dé... bada ganza... – dice. Sento il Pise che smoccola piano piano.
– La mi' strombola... quand'ero piccolo l'avevo sempre dietro, appesa al collo, in tasca. Sempre. Quando il Pise-babbo iniziava così significava che eravamo salvi. Niente superconfiltro e niente più studio. – E offendere la mi' strombola era molto peggio che offendere la mi' mamma.

Sento il Pise dare segni di insofferenza. È che questa storia la sentiamo ogni volta che si sfiora quella maledetta strombola. Pise Senior prosegue, ridacchiando fra sé e sé, tra un moccolo e una bestemmia. – Noi del Cotone eravamo bravissimi. E non è mica semplice, intanto perché bisogna scegliere il ramo giusto e poi perché bisogna lavorarci: se la forcella è fatta da corna divergenti, – dice il Pise-babbo, – allora si deve sbucciare il legno, metterlo a nudo, ripulirlo ben bene, e infine stringere fra loro le due corna, in alto, con un bel filo di ferro. Infine si infila tutto sotto la cenere, come quella delle stufe a carbon coke che avevamo in casa da piccini. Il calore fa evaporare l'umido dal legno fresco, la mattina si toglie il filo e ecco una strombola coi fiocchi! A questo punto però servono le gomme.

Il Pise ha la testa china. Alla parola "gomma", estrae dal suo astuccio disordinato una gomma per cancellare... poi si alza: – Oh, io vado a fare merenda – annuncia.

– Dai topo, vieni qui che si chiede a mamma di portarcela –, fa il su' babbo – Non ti interessa?

– Babbo, me l'hai raccontato un miliardo di volte, babbo.

– Ma te lo ricordi dello scoiattolo?

– Sì babbo, me l'hai detto tremila volte di quel cazzo di ritaglio di cuoio che si chiama coiattolo e che voi lo chiamavate scoiattolo perché eravate piccini e non capivate un cazzo. Però m'importa 'na sega dello scoiattolo, di voi e della strombola! – risponde il Pise, rimettendosi a sedere.

– Oh cecio, vaffanculo vai –, dice il babbo ridendo. – E vacci piano con la nutella, fra poco si mangia – Poi prosegue, come se niente fosse, spiegando che la ricerca delle gomme e dello scoiattolo era laboriosa.

– Di solito avveniva nel Fossone, una specie di discarica dove si trovava di tutto: borselli, scarpe, fascioni di biciclette, di auto,

di camion... tutto! Andavamo con i cavafascioni delle nostre biciclettine, con le forbici, i coltelli. Bisognava trovare un paio scarpe di cuoio abbastanza sottile o una borsetta. Una volta staccato il pezzo giusto, lo tagliavamo a forma di ellisse e quello era lo scoiattolo. Lo sai cos'è un'ellisse?
– Sì, babbo, lo so. Me lo dici ogni volta, maremmapelosa.
– All'estremità dell'asse maggiore, praticavamo con le forbici due occhielli per farvi passare le gomme. Però bisognava procurarcele, le gomme. E per questo ci servivano le camere d'aria d'auto, perché quelle da bici erano troppo sottili, andavano bene per bimbi piccoli, più piccoli di voi, come la tu' sorella Annalisa, per esempio – continua il Pise-Senior, insegnante di mestiere e fisico di professione ma che a ricordarlo mentre parla della su' strombola mi sembra solo il mi' fratello maggiore – Le camere d'aria si tagliavano in strisce di un paio di centimetri di larghezza e circa trentacinque di lunghezza. Una volte modellate ai bordi con mille ritocchi di forbici, le gomme erano pronte per essere applicate alla forcella e allo scoiattolo.
E mentre racconta, babbo Pise accarezza la sua strombola vecchia di trent'anni. È a questo punto che è arrivata l'illuminazione che ha cambiato la mia vita:
– Ma fino a dove arrivano queste strombole?
La risposta del Pise Senior è scioccante e precisa: – Sono strumenti diabolici: con l'angolo di tiro migliore, cioè sui quarantacinque gradi, la gittata supera tranquillamente i duecento metri. Sai cos'è la gittata?
– No...
Il babbo del Pise me l'ha spiegato, continuando a parlare a lungo della su' cazzo di strombola e del quartiere del Cotone dov'era nato, sotto le ciminiere di Piombino; ma non lo ascoltavo più. Tanto parlava sempre del Cotone, di Lotta Continua, del Che e dei racconti di fantascienza. Ricordo solo che proprio quando il Pise Babbo era arrivato a parlare di razzi interplanetari, di guerra USA-URSS, della bomba al neutrone di Jimmy Carter e della conquista della Luna, è entrata la mamma per dirci che era pronta la cena: calzoni ripieni di prosciutto cotto e mozzarella, la sua specialità. Così a cena continuammo a parlare di quello, con i calzoni che da un momento all'altro prendevano vita e diventavano

missili balistici e planavano dal piatto del babbo a quello della mamma del Pise, poi dal piatto della mamma a quello del babbo, mentre io e la mi' sorellina rompicoglioni si rideva e rideva felici. Poi è partito un calzone a più stadi verso il lampadario, ma a quel punto ero così preso dalla mia idea che del calzone razzo non mi importava più niente, se non di mangiarne ancora uno. Volevo solo andarmene in camerina a pensare. Con un angolo di quarantacinque gradi, la gittata di una strombola poteva essere anche di 200 metri, aveva detto il babbo del Pise. Il campino di viadesantis era circa 50 metri. Ma anche dai frati, che pure era un campo bello grande, sarà stato lungo al più 70 metri. Il gioco era tutto lì, in quei 200 metri di "gittata", come l'aveva chiamata il babbo del Pise: ecco come battere il Mini Mini Mare! Se si calciava forte e con l'angolo giusto, si poteva tirare in porta e fare gol da tutte le posizioni! Questa era la vera arma segreta! E la conoscevo solo io: io ero l'arma segreta della Stella Rossa! Mi rimaneva da fare una cosa sola: capire come calciare dalle varie zone del campo e poi spifferare tutto al Pise. Perché il Pise giocava, io no. Io avevo gli occhiali.

– Pise, ma te preferisci John Travolta o Fonzie?
– Pise, ma secondo te sono state davvero le orche a far naufragare Fogar?
– Pise, ma è più forte Furia o un brontosauro?
– Pise, ma te lo sai cos'è l'aborto?
– Pise, ma Sandokan contro un'orca chi vince?
– Pise, ma tu preferiresti cento milioni di miliardi di Big Babol oppure un bacio di Marianna?
– Pise, ma perché la DC è contraria all'aborto?
– Pise, ma Platini è più forte anche di Cabrini?
– Pise, ma Aldo Moro è buono o cattivo?
– Pise, ma lo sai che Sepp Maier, il portiere della Germania, ha firmato un appello contro la dittatura argentina?
– Pise, ma perché la DC non libera Aldo Moro?
– Pise, ma secondo te ha firmato anche Cabrini?
– Pise, ma te sei contento che i matti escano dai manicomi?
– Pise, ma te lo sapevi che Che Guevara era argentino?
– Pise, ma Maier contro un'orca chi vince? E Causio contro Claudio Sala?

– Pise, ma te lo sapevi che siamo nati lo stesso anno in cui il Che è morto? Un po' prima però.
– Pise, ma Zac contro Goldrake chi vince?
– Pise, ma secondo te il Che lo libererebbe Moro?
– Pise, ma se ti regalassero una girella, la fumeresti una sigaretta all'erba cedrina?
– E se te ne regalassero dieci?
– E cento girelle?
– E due milioni?
– E un miliardo?
– E un miliardo di fantastiliardi di milioni di girelle? Ma che cazzo di Toro Farcito sei, allora?

Quei pomeriggi di aprile me li ricorderò per tutta la vita. Imparai a sfogliare il giornale e a guardare il cielo, che era sempre diverso, a ogni ora del giorno: celeste e grigio, bianchissimo e nerissimo, rosso e duro, le nuvole come galeoni di pirati. Dopo i compiti, uscivo sulla ripa con Andrea, a dare la caccia alle formiche, a inventare storie di Paperino e Paperone o a giocare con gli omini di pongo. Ce ne andavamo spesso dietro gli orti, tra via Amendola e il mare di sotto, oppure verso l'asilo dei frati, sullo stradello che portava al campo dove il Mini Mini Mare ci aveva sconfitto, a cercare delle forcelle per fare le strombole. Usavamo i primi rami che ci capitavano sotto mano, i gommini di cauccíù e, come scoiattolo, dei pezzetti di un giaccone di pelle del fratello di Andrea. Al più si riusciva a tirare sassi in mare, venti metri più sotto, ma eravamo molto orgogliosi delle nostre nuove armi. Mi sentivo felice anche nelle giornate piovose, quando me ne rimanevo in cameretta con la luce del comodino accesa, a leggere e rileggere *Paperino nella luna*, o *Zio Paperone postino dello spazio*, *Paperino e il razzo interplanetario* o anche *Paperino chimico pazzo*, dove Paperino inventa la paperite. Con l'aiuto dei calzoni ripieni della mamma del Pise, la strombola era stata affiancata dai razzi interplanetari. Una volta cercai "missile" sulla mia nuova enciclopedia "Io e gli altri", edizioni La Ruota. E scoprii un mondo tutto nuovo, spigoloso, colorato, inconsueto, scomodo e bellissimo, come i disegni di Flavio Costantini che lo illustravano. Un mondo pericoloso, che bisognava tenere sotto controllo, come diceva l'enciclopedia, perché la conquista dello spazio si risolvesse "a beneficio dell'umanità e non, come troppo spesso oggi accade, a beneficio dei governi e dei padroni". Babbo diceva che erano le stesse cose che aveva scritto Pasolini quando gli USA erano sbarcati sulla Luna, ma che a lui di Pasolini gli importava 'na sega anche se aveva ragione: "gli americani so' stati dimorto ganzi, vai!", diceva alzando lo sguardo dai suoi fogli vergati fitti con la trattopen nera senza tappo, quasi secca. "Anche se so' stronzi. Come Aldo Moro e le BR. Tutti stronzi."

Un pomeriggio di sole di fine aprile, scendevo verso il mare fiancheggiando sulla sinistra il muro di pietra marrone, che assecondava una curva della ripa. Facevo finta di essere il Pise, che guidava una navicella Mercury, sperduta nello spazio. Correvo verso il mare stringendo un bastoncino di legno, che era la leva per azionare il paracadute stabilizzatore, che però mi costringeva a rapidi giri su me stesso, perché i comandi erano impazziti. Poi il Pise è atterrato su un pianeta sconosciuto, dove c'era un'immensa distesa liquida velenosa blu, ed è uscito nell'atmosfera ostile del pianeta indossando la sua tuta spaziale, che era uguale a quella descritta nell'enciclopedia "Io e gli altri". Aveva una tasca per una penna luminosa, un taschino per gli occhiali da sole, i guanti e la tasca per i piccoli utensili, che però ignoravo che cosa fossero perché avevo dimenticato di cercare "utensilo" sul dizionario. La tuta aveva anche un connettore per la dispersione delle urine, così ne approfittai cercando di studiare la gittata della mia pipì cambiando l'angolo di lancio. Certo che quelle tute spaziali erano scomode, porcamaremma, e si bagnavano tutte: possibile che le tute spaziali non fossero impermeabili? Sedetti su uno scoglio ad asciugarmi al sole e mi misi a fare prove di tiro con i sassi della spiaggia, cercando di dare sempre la stessa forza ai sassi, ma cambiando l'angolo. Questa volta si vedeva chiaramente che la gittata cambiava, era chiaro. Farlo con un pallone tra i piedi non doveva essere così facile, ma capendo bene la teoria ero sicuro che il Pise ci sarebbe riuscito e per il Mini Mini Mare non ci sarebbe stato scampo. Il Pise, soddisfatto della sua esplorazione, risalì sulla sua astronave e intraprese il viaggio di ritorno, risalendo la ripa. Una volta sullo strabello di fianco al muro, sentii tutta insieme una intera folla di suoni, come tanti uccellini che chiamano e invocano il cielo quando le nuvole sono basse, un rumore inquietante ma pieno di una forza straordinaria, senza limiti, senza vincoli, senza pensieri. Proveniva dall'alto, dal giardino dell'asilo delle suore. Mi arrampicai sul muro, aiutandomi con i rami dei pini che sporgevano dal giardino: i bambini piccoli stavano uscendo, correndo, urlando. Sono rimasto seduto lassù, per diversi minuti, a cavallo del muro salmastro, ad ascoltare e a guardare per diversi minuti quei piccinaccoli che correvano fino a sfinirsi, cadendo e urtandosi fra di loro come se fossero impazziti, come se fossero propellente in uscita dell'ugello di una navicella Apollo di ritorno dalla Luna, come se quei bambini più piccoli di me dessero la spinta al mondo, facendo decollare la Terra. D'improvviso, però, sotto quel cielo azzurro, nell'odore di mare e di pini, da una parte il mare che amavo, dall'altra quei bambini, tornai alla bomba a neutroni che Jimmy Carter non era sicuro di non voler costruire e, come il giorno della partita contro il Mini Mini Mare, ebbi un'improvvisa paura. Davvero tutto questo poteva finire? Davvero qualcuno pensava di costruire una bomba per ucciderci tutti? Davvero si può morire? Davvero esisteva un gruppo di stronzi come le Brigate Rosse che aveva rapito quel cazzo di Aldo Moro e tanti altri prima di lui? Scesi d'un balzo e corsi a casa con il cuore in gola ad abbracciare forte forte, fortissimo, la mi' sorellina rompicoglioni di sei anni. "Occosa vuoi?", mi disse spaventata.

Mattina del 5 maggio. La maestra ci legge una poesia su Napoleone. Tornato a casa, pastasciutta in bianco per pranzo, solo un po' di olio e di parmigiano – ci vado matto – poi con la mi' sorellina rompicoglioni inzuppiamo nel latte caldo tutto il corollo che nonna aveva sfornato quella mattina, fetta dopo fetta, voraci, con la marmellata di more spalmata sopra, more di Gerfalco, 120 kg di marmellata quell'anno, tutta di more. Era incredibile la sterminata distesa di more nel piano inferiore della casina dei nonni, a Gerfalco, al fresco, da tutte le parti: more, more, more e more, e' more, ei muore, ei fu, aveva letto la maestra. Muore Napoleone, muore Moro. E così mi ritrovavo, anche quel pomeriggio, di nuovo a sfogliare i giornali e a rileggere di Aldo Moro, che scriveva "Voglio vicino a me coloro che mi hanno amato davvero e continueranno ad amarmi e pregare per me". Non sapevo pregare e mi dispiaceva. Non capivo, ero arrabbiato e deluso. Non capivo: la DC era cattiva, questo era chiaro. Moro era stronzo, anche questo era chiaro. I comunisti erano buoni, a parte quelli russi. Le Brigate

Rosse erano comuniste, dicevano, però stavano sul culo sia ai comunisti che a babbo, che era di Lotta Continua. Ero confuso, la testa mi doleva, forse per il troppo corollo con le more, nella luce calda e avvolgente di primavera, chiuso in camerina. Continuavo a trovarmi le palline nere di mora fra i denti e non riuscivo a pensare, non riuscivo a concentrarmi, anche se quel pomeriggio lo avevo atteso così a lungo e non ricordavo più perché. Mi sedetti sul tappeto, con intorno le mie storie preferite di Paperino, a sfogliare, ancora una volta l'enciclopedia "Io e gli altri". Leggevo dello sbarco sulla Luna di nove anni prima, della sfida dei sovietici con gli americani e di come si stessero progettando viaggi umani persino su Marte. L'enciclopedia parlava di una "missione marziana, a partire dal 1981, che potrebbe essere seguita da altre nove discese nel periodo compreso fra il 1981 e il 1985: l'equipaggio, composto da sei a otto uomini, si tratterrebbe su Marte da 10 a 40 giorni". Su Marte! Nel 1985 avrei avuto 18 anni. Chissà se 18 anni sono pochi o tanti per essere il primo astronauta su Marte. "Pise, ma è meglio Marte o Venere?" E se avessi incontrato anch'io un abitante dell'Infra, come il protagonista del fumetto colorato che terminava la sezione "spazio" di *La Ruota*? Una creatura intelligente, un extra umano che mi inviasse telepaticamente messaggi di pace e amicizia? Magari avrei potuto trovare davvero in uno spazio diverso, su un'altra terra, un pianeta più felice di questo, senza bombe a neutroni, senza Brigate Rosse, senza Aldo Moro, senza Zac, senza URSS e USA, senza orche e senza quello stronzo di dittatore argentino che mi toglieva il gusto dei mondiali. "Un pianeta senza guerre, un'unica confederazione, un paesaggio pulito e felice," diceva il fumetto. Una terra pulita e felice, senza guerre… maremmamaiala se mi sarebbe piaciuto! Pensavo alla soluzione trovata per i razzi, i tre stadi che si staccavano uno dopo all'altro, imponendo alla parte che rimaneva di schizzare ancora più leggera verso l'alto, verso un pianeta che nessuno aveva mai calpestato. E immaginavo anche le truppe degli USA che, dopo anni e anni di bombardamenti nucleari mettessero piede su un pianeta che loro stessi avevano contaminato e che dopo le prime esplorazioni i soldati risentissero degli effetti devastanti di quelle radiazioni e che andassero incontro a strane mutazioni, per esempio trasformandosi in quaglie oppure molluschi, animali privi di nerbo o sostanza. Ecco, lo ricordo come se fosse ora. Gli USA erano appena sbarcati con un esercito sulla Luna, che avevano bombardato a tappeto con testate nucleari. C'erano quattro ufficiali vestiti di grigio, che attendevano inquieti che una porta si aprisse. Io sono con loro, ma non capisco se sono uno di loro o meno. La porta si apre e ne esce una specie di vampiro stanchissimo che mi guarda e mi dice con una voce da Topo Gigio: "Ciao, sono Topo. Vorrei mangiarti, posso?" Ecco, ero arrivato a questo punto, tra quaglie e vampiri, quando sento la sigla del radiogiornale, il presentatore che saluta "Buon pomeriggio, benvenuti all'edizione del Giornale Radio delle 15".

Le 15... le 15... le tre? Come le tre? Zio vampiro, mi sono addormentato! Ma oggi c'è il ritorno della partita con il Mini Mini Mare! Che ore sono? Le tre? Zio quaglia sbudellato dal vampiro maiale impestato cane, c'è la partita oggi! Alle due! Ma porcamaremmacane! E anche quel cretino del Pise si è addormentato! Testedicazzo o testedicazzi tutti e due che siamo! E ora? Non ci credo, non ci credo che mi sono addormentato!

Prendo i pantaloncini bianchi, la maglietta bianca, le chiavi di casa, le scarpe, la squadra a quarantacinque gradi nel cassetto del mi'babbo per calibrare la gittata, esco, sbatto la porta: avevamo l'arma segreta io e il Pise e ci siamo addormentati! E Cabrini? E Gentile? E Benetti? Gianni mi ucciderà, il Corallo mi affogherà nel suo bottino, il Damians mi prenderà per il culo per tutta la vita ora che mi sono addormentato il pomeriggio della partita di ritorno con il Mini Mini Mare! Ruggero avrà già fatto sessanta gol! Che cretino, che cretino – ma anche il Pise addormentarsi così, vaffanculo Pise, vaffanculo per sempre, non ti voglio più sentire! Ma eccomi già giù in garage, prendo la bicicletta, apro il lucchetto, mi cadono le chiavi, raccatto le chiavi, mi cade la squadra, si rompe, m'importa una sega, salgo in bici, sbando, picchio contro il muro di destra e bestemmio, quella cazzo di salita per uscire dal garage! Scendo e spingo a mano, sono in strada e risalgo in bici – altro che razzo, altro che gittata, altro che il babbo del Pise fisico, accidenti a me, la partita, la partita! Vaffanculo Pise, vaffanculo per sempre! Ma se Cabrini arrivasse in ritardo alla finale di coppa del mondo che cosa gli direbbero i suoi compagni? Pise, Pise mio, perché ti sei addormentato, vaffanculo! Pedalo, pedalo, pedalo, pedalo spingendo una bestemmia dopo l'altra, nessuna cattiveria, nessuna offesa a nessuno. Andavo solo più veloce.

Arrivai tardi. Mancavano 5 minuti alla fine. C'erano tutti: il babbo del Damiani, quello del Mancino, il babbo e la mamma di Gianni, la sorella grande del Beccari, il fratellino del Benevelli, gli Azzalin, tutti dietro la staccionata che separava i bordi del campino dalla strada. Facevano un gran tifo per la Stella Rossa. Mi fermai appoggiato alla steccionata dietro la porta del Barlettani. Feci a tempo a vedere solo l'ultimo gol di Ruggero, quello del 10 a 4 per il Mini Mini Mare, con una gran punizione. Poi il Barlettani si girò per andare a riprendere la palla dentro la porta e mi vide:"Oh Pise, ma dove cazzo eri?". E il Corallo che mi vede da centrocampo e mi urla "Pise, lo sai una cosa? Vaffanculo, te, la tu' gittata e anche il tu' babbo!".

È una vita che mi prendono per il culo.

Fine della scuola, ormai quasi esami di quinta elementare. Oggi ricerca in classe sui giornali. Abbiamo tre copie di *La Repubblica*, un *Paese Sera*, due *Corriere della Sera*, cinque *Il Tirreno*, quattro *la Nazione*, un *Secolo XIX* e una copia di *Lotta Continua*. La mia.

Dormicchio sul primo banco. La maestra legge "[…] E questo è tutto per il passato. Per il futuro c'è in questo momento una tenerezza infinita per voi, il ricordo di tutti e di ciascuno, un amore grande grande carico di ricordi apparentemente insignificanti e in realtà preziosi […]. A ciascuno una mia immensa tenerezza che passa per le tue mani. […] Vorrei capire, con i miei piccoli occhi mortali, come ci si vedrà dopo. Se ci fosse luce, sarebbe bellissimo […]." Aldo Moro a sua moglie Eleonora, 5 maggio 1978.

– Signora maestra –, chiedo, alzando il mio capoccione di capelli spettinati e le mani sporche di blu, di rosso, di verde, di nero – Ma allora Aldo Moro era buono? Come Che Guevara? Come Pasolini? Come Peppino Impastato?

In fine

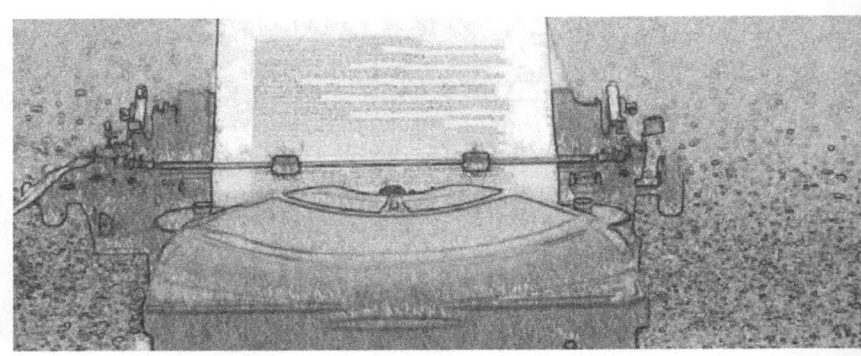

L'arte di tacere in Primo Levi

di **Piero Bianucci**

Primo Levi fu uomo riservato, modesto, schivo: caratteri che in alcuni casi fecero di lui uno scrittore reticente, allusivo, talvolta elusivo. Nella sua opera questo aspetto forse non è stato ancora abbastanza indagato, anche perché il "non detto" offre pochi indizi.

In chiusura di questo libro che vuole rendergli omaggio con una serie di racconti ispirati alle sue pagine – la grandezza di un autore si misura anche dalla capacità di suscitare imitatori, per quanto maldestri – vorrei portare qualche esempio della sua straordinaria arte di tacere.

"Carbonio" è il titolo del capitolo che conclude "Il Sistema Periodico". Perché proprio il carbonio?

Almeno due sono i motivi, e Levi li accenna appena di sfuggita. Innanzi tutto il carbonio è l'elemento che sta alla base della vita, senza dubbio la più complessa e misteriosa delle reazioni chimiche: ogni creatura, dall'ameba all'uomo, è costruita intorno ad atomi di carbonio. Ma per Levi il carbonio è anche l'elemento legato al germe della sua vocazione di scrittore. È lui stesso a rivelarcelo:

> "Al carbonio, elemento della vita, era rivolto il mio primo sogno letterario, insistentemente sognato in un'ora e in un luogo nel quale la mia vita non valeva molto: ecco, volevo raccontare la storia di un atomo di carbonio".

Qui abbiamo un primo esempio di allusione-elusione: il luogo dove la vita del ventenne Primo Levi non valeva quasi nulla era evidentemente il lager nazista, ma la parola è rimossa, convertita in un riduttivo eufemismo. Altra osservazione, non secondaria: il narratore puro si annidava in lui già prima dello scrittore-testimone degli orrori di Auschwitz.

La storia che poi Levi ci racconta fa pensare a un Lucrezio moderno. L'atomo di carbonio è all'inizio prigioniero in una roccia calcarea. Un colpo di piccone lo libera, la scheggia di pietra che lo contiene viene calcinata in un forno, l'atomo di carbonio si unisce a due atomi di ossigeno e vola via nell'aria sotto forma di anidride carbonica. Seguiranno intricate vicissitudini. Complice la clorofilla, l'atomo di carbonio, passando vicino a una foglia, verrà trafitto da un raggio di sole, staccato dall'ossigeno e fissato in una molecola di glucosio. La pianta è una vite, il glucosio finirà in un acino d'uva, l'acino in vino e il vino nel fegato di un bevitore. Poi tornerà a essere anidride carbonica, nel vento che soffia su mari e montagne, e di nuovo lo catturerà la fotosintesi per incatenarlo nella cellulosa di un tronco di cedro. Un tarlo si mangia il legno e con esso l'atomo che stiamo pedinando. Alla morte del tarlo, qualche batterio becchino rimette un'altra volta in circolazione il nostro atomo di carbonio, che avrà ancora altre avventure, finché finisce in un bicchiere di latte da dove – facendo parte di una molecola di zucchero – passa nella cellula nervosa di un uomo che ha bevuto il latte. L'uomo è Primo Levi, e nel suo cervello l'energia della molecola di zucchero servirà a fargli mettere il punto finale del racconto e del libro.

Ma prima di descrivere questo vorticare di reazioni chimiche, Levi inserisce una breve nota, in apparenza trascurabile, ed è su questa che vorrei attirare l'attenzione: l'atomo di carbonio da milioni di anni immobile nella roccia calcarea – ci comunica sommessamente Levi – "ha già una lunghissima storia cosmica alle spalle, ma la ignoreremo".

Poche parole. Tuttavia chi ha orecchie per ascoltare capisce a che cosa Levi sta pensando. L'atomo di carbonio, come tutti suoi gemelli oggi esistenti nell'universo e tutti i nuclei più pesanti, non si è formato nel Big Bang – dal quale uscirono soltanto idrogeno, elio e un pizzico di litio – ma nelle reazioni termonucleari di qualche stella che, dopo aver fuso l'idrogeno in nuclei di elio, incominciò a fondere nuclei di elio in nuclei di carbonio. È lì, in una fucina stellare alla temperatura di miliardi di gradi che il carbonio è nato. Poi la stella collassa e i suoi strati esterni esplodono, spandendo il carbonio e gli altri elementi pesanti nello spazio. Da questi materiali, disseminati in una nebulosa, nasceranno altre stelle e pianeti e rocce calcaree... È una scoperta che si deve a Fred Hoyle e a William Fowler.

Ricordiamocelo: Levi sapeva sempre molto di più di quanto diceva o scriveva.

Ho una prova diretta di questa affermazione. Una sera, verso la fine degli Anni Settanta, mi telefonò e, conoscendo la mia curiosità per l'astronomia, mi domandò come riescano gli astronomi ad accorgersi dell'improvvisa variazione di luminosità di una stella in mezzo a migliaia di altre. D'accordo, in qualche caso la luminosità della stella esplosa è molto grande e la "nova" salta all'occhio. Ma quando la "nova" è debole e si confonde tra il formicolio delle stelle di sfondo?

Gli dissi che il sistema c'è ed è abbastanza semplice. Si inseriscono le due lastre riprese in tempi diversi in un apparecchio chiamato comparatore o, nel gergo degli astronomi, *blink*. Un sistema ottico sovrappone le due immagini, che l'astronomo esamina attraverso un microscopio a basso ingrandimento. Spostando lievemente le lastre, se nella seconda immagine c'è un puntino luminoso che non esiste nella prima lastra, lo si vedrà lampeggiare. E infatti in inglese la parola *blink* significa lampo, guizzo, colpo d'occhio, e il verbo *to blink* ammiccare, battere le palpebre, lampeggiare.

La mia spiegazione probabilmente non gli risultò chiara come avrebbe desiderato. "Potresti mettere per iscritto queste cose?", mi domandò. Naturalmente fui felice di farlo, pestai una paginetta sui tasti della mia Olivetti Lettera 22, gliela spedii e lui mi ringraziò con l'abituale cortesia.

Passò del tempo. Finalmente, nel marzo 1980, sul terzo numero della rivista *L'astronomia* diretta da Margherita Hack e Corrado Lamberti, comparve un racconto intitolato "Una stella tranquilla". È la storia di un giovane astronomo peruviano che sogna una gita di fine settimana con la moglie e i due figli; la meta prescelta è un lago di montagna. Ma il venerdì l'astronomo scopre su una fotografia della notte precedente un puntino che non doveva esserci. Forse è solo un difetto della lastra o un granello di polvere. Però potrebbe essere anche una stella nova, esplosa a migliaia di anni luce di distanza. Bisogna controllare, riprendere altre foto al telescopio. E così addio gita. Un astro remotissimo nello spazio e nel tempo ha interferito nella vita di una famiglia, turbandone la felicità.

Il *blink* fa una fuggevole comparsa nell'ultima pagina di *Una stella tranquilla*, racconto poi ripubblicato in *Lilìt* (Einaudi, 1981) e in altre raccolte in Italia e all'estero. Nel 2007 ha dato il titolo a una selezione di 17 racconti presentati per la prima volta negli Stati Uniti. Primo Levi non lasciava nulla all'improvvisazione. L'etica del "lavoro ben fatto" gli impediva di considerare la scrittura di fantasia esonerata dal dovere della documentazione.

Nel 1985 Levi partecipò a un programma televisivo della Rai con il fisico Tullio Regge e il filosofo Carlo Augusto Viano. Io ero conduttore e coautore di quella serie di trasmissioni dal titolo *Viaggio dentro l'atomo*, con regìa di Bruno Gambarotta. Pochi giorni dopo la registrazione negli studi di Torino, ricevetti una lettera scherzosa nella quale Primo Levi fingeva di essere una telespettatrice extraterrestre, abitante su un pianeta in orbita attorno alla stella Delta Cephei. Stando al gioco, gli risposi. Lo strano carteggio uscì poi sulla rivista *L'astronomia* e, molti anni dopo, in un mio libretto di racconti. Ora possiamo trovarlo anche nelle *Opere* di Primo Levi curate per Einaudi da Marco Belpoliti.

La telespettatrice aliena, tra le altre cose, chiedeva notizie su alcune specialità terrestri la cui natura evidentemente non le risultava molto chiara. L'elenco comprendeva: "antifermentativi, antiparassitari, anticoncezionali, antiestetici, antisemiti, antipiretici, antiquari, antielmintici, antifone, antitesi e antilopi". Dove si riconosce bene lo humour e il gusto per il gioco di parole che sempre serpeggiano nelle pagine di Primo Levi.

Ma il particolare che qui vorrei segnalare è un altro. "In mare non ci andiamo mai – ci racconta la creatura aliena – perché siamo basiche e l'acqua è acida e ci scioglierebbe; delle volte succede, a quelle che sono stanche della vita e in mare si gettano apposta".

Letta con il senno di poi, questa frase dà i brividi. Anche nello scherzo, il pensiero del suicidio accompagnava Primo Levi.

Ultimo esempio di "non detto", questa volta tratto dal Levi testimone, non dal narratore.

Devo alla cortesia dell'avvocato Aldo Piacenza, che i casi della vita hanno reso mio amabile vicino di pianerottolo, un documento inedito e una testimonianza utili per porre una piccola nota in margine alla prima pagina di "Se questo è un uomo".

L'incipit di questo grande libro per certi versi è sorprendente. Primo Levi dedica poche righe alla sua vita di partigiano e all'episodio che darà inizio alla discesa nell'inferno di Auschwitz; frasi attente a evitare ogni enfasi retorica da sembrare reticenti: "Ero stato catturato dalla Milizia fascista il 13 dicembre 1943. Avevo ventiquattro anni, poco senno, nessuna esperienza, e una decisa propensione, favorita dal regime di segregazione a cui da quattro anni le leggi razziali mi avevano ridotto, a vivere in un mio mondo scarsamente reale, popolato da civili fantasmi cartesiani, da sincere amicizie maschili e da amicizie femminili esangui. Coltivavo un moderato e astratto senso di ribellione. Non mi era stato facile scegliere la via della montagna, e contribuire a mettere in piedi quanto, nella opinione mia e di altri amici di me poco più esperti, avrebbe dovuto diventare una banda partigiana affiliata a Giustizia e Libertà. Mancavano i contatti, le armi, i quattrini e l'esperienza per procurarseli; mancavano gli uomini capaci, ed eravamo invece sommersi da un diluvio di gente squalificata, in buona e in mala fede, che arrivava lassù dalla pianura in cerca di una organizzazione inesistente, di quadri, di armi, o anche solo di protezione, di un nascondiglio, di un fuoco, di un paio di scarpe".

Con queste premesse, la cattura da parte dei fascisti appare a Primo Levi perfettamente logica e quasi meritata: "A quel tempo, non mi era ancora stata insegnata la dottrina che dovevo più tardi rapidamente imparare in Lager, e secondo la quale primo ufficio dell'uomo è perseguire i propri scopi con mezzi idonei, e chi sbaglia paga; per cui non posso che considerare conforme a giustizia il successivo svolgersi dei fatti. Tre centurie della Milizia, partite in piena notte per sorprendere un'altra banda, di noi ben più potente e pericolosa, annidata nella valle contigua, irruppero in una spettrale alba di neve nel nostro rifugio, e mi condussero a valle come persona sospetta".

Sul cruciale evento della cattura, Primo Levi non aggiunge altro. Non specifica il luogo, le circostanze, i sentimenti provati. Le pagine seguenti toccano, ancora in modo stranamente sbrigativo, l'interrogatorio, l'ammissione di essere "cittadino italiano di razza ebraica", il trasferimento al campo di concentramento di Fossoli, vicino a Modena, e di qui, all'alba del 22 febbraio, la partenza in treno verso una meta ignota ai deportati, ma il cui tragico significato era ben chiaro a tutti.

Come si erano svolti i fatti della cattura, avvenuta in Valle d'Aosta, tra le montagne sopra Saint Vincent? Il documento fornito dall'avvocato Piacenza ne dà la versione ufficiale fascista. In data 11 gennaio 1944 il "Capo della Provincia di Aosta" (così dice l'intestazione del foglio), che si firma con il solo cognome, Carnazzi, detta un "Pro memoria per l'Eccellenza Dolfin – Segretario particolare del Duce". All'operazione si dà ampio rilievo, con ben avvertibili esagerazioni e fascistico spreco di maiuscole.

"Secondo gli ordini da me impartiti – scrive il Carnazzi – la notte del 13 dicembre Legionari dell'XI Battaglione Milizia Armata – reduce dalla Grecia -, Legionari della XII Legione "Monte Bianco" e Militi della Centuria Confinaria rispettivamente al Comando del Seniore Da Filippi, Comandante la Legione e del Centurione Ferro, Comandante la Centuria Confinaria di Aosta eseguirono e portarono a termine una azione contro gruppi di ribelli dislocati nella Valle di Brussone. Gli uomini (complessivamente 297) furono divisi in due colonne. La prima colonna si diresse verso Arcesa; la seconda verso la zona di Amay. Alle ore 8,40 del giorno 13 la prima colonna iniziò l'opera. La frazione Arcesa fu completamente rastrellata e un'abitazione da cui furono lanciate bombe contro i militi fu presa d'assalto. Il ribelle Carreri Giuseppe fu ucciso e due furono feriti. Un legionario rimase ferito leggermente. Furono catturati quattro prigionieri fra cui un australiano e cinque individui perché presunti favoreggiatori. Bottino: un autocarro – un camioncino – due Fiat 500, viveri, munizioni e indumenti".

"La colonna diretta ad Amay attaccò e distrusse il gruppo dei ribelli colà accantonati. Il campo fu incendiato. Nell'azione i ribelli uccisi furono sei; feriti diversi, due di questi precipitarono in un profondo burrone e si ritiene probabile la loro morte. I prigionieri catturati furono 5, tra i quali 3 ebrei. Bottino: 7 moschetti, 2 pistole, munizioni per moschetto e 8 bombe a mano, viveri, oggetti di valore e danaro. Furono fermate cinque persone sospette di favoreggiamento. La banda è stata dispersa. Nelle nostre mani è rimasto il filo conduttore dell'organizzazione sovversiva del Piemonte".

E ora la testimonianza dell'avvocato Piacenza. I cinque catturati in zona di Amay (una frazione di Saint Vincent, ma in quota, presso il Colle di Joux che porta a Brusson) sono: Primo Levi; Vanda Maestro, ebrea, morta in campo di concentramento a Buchenvald; Luciana Ninim, rinchiusa nello stesso campo ma sopravvissuta perché medico, ebrea, morta qualche anno fa a Milano; Guido Bachi, ebreo ma non riconosciuto per tale e perciò rimasto in carcere nella Torre dei Balivi di Aosta, trasferitosi nel dopoguerra a Parigi; e lo stesso Aldo Piacenza, il nostro testimone, non ebreo benché il cognome possa farlo supporre.

Pochi giorni prima dell'operazione militare il gruppo di partigiani era stato raggiunto da due giovanotti che manifestarono l'intenzione di unirsi al drappello partigiano.

"A modo loro – racconta Piacenza – questi fascisti furono coraggiosi. Peraltro noi non avevamo molte possibilità di appurare se si trattasse di infiltrati. Le formazioni partigiane nascevano, per forza di cose, all'insegna dello spontaneismo e dell'improvvisazione. Presi gli accordi, i due se ne andarono con la promessa di rientrare qualche tempo dopo per combattere al nostro fianco. Capimmo chi erano quando arrivò la Milizia, una sessantina di armati. I due infiltrati mi conoscevano come "ufficiale" (sottotenente reduce dalla ritirata di Russia) "facente parte di banda armata contro la sicurezza dello Stato" e come tale fui deferito al Tribunale Speciale e carcerato in attesa nella Torre dei Balivi. Qui, mesi dopo, un compagno più esperto mi indusse ad avvalermi fittiziamente della possibilità, per i carcerati, di essere tradotti nei reparti che combattevano gli Alleati sull'Appennino. Durante la traduzione riuscii a recuperare la clandestinità, partecipando alla liberazione di Cuneo. Credo che di Vanda, anche se non viene nominata, rimanga traccia nel primo capitolo di *Se questo è un uomo*, alla fine delle pagine che raccontano il viaggio verso il lager".

Ecco quelle righe: "Accanto a me, serrata come me fra corpo e corpo, era stata per tutto il viaggio una donna. Ci conoscevamo da molti anni, e la sventura ci aveva colti insieme, ma poco sapevamo l'uno dell'altra. Ci dicemmo allora, nell'ora della decisione, cose che non si dicono fra i vivi. Ci salutammo, e fu breve; ciascuno salutò nell'altro la vita. Non avevamo più paura".

Eloquenza dell'ellissi, potenza dell'implicito. Vanda sopravvive anche se il suo nome non compare.

Vale la pena di rileggere "Se questo è un uomo" ponendo attenzione non solo alle cose che racconta ma anche a quelle che tace.

Torino, maggio 2007

Chi siamo

Marco Abate, professore ordinario di Geometria al Dipartimento di matematica dell'Università di Pisa. Scrittore di fumetti, ha scritto storie per Martin Mystère, Lazarus Ledd e Samuel Sand, di cui è co-creatore insieme a Gianni Barbieri. Viaggiatore inveterato, non ha ancora visitato l'Antartide e la Luna, ma conta di rimediare nei prossimi anni.

Angelo Adamo, astronomo di formazione, lavora come divulgatore presso l'INAF-Osservatorio di Padova, nella sede di Asiago. È autore dei CD *Quanta* e *Film Ciechi* e di altri dischi con i Sicania Soul, dello spettacolo teatrale *Il cielo è di tutti*, e del fumetto *Il libro passa-tempo di Aguzzo e Polvere*. Dal 2004 illustra Sissa News. Non ha figli, però la sua Lulamae gli ha dato sette pelosissimi cuccioli. Nessuno di loro ha mai avuto il coraggio di mangiare ciò che Angelo cucina.

Piero Bianucci, laureato in filosofia, avrebbe voluto guardare le stelle ma prima ha fatto il critico letterario per 14 anni alla "Gazzetta del Popolo" e poi a "La Stampa" ha curato *Tuttoscienze* dal 1981 al 2006. Si è vendicato scrivendo una trentina di libri in buona parte dedicati all'astronomia, alcuni tradotti in altri paesi. Ha pubblicato il romanzo *Benvenuti a bordo* (Rusconi 1995) e la raccolta di racconti *L'uovo del futuro* (Simonelli 1996). L'International Astronomical Union ha battezzato Bianucci il pianetino 4821 in orbita tra Marte e Giove. Naturalmente non è merito suo ma di Walter Ferreri che gliel'ha regalato.

Luciano Celi, filosofo di formazione, ha un'esperienza professionale eclettica: dal Politecnico di Torino alle Ferrovie dello Stato, come macchinista!, dalla redazione del periodico *Le Apuane* all'ufficio stampa della Pfizer. Scrive come giornalista su numerose testate. Adesso che è stanziale gli piacerebbe che gli amici al cellulare gli chiedessero "come stai?" e non più "dove sei?".

Giangiacomo Gandolfi, fisico di formazione, fa parte dello staff del Planetario di Roma. È autore di *Piccolo concerto rumorista* (Arpanet 2003) e, con Alessandro Coletta, de *Il secondo Big Bang* (Cuen 1999). Tra le sue numerose vite parallele (molte ormai estinte, per esempio quella di astronomo) si segnalano quella di giornalista per l'Astronomia e Darwin e quella di critico musicale esperto di musica brasiliana (su http://musibrasil.net).

Robert Ghattas, metà canadese, metà egiziano, metà italiano e un quarto camerunese. È matematico e responsabile didattico della cooperativa Psiquadro, con la quale organizza il Perugia Science Fest. È fiero che il suo *Insalate di Matematica* (Sironi 2004) vende bene negli autogrill e di saper camminare sul filo teso.

Daniele Gouthier, torinese a Trieste, ha scritto *Le parole di Einstein* (Dedalo 2006) con Elena Ioli. Lavora da sempre con la Sissa: per il portale Ulisse, la rivista Jcom, col Master in comunicazione della scienza e col gruppo Ics. Tutto ha inizio con la matematica, sempre alla Sissa. Oggi ha due figli rosa e due marroni.

Elena Ioli, fisica di formazione, è curatrice della Piccola Biblioteca di Scienza (Dedalo) e consulente per testi di fisica (Zanichelli). È autrice con Daniele Gouthier del saggio *Le parole di Einstein* (Dedalo 2006). Ha tradotto una trentina di volumi, fra i quali *La vera scienza* di John Ziman (Dedalo 2002) e *Lezioni di fisica* di Marie Curie (Dedalo 2004).

Giuseppe O. Longo, professore ordinario di Teoria dell'informazione presso la Facoltà d'Ingegneria dell'Università di Trieste, ha pubblicato una ventina di volumi, tra romanzi, novelle e saggi tra i quali: *L'acrobata* (Einaudi 1994), *La gerarchia di Ackermann* (Mobydick 1998) e *Homo Technologicus* (Meltemi 2001). Ma la sua passione è il teatro, cui si dedica da anni come autore e attore in attesa di una consacrazione che ormai è questione di poche ore.

Paolo Magionami, fisico di formazione è ancora indeciso se fare da grande l'astronauta o l'agente segreto. Ha volato con il deltaplano, rimettendoci qualche osso, e tra un'arrampicata in montagna e una discesa in forra si occupa di storia della scienza. Ha fondato Psiquadro, lavorato per i Lincei e curato qualche mostra (per esempio *Cent'anni di fisica* e *Luna di carta* al Perugia Science Fest). Ma volare è un'altra cosa.

Francesca E. Magni, fisica di formazione, insegnante e pubblicista. Ha pubblicato insieme ad altri autori *Dove vanno le macchine?* (Le vespe 2000). Fra i lavori di comunicazione della scienza si segnala "Teatro e Scienza" della rivista online Erewhon. È l'unica al mondo che riesce a fare sempre la stessa faccia in fotografia.

Vittorio Marchis, professore ordinario di Storia della scienza e delle tecniche al Politecnico di Torino, vi dirige il Centro Museo e Documentazione Storica. È autore di *Smell. Vizi e virtù nel mondo degli odori* (Utet 2006) e di molti altri saggi. Per la radio RAI ha curato *L'automobile dalla B alla Z* e *Gli odori del mondo*. Vorrebbe diventare pittore perché un dipinto, come la musica, arriva direttamente al pubblico e non ha bisogno di traduzioni.

Jennifer Palumbo, chimica di formazione, ha virato tempo fa verso la comunicazione della scienza e da li non è più tornata indietro. Cittadina del mondo, ama esplorare lande sconosciute, esotiche e non; nel tempo libero amplia la sua già ragguardevole collezione di contratti di collaborazione. Ha scritto molti racconti, ma questo è il primo che pubblica.

Guido Pegna, fisico sperimentale e responsabile del Museo di Fisica di Sardegna. Ha fatto vari mestieri; è vittima di irresistibili curiosità che vanno dalla creazione di musica minimalista all'ottica quantistica, all'aquilonismo estremo. Si esibisce con spettacoli di esperimenti dal vivo. È autore di racconti, tra cui *Lontano da dove*, pubblicato sul portale *Ulisse – nella rete della scienza* (http://ulisse.sissa.it).

Tullio Regge, nato nel 1931 a Torino, vi ha frequentato tutte le scuole dall'asilo nido fino alla laurea in fisica nel 1952. Ha ottenuto il PhD all'Università di Rochester, New York. Ha fatto ricerca in fisica teorica al Max Planck Institute a Monaco di Baviera e all'Institute for Advanced Study di Princeton. Ritornato in Italia, nel 1979, ha ricevuto il Premio Einstein. Dal 1989 al 1994 è stato parlamentare europeo. Si diverte a disegnare al computer e ama la musica classica. Un suo lungo dialogo con Primo Levi è stato più volte ristampato.

Giovanni Sabato, dottore di ricerca in genetica, aveva appena deciso che nella vita non avrebbe voluto fare altro che lavorare per *Cuore* quando il giornale ha chiuso. Ha quindi ripiegato sul giornalismo scientifico e attualmente è coordinatore editoriale del bimestrale *Darwin*. È autore de *L'officina della vita* (Garzanti 2002).

Stefano Sandrelli è nato a Piombino e già questo dovrebbe far capire molte cose. Astrofisico presso l'INAF-Osservatorio Astronomico di Brera, avrebbe decisamente preferito essere un campione di calcio. Collabora con l'Agenzia Spaziale Europea dal 1999, curando fra l'altro una rubrica televisiva su Rainews24 e RAI 3 in onda all'ora della merenda. Ha due piccolini, Anna e Luca: e questa è l'unica cosa che conta.

Francesco Maria Scarpa, dottore di ricerca in storia della fisica. È impegnato da alcuni anni in attività di comunicazione scientifica: ha collaborato con *Ulisse – nella rete della scienza* (Premio Pirelli 2005); è stato curatore di *Un arcobaleno di domande* (Dedalo 2004) e, nel 2006, del Report del Centro di Ingegneria Genetica (CEINGE) di Napoli.

Luca Sciortino, fisico di formazione, è giornalista scientifico per Panorama. Ha pubblicato *Bianca Senza macchia – le avventure di una cellula* (Editoriale Scienza 2005). Nel 2006 ha vinto il Premio giornalistico per l'ambiente "Mario Pastore".

Andrea Sgarro, professore ordinario di Informatica all'Università di Trieste. I suoi interessi sono la teoria dell'informazione e dei codici, la crittografia e la bioinformatica. È autore di testi divulgativi sulla nuova crittografia, tra i quali *Codici segreti* (Mondadori 1989). I suoi hobby sono il flauto traverso barocco a una sola chiave e le lingue; con diverso grado di competenza, ne parla una dozzina.

Renzo Tomatis, medico, ha diretto l'Agenzia per la ricerca sul cancro dell'Oms. Ha pubblicato numerosi saggi e romanzi: *La ricerca illimitata* (Feltrinelli 1974), *Storia naturale del ricercatore* (Garzanti 1992), *Il laboratorio* (Einaudi 1965, Sellerio 1993), *La rielezione* (Sellerio 1996), *Il fuoriuscito* (Sironi 2005).

Chi ha avuto cura dei curatori

TINSUAC ha preteso 22 mesi di gestazione prima di vedere la luce. L'elefante africano, che pure ci mette il suo tempo, ne impiega solo 21. Però l'elefante africano non ha la soddisfazione di ringraziare un sacco di gente, come invece abbiamo il piacere di fare noi:

Piero Bianucci, che ha subito condiviso il progetto e lo ha infine impreziosito con il ricordo di Primo Levi;

Ileana, che ha letto tutto o quasi;

Alessandro, Bianca, Elisa, Euro, Giorgio, Laura, Luigi, Marcella, Mario, Marisa, Monica e Paolo, perché hanno tutti nomi diversi e perché il fatto di essere *blind* non ha impedito loro di vederci benissimo;

un Marco che ci ha aperto la sua rubrica e un altro Marco che ci ha dato la soffiata giusta per trovare l'editore;

Marina e le springerine, senza le quali il libro sarebbe solo un'idea e noi siamo persone di cose, non solo di idee.

Ringraziamo anche chi si è sentito dentro. Perché anche tutti loro sono uguali ai cinque che ci sono.

Sergio mi ha regalato la mamma, Vilia e Dario, un po' di fisica, l'erba cedrina, la strombola, Lotta Continua, Che Guevara, il mito operaio del Cotone e infinite altre cose. Maria Pia mi ha regalato il babbo, Teresa e Diego, un po' di letteratura, l'amore per i dizionari e le antologie, Garcia Lorca, le risate, il mito della Calabria e infinite altre cose. Insieme mi hanno donato Annalisa, la mi' sorellina rompicoglioni, che non cambierei mai con nessun altra sorellina, anche meno rompicoglioni.

Un ringraziamento dolce a Lucia, che mi ha donato la tenerezza del mondo e molto di se stessa. In collaborazione ci siamo donati Anna e Luca e noi a loro.

Ringrazio anche tutte le altre persone che, giorno dopo giorno, vedendoci o non vedendoci, con la loro presenza danno senso a me stesso e alla vita.

Con Paolo abbiamo parlato di mille libri e con Cristina, al telefono, di tutto: inconsapevoli o meno, hanno gettato molti semi, entrambi. Fulvio è un altro che c'entra sempre.

I sillogismi e i witz mi vengono da papà e da mamma, rispettivamente.

Ringrazio un gruppo di palazzo Campana perché mi ha insegnato a divertirmi sul serio con la matematica; e perché mi ha fatto conoscere Monica.

Lei la ringrazio per tutti i perché.

Elena mi ha vietato l'uso delle parentesi: ringraziarla spetta ai miei lettori, tra i quali, per primo, io.

I quattro di Saba e la A. volante forse non leggeranno neanche un racconto, ma quando scrivo, scrivo un po' per loro.

All'inizio di tutto questo, ci stanno la Valz e la Verce. Ringrazio la prima e ricordo la seconda.

Cino ha capito prima e meglio di me che non si può essere mezzi uomini; Daniele Onori tempo fa mi disse *scrivi*, e così uno degli autori qualche anno dopo ha costretto me e alcuni altri a farlo; gli alcuni altri hanno abitato con me quel pezzo ventoso di vita; i poeti concreti alla Psiquadro sorridono; Francesco Spinozzi mi ha dato da leggere in tempi bui il Primo Levi più luminoso; i programmatori di software hanno annullato con il loro ingegno i 1.345 km che separano le nostre tre case; Lucia e Monica, hanno sopportato - e quindi supportato - questo progetto e i suoi curatori; Trieste, Senigallia, Bologna, Ferrara e Perugia, perché non siete soltanto città; chi mi fa sorridere, chi mi fa piangere, chi mi presta i suoi occhi per vedere il mondo, chi mi fa sentire vivo.

Daniele e Stefano: se oggi quest'idea è carta è perché avete mente, mani e cuore grandi.

Maria e Raymond, che della vostra follia avete saputo fare questa carne mia viva: *merci*.

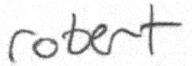

i blu

Passione per Trilli
Alcune idee dalla matematica
R. Lucchetti
2007, XIV, pp. 154
ISBN: 978-88-470-0628-7

Tigri e Teoremi
Scrivere teatro e scienza
M.R. Menzio
2007, XII, pp. 256
ISBN 978-88-470-0641-6

Vite matematiche
Protagonisti del '900 da Hilbert a Wiles
C. Bartocci, R. Betti, A. Guerraggio, R. Lucchetti (a cura di)
2007, XII pp. 352
ISBN 978-88-470-0639-3

Tutti i numeri sono uguali a cinque
S. Sandrelli, D. Gouthier, R. Ghattas (a cura di)
2007, XIV pp. 290
ISBN 978-88-470-0711-6

Il cielo sopra Roma
I luoghi dell'astronomia
R. Buonanno
2007, X pp. 186 + 4 pp. a colori
ISBN 978-88-470-0671-3

Di prossima pubblicazione

**Buchi neri nel mio bagno di schiuma
ovvero l'enigma di Einstein**
C.V. Vishveshwara

Il mondo bizzarro dei quanti
S. Arroyo

Il senso e la narrazione
G. O. Longo

GPSR Compliance
The European Union's (EU) General Product Safety Regulation (GPSR) is a set of rules that requires consumer products to be safe and our obligations to ensure this.

If you have any concerns about our products, you can contact us on

ProductSafety@springernature.com

In case Publisher is established outside the EU, the EU authorized representative is:

Springer Nature Customer Service Center GmbH
Europaplatz 3
69115 Heidelberg, Germany

www.ingramcontent.com/pod-product-compliance
Lightning Source LLC
LaVergne TN
LVHW012009260326
834688LV00057B/280

* 9 7 8 8 8 4 7 0 0 7 1 1 6 *